高等学校"十三五"应用型本科规划教材

土木工程概论

主　编　屈钧利　杨耀秦

副主编　刘朝科　高丙丽　梁　钰

参　编　任改霞　张圆圆　王建斌

　　　　李　琴　王平乐

西安电子科技大学出版社

内 容 简 介

本书是根据原国家教委审定的《高等工科院校土木工程概论课程教学的基本要求》编写的，全书由绪论、土木工程材料、基础工程、建筑工程、建筑工程施工等 11 章内容组成。

本书可作为普通高等院校、独立学院、继续教育学院土建类专业"土木工程概论"课程教材或自学参考用书，也可供有关工程技术人员参考。

图书在版编目(CIP)数据

土木工程概论/屈钧利，杨耀秦主编. —西安：西安电子科技大学出版社，2014.8(2016.6 重印)
高等学校"十三五"应用型本科规划教材

ISBN 978-7-5606-3479-1

Ⅰ. ① 土…　Ⅱ. ① 屈…　② 杨…　Ⅲ. ① 土木工程—高等学校—教材　Ⅳ. ① TU

中国版本图书馆 CIP 数据核字(2014)第 176597 号

策　　划　戚文艳
责任编辑　阎　彬　董柏娴
出版发行　西安电子科技大学出版社(西安市太白南路 2 号)
电　　话　(029)88242885　88201467　　　邮　编　710071
网　　址　www.xduph.com　　　　　　　电子邮箱　xdupfxb001@163.com
经　　销　新华书店
印刷单位　陕西华沐印刷科技有限责任公司
版　　次　2014 年 8 月第 1 版　2016 年 6 月第 2 次印刷
开　　本　787 毫米×1092 毫米　1/16　印 张　15.25
字　　数　354 千字
印　　数　2001~5000 册
定　　价　26.00 元

ISBN 978 - 7 - 5606 - 3479 - 1/TU

XDUP 3771001-2

出 版 说 明

　　本书为西安科技大学高新学院课程建设的最新成果之一。西安科技大学高新学院是经教育部批准，由西安科技大学主办的全日制普通本科独立学院。学院秉承西安科技大学 50 余年厚重的历史文化传统，充分利用西安科技大学优质教育教学资源，开创了一条以"产学研"相结合为特色的办学路子，成为一所特色鲜明、管理规范的本科独立学院。

　　学院开设本、专科专业 32 个，涵盖工、管、文、艺等多个学科门类，在校学生 1.5 万余人，是陕西省在校学生人数最多的独立学院。学院是"中国教育改革创新示范院校"，2010、2011 连续两年被评为"陕西最佳独立学院"。2013 年被评为"最具就业竞争力"院校，部分专业已被纳入二本招生。2014 年学院又获"中国教育创新改革示范"殊荣。

　　学院注重教学研究与教学改革，实现了陕西独立学院国家级教改项目零的突破。学院围绕"应用型创新人才"这一培养目标，充分利用合作各方在能源、建筑、机电、文化创意等方面的产业优势，突出以科技引领、产学研相结合的办学特色，加强实践教学，以科研、产业带动就业，为学生提供了实习、就业和创业的广阔平台。学院注重国际交流合作和国际化人才培养模式，与美国、加拿大、英国、德国、澳大利亚以及东南亚各国进行深度合作，开展本科双学位、本硕连读、本升硕、专升硕等多个人才培养交流合作项目。

　　在学院全面、协调发展的同时，学院以人才培养为根本，高度重视以课程设计为基本内容的各项专业建设，以扎扎实实的专业建设，构建学院社会办学的核心竞争力。学院大力推进教学内容和教学方法的变革与创新，努力建设与时俱进、先进实用的课程教学体系，在师资队伍、教学条件、社会实践及教材建设等各个方面，不断增加投入、提高质量，为广大学子打造能够适应时代挑战、实现自我发展的人才培养模式。为此，学院与西安电子科技大学出版社合作，发挥学院办学条件及优势，不断推出反映学院教学改革与创新成果的新教材，以逐步建设学校特色系列教材为又一举措，推动学院人才培养质量不断迈向新的台阶，同时为在全国建设独立本科教学示范体系，服务全国独立本科人才培养，做出有益探索。

西安科技大学高新学院

西安电子科技大学出版社

2015 年 6 月

高等学校"十三五"应用型本科规划教材
编审专家委员会名单

前　言

　　本书是按照原国家教委审定的《高等工科院校土木工程概论课程教学的基本要求》，结合编者多年来为工科相关专业讲授土木工程概论课程的教学经验和教改实践编写而成的。

　　作为土木工程专业的入门教材，本书用丰富的内容概括性地向读者展现了土木工程专业的全貌，符合大一新生的知识结构与特定阶段的认知规律，可以帮助学生在进入专业学习之前了解土木工程专业的基本情况和发展趋势，明确学习目标，增强学习信心。

　　本书按照32～48学时的教学要求编写，由绪论、土木工程材料、基础工程、建筑工程、建筑施工等11章内容组成。各部分内容之间相对独立又有一定的联系，根据专业要求的不同，可选择本书全部或部分内容讲授。每章后面均配有一定数量的思考题。

　　本书有与之相配套的计算机辅助教学(CAI)课件，覆盖了全书的主要内容，图文并茂，使用方便，大大地增加了课堂教学的信息量，精简了学时，提高了教学质量，实现了教学手段的现代化。

　　本书由屈钧利、杨耀秦任主编，刘朝科、高丙丽、梁钰任副主编。参加编写的人员有西安科技大学的刘朝科、高丙丽、梁钰，西安科技大学高新学院的任改霞、张圆圆、王建斌、李琴、王平乐。具体分工为：第1、4、5章由刘朝科编写，第3、7章由高丙丽编写，第6、10章由梁钰编写，第2章由王建斌编写，第8章由张圆圆编写，第9章由任改霞编写，第11章的11.1、11.2和11.5由李琴编写，第11章的11.3和11.4由王平乐编写；屈钧利(西安科技大学)、杨耀秦(西安科技大学高新学院)统稿。

　　在编写本书的过程中，编者参阅了国内出版的一些同类教材、资料，并得到了西安科技大学高新学院的支持和帮助，在此对他们及对本书所引用文献的著作者表示衷心的感谢。

　　由于作者水平所限，书中难免有疏漏和不妥之处，恳请广大读者批评指正。

编　者

2014 年 5 月

目　　录

第1章 绪 论

1.1 土木工程概况

1.1.1 土木工程定义

土木工程是建造各类工程设施的科学技术的总称。它不但包括土木工程建设的对象，即建造在地上或地下、陆上或水中，直接或间接为人类生活、生产、军事、科研服务的各种工程设施，如房屋、道路、桥梁、隧道、铁路、机场、港口、给水排水及防护工程等，还包括进行相关的咨询，所应用的材料、设备和所进行的勘测、设计、施工、监理、保养维修等技术活动。

土木工程的英语名称为 Civil Engineer，即"民用工程"，是指一切和水、土、文化有关的基础建设的计划、建造和维修。目前，我国将土木工程分为：房屋工程、铁路工程、道路工程、机场工程、桥梁工程、隧道及地下工程、特种工程结构、给排水工程、城市供热供(燃)气工程、交通工程、环境工程、港口工程、水利工程、土方工程。

1.1.2 土木工程的性质和特点

1. 综合性

建造一项工程设施一般要经过勘察、设计和施工三个阶段，需要运用工程地质勘察、工程测量、土力学、工程力学、工程设计、建筑材料、建筑设备、工程机械、建筑经济等学科和施工技术、施工组织等领域的知识以及电子计算机和力学测试等技术。因而土木工程是一门范围广阔的综合性学科。

随着科学技术的进步和工程实践的发展，土木工程这个学科也已发展成为内涵广泛、门类众多、结构复杂的综合体系。例如，就土木工程所建造的工程设施所具有的使用功能而言，有供生息居住之用的房屋，有作为生产活动的场所，有用于陆海空交通运输，有用于水利事业，有作为信息传输的工具，有作为能源传输的手段等。这就要求土木工程综合运用各种物质条件，以满足多种多样的需求。土木工程已发展出许多分支，如房屋工程、铁路工程、道路工程、机场工程、桥梁工程、隧道及地下工程、特种工程结构、给排水工程、城市供热供燃气工程、港口工程、水利工程等学科。其中有些分支，例如水利工程，由于自身工程对象的不断增多以及专门科学技术的发展，已从土木工程中分化出来成为独立的学科体系，但是它们在很大程度上仍具有土木工程的共性。

2．社会性

土木工程是伴随着人类社会的发展而发展起来的。它所建造的工程设施反映出各个历史时期社会经济、文化、科学、技术发展的面貌，因而土木工程也就成为社会历史发展的见证之一。远古时代，人们就开始修筑简陋的房舍、道路、桥梁和沟渠，以满足简单的生活和生产需要。后来人们为了适应战争、生产和生活以及宗教传播的需要，兴建了城池、运河、宫殿、寺庙以及其他各种建筑物。许多著名的工程设施显示出人类在这个历史时期的创造力，如中国的长城、都江堰、大运河、赵州桥、应县木塔，埃及的金字塔，希腊的巴台农神庙，罗马的给水工程、科洛西姆圆形竞技场(罗马大斗兽场)，以及其他许多著名的教堂、宫殿等。

产业革命以后，特别是到了 20 世纪，一方面社会向土木工程提出了新的需求；另一方面社会各个领域为土木工程的发展创造了良好的条件。例如，建筑材料(钢材、水泥)工业化生产的实现，机械和能源技术以及设计理论的进展，都为土木工程提供了材料和技术上的保证。因而这个时期的土木工程得到突飞猛进的发展。在世界各地出现了现代化规模宏大的工业厂房、摩天大厦、核电站、高速公路和铁路、大跨度桥梁、大直径运输管道、长隧道、大运河、大堤坝、大飞机场、大海港以及海洋工程等。现代土木工程不断地为人类社会创造崭新的物质环境，成为人类社会现代文明的重要组成部分。

3．实践性

土木工程是具有很强的实践性的学科。在早期，土木工程是通过工程实践，总结成功的经验，吸取失败的教训发展起来的。从 17 世纪开始，以伽利略和牛顿为先导的近代力学同土木工程实践结合起来，逐渐形成材料力学、结构力学、流体力学、岩体力学，作为土木工程的基础理论的学科。这样土木工程才逐渐从经验发展成为科学。在土木工程的发展过程中，工程实践经验常先行于理论，工程事故常显示出未能预见的新因素，触发新理论的研究和发展。至今不少工程问题的处理，在很大程度上仍然依靠实践经验。

土木工程技术的发展之所以主要凭借工程实践而不是凭借科学试验和理论研究，有两个原因：一是有些客观情况过于复杂，难以如实地进行室内实验或现场测试和理论分析。例如，地基基础、隧道及地下工程的受力和变形的状态及其随时间的变化，至今还需要参考工程经验进行分析判断。二是只有进行新的工程实践，才能揭示新的问题。例如，建造了高层建筑、高耸塔桅和大跨桥梁等，工程的抗风和抗震问题突出了，才能发展出这方面的新理论和技术。

4．技术上、经济上和建筑艺术上的统一性

人们力求最经济地建造一项工程设施，用以满足使用者的需要，其中包括审美要求。而一项工程的经济性又是和各项技术活动密切相关的。工程的经济性首先表现在工程选址、总体规划上，其次表现在设计和施工技术上。工程建设的总投资，工程建成后的经济效益和使用期间的维修费用等，都是衡量工程经济性的重要方面。这些技术问题联系密切，需要综合考虑。

符合功能要求的土木工程设施作为一种空间艺术，首先是通过总体布局、本身的体形、各部分的尺寸比例、线条、色彩、明暗阴影与周围环境，包括它同自然景物的协调和谐表现出来的；其次是通过附加于工程设施的局部装饰反映出来的。工程设施的造型和装饰还

能够表现出地方风格、民族风格以及时代风格。一个成功的、优美的工程设施，能够为周围的景物、城镇的容貌增美，给人以美的享受；反之，会使环境受到破坏。

1.2 土木工程的历史与发展

自从人类出现以来，为了满足住和行以及生产活动的需要，从构木为巢、掘土为穴的原始工程，到今天能建造摩天大楼、跨海大桥、海底隧道，以至移山填海的宏伟工程，经历了漫长的发展过程。

从古到今，土木工程的发展与社会的经济、文化，特别是科学技术的发展有密切联系。土木工程内涵丰富，而就其本身而言，则主要是围绕着材料、施工、理论三个方面的演变而不断发展的。土木工程发展史可分为古代土木工程、近代土木工程和现代土木工程三个时代。17 世纪前土木工程多依赖工程经验进行设计和施工，因此划分为古代土木工程；17 世纪土木工程开始有定量分析，可作为近代土木工程的开端；第二次世界大战后科学技术的突飞猛进，可作为现代土木工程时代的起点。

人类最初居无定所，利用天然掩蔽物作为居所，农业出现以后需要定居，出现了原始村落，从而形成土木工程的萌芽时期。随着古代文明的发展和社会进步，古代土木工程经历了它的形成时期和发达时期。古代土木工程材料最初完全采用天然木材、石块和土，后来出现人工烧制的砖和瓦，这是土木工程发展史上的一件大事。古代的土木工程实践应用简单的工具，依靠手工劳动，没有系统的理论，但通过经验的积累，逐步形成了指导工程实践的成规。

15 世纪以后，近代自然科学的诞生和发展，是近代土木工程出现的先声，从而开始理论上的奠基时期。17 世纪中叶，伽利略开始对结构进行定量分析，被认为是土木工程进入近代的标志。从此，土木工程成为有理论基础的独立的学科。18 世纪下半叶开始的产业革命，使以蒸汽和电力为动力的机械先后进入了土木工程领域，施工工艺和工具都发生了变革。钢铁和水泥是近代工业生产出的新的工程材料，土木工程发生了深刻的变化，使钢结构、钢筋混凝土结构、预应力混凝土结构相继在土木工程中广泛应用。第一次世界大战后，近代土木工程在理论和实践上都臻于成熟，可称为成熟时期。近代土木工程几百年的发展，在规模和速度上都大大超过了古代。

第二次世界大战后，现代科学技术飞速发展，土木工程也进入了一个新时代。现代土木工程所经历的时间尽管只有几十年，但以计算机技术广泛应用为代表的现代科学技术的发展，使土木工程领域出现了崭新的面貌。现代土木工程的新特征是工程功能化、城市立体化和交通高速化等。土木工程在材料、施工、理论三个方面也出现了新趋势，即材料轻质高强化、施工过程工业化和理论研究精密化。

土木工程的进程可以说是人类文明进程的体现，尤其与科技、经济、文化密切相关。

1.2.1 古代土木工程

土木工程的古代时期是从新石器时代开始的。随着人类文明的进步和生产经验的积累，古代土木工程的发展大体上可分为萌芽时期、形成时期和发达时期。

1. 萌芽时期

大约在新石器时代，原始人为了避风雨、防兽害，利用天然的掩蔽物，例如山洞和森林作为住处。当人们学会种植、饲养家畜以后，天然的山洞和森林已不能满足需要，于是使用简单的木、石、骨制工具，伐木采石，以粘土、木材和石头等，模仿天然掩蔽物建造居住场所，开始了人类最早的土木工程活动。

初期建造的住所受地理、气候等自然条件的影响，仅有"窟穴"和"橧巢"两种类型。在北方气候寒冷干燥地区多为穴居，在山坡上挖造横穴，在平地则挖造袋穴。后来穴的面积逐渐扩大，深度逐渐减小。在中国黄河流域的仰韶文化遗址(约公元前 5000 至前 3000 年)中，遗存有浅穴和地面建筑，建筑平面有圆形、方形和多室联排的矩形。西安半坡村遗址(约公元前 4800 至前 3600 年)有很多圆形房屋，直径为 5～6 米，室内竖有木柱，以支顶上部屋顶，四周密排一圈小木柱，既起承托屋檐的结构作用，又是维护结构的龙骨；还有的是方形房屋，其承重方式完全依靠骨架，柱子纵横排列，这是木骨架的雏形。当时的柱脚均埋在土中，木杆件之间用绑扎结合，墙壁抹草泥，屋顶铺盖茅草或抹泥。在西伯利亚也发现了用兽骨、北方鹿角架起的半地穴式住所。

基础工程的萌芽在新石器时代已经出现，柱洞里填有碎陶片或鹅卵石，即是柱础石的雏形。洛阳王湾的仰韶文化遗址(约公元前 4000 至前 3000 年)中，有一座面积约为 200 平方米的房屋，墙下挖有基槽，槽内填卵石，这是墙基的雏形。在尼罗河流域的埃及，新石器时代的住宅是用木材或卵石做成墙基，上面造木构架，以芦苇束编墙或土坯砌墙，用密排圆木或芦苇束做屋顶。

在低洼的河流湖泊附近，则从构木为巢发展为用树枝、树干搭成架空窝棚或地窝棚，以后又发展为栽桩架屋的干栏式建筑。中国浙江吴兴钱山漾遗址(约公元前 3000 年)是在密桩上架木梁，上铺悬空的地板。西欧一些地方也出现过相似的做法，今瑞士境内保存着湖居人在湖中木桩上构筑的房屋。浙江余姚河姆渡新石器时代遗址(约公元前 5000 至前 3300 年)中，有跨距达 5～6 米、联排 6～7 间的房屋，底层架空(属于干栏式建筑形式)，构件之结点主要是绑扎结合，但个别建筑已使用榫卯结合。在没有金属工具的条件下，用石制工具凿出各种榫卯是很困难的，这种榫卯结合的方法代代相传，延续到后世，为以木结构为主流的中国古建筑开创了先例。

随着氏族群体不断的发展壮大，人们群居在一起，共同劳动和生活。从中国西安半坡村遗址(如图 1-1 所示)还可看到有条不紊的聚落布局，在河东岸的台地上遗存有密集排列的 40～50 座住房，在其中心部分有一座规模相当大的(平面约为 12.5×14 米)房屋，可能是会堂。各房屋之间筑有夯土道路，居住区周围挖有深、宽各约 5 米的用于防范袭击的大壕沟，上面架有独木桥。

图 1-1　西安半坡村遗址

这时期的土木工程还只是使用石斧、石刀、石锛、石凿等简单的工具，所用的材料都是取自当地的天然材料，如茅草、竹、芦苇、树枝、树皮和树叶、砾石、泥土等。掌握了伐木技术以后，人们就使用较大的树干做骨架；有了锻烧加工技术，就使用红烧土、白灰粉、土坯等，并逐渐懂得使用草筋泥、混合土等复合材料。人们开始使用简单的工具和天然材料建房、筑路、挖渠、造桥，土木工程完成了从无到有的萌芽阶段。

2. 形成时期

随着人类社会生产力的发展，农业和手工业开始分工。大约自公元前 3 千年，在材料方面，开始出现了经过烧制加工的瓦和砖；在构造方面，形成木构架、石梁柱、券拱等结构体系；在工程内容方面，有宫殿、陵墓、庙堂，还有许多较大型的道路、桥梁、水利等工程；在工具方面，美索不达米亚(两河流域)和埃及在公元前 3 千年，中国在商代(公元前16 至前 11 世纪)，开始使用青铜制的斧、凿、钻、锯、刀、铲等工具。后来铁制工具逐步推广，并有了简单的施工机械，也有了经验总结及形象描述的土木工程著作。公元前 5 世纪成书的《考工记》记述了木工、金工等工艺，以及城市、宫殿、房屋建筑规范，对后世的宫殿、城池及祭祀建筑的布局有很大影响。在一些国家或地区已形成早期的土木工程。

约公元前 21 世纪，传说中的夏代部落领袖禹用疏导方法治理洪水，挖掘沟洫，进行灌溉。公元前 5 至前 4 世纪，在今河北临漳，西门豹主持修筑引漳灌邺工程，是中国最早的多首制灌溉工程。公元前 3 世纪中叶，在今四川灌县，李冰父子主持修建都江堰水利工程，它规模宏大，地点适宜，布局合理，兼有航行、灌溉、防洪三种作用，是世界上最早的综合性大型水利工程(如图 1-2 所示)。在历史和科学方面具有突出的普遍价值，因此都江堰被确定为世界文化遗产。

图 1-2 都江堰水利工程

在大规模的水利工程和交通工程中，桥梁工程也得到发展，出现了各式各样的桥梁。公元前 12 世纪初，中国在渭河上架设浮桥，是中国最早在大河上架设的桥梁。再如在引漳灌邺工程中，在汾河上建成 30 个墩柱的密柱木梁桥，在都江堰工程中，为了提供行船的通道，架设了索桥。

我国利用黄土创造的夯土技术，在我国土木工程技术发展史上占有很重要的地位。最早在甘肃大地湾新石器时期的大型建筑就用了夯土墙。河南偃师二里头有商代早期的夯筑筏式浅基础宫殿群遗址，以及郑州发现的商朝中期版筑城墙遗址、安阳殷墟(约公元前 1100年)的夯土台基，都说明当时的夯土技术已成熟。

春秋战国时期，战争频繁，广泛用夯土筑城防敌。秦代在魏、燕、赵三国夯土长城基础上筑成万里长城，后经历代多次修筑，留存至今，成为举世闻名的中国万里长城(如图1-3所示)。

图1-3 长城

中国这一时期的房屋建筑主要使用木结构。在商朝首都宫室遗址中，残存有一定间距和直线行列的石柱础，柱础上有铜锧，柱础旁有木柱的烬余，说明当时已有相当大的木构架建筑。《考工记·匠人》中有"殷人……四阿重屋"的记载，可知当时已有两层楼，四阿顶的建筑了。西周的青铜器上也铸有柱上置栌斗的木构架形象，说明当时在梁柱结合处已使用"斗"，做过渡层柱间联系构件"额枋"也已形成。这时的木构架已开始有中国传统使用的柱、额、梁、枋、斗等。

陶制房屋版瓦、筒瓦、人字形断面的脊瓦和瓦钉在西周时期已出现，它解决了屋面防水问题。春秋时期出现陶制下水管、陶制井圈和青铜制杆件结合构件。在美索不达米亚(两河流域)制土坯和砌券拱的技术历史悠久。公元前8世纪建成的亚述国王萨尔贡二世宫，采用土坯砌墙，用石板、砖、琉璃贴面。

公元前3000年埃及人进行了大规模的水利工程和神庙以及金字塔的修建，积累和运用了几何学、测量学方面的知识，使用了起重运输工具，组织了大规模的协作劳动。公元前27至前26世纪，埃及建造了世界最大的帝王陵墓建筑群——吉萨金字塔群(如图1-4所示)。埃及人也建造了大量的宫殿和神庙建筑群，如公元前16至前4世纪在底比斯等地建造的凯尔奈克神庙建筑群。

图1-4 埃及吉萨金字塔群

希腊早期的神庙建筑用木屋架和土坯建造，屋顶荷重不用木柱支承，而是用墙壁和石柱承重。约在公元前 7 世纪，大部分神庙已改用石料建造。公元前 5 世纪建成的雅典卫城，在建筑、庙宇、柱式等方面都具有极高的水平。其中，如巴台农神庙全用白色大理石砌筑，庙宇宏大，石质梁柱结构精美，是典型的列柱围廊式建筑。

这一时期的城市建设也得到极大的发展，早在公元前 2000 年前后，印度建摩亨朱达罗城，其城市布局合理，方格道路网主次分明，排水系统完善。中国现存的春秋战国遗址证实了《考工记》中有关周朝都城"方九里、旁三门，国(都城)中九经九纬(纵横干道各九条)、经涂九轨(南北方向的干道可九车并行)，左祖右社(东设皇家祭祖先的太庙，西设祭国土的坛台)，面朝后市(城中前为朝廷，后为市肆)"的记载。这时中国的城市已有相当的规模，如齐国的临淄城，宽 3 公里，长 4 公里，城濠上建有 8 米多跨度的简支木桥，桥两端为石块和夯土制作的桥台。

3. 发达时期

由于铁制工具的广泛应用，提高了效率；工程材料中逐渐增添复合材料；工程内容则根据社会的发展，道路、桥梁、水利、排水等工程日益增加，大规模营建了宫殿、寺庙，因而专业分工日益细致，技术日益精湛，从设计到施工已有一套成熟的经验：

(1) 运用标准化的配件方法加速了设计进度，多数构件都可以按"材"或"斗口"、"柱径"的模数进行加工；

(2) 用预制构件，现场安装，以缩短工期；

(3) 统一筹划，提高效益，如中国北宋的汴京宫殿，施工时先挖河引水，为施工运料和供水提供方便，竣工时用渣土填河；

(4) 改进当时的吊装方法，用木材制成"戥"和绞磨等起重工具，可以吊起三百多吨重的巨材，如北京故宫三台的雕龙御路石以及罗马圣彼得大教堂前的方尖碑等。

中国古代房屋建筑主要是采用木结构体系，欧洲古代房屋建筑则以石拱结构为主。中国古建筑在这一时期又出现了与木结构相适应的建筑风格，形成独特的中国木结构体系。根据气候和木材产地的不同情况，在汉代即分为抬梁、穿斗、井干三种不同的结构方式，其中以抬梁式最为普遍。在平面上形成柱网，柱网之间可按需要砌墙和安门窗。房屋的墙壁不承担屋顶和楼面的荷重，使墙壁有极大的灵活性。在宫殿、庙宇等高级建筑的柱上和檐枋间安装斗栱。

中国东汉以来建筑活动中的一个重要方面是佛教建筑，南北朝和唐朝大量兴建佛寺。公元 8 世纪建的山西五台山南禅寺正殿和公元 9 世纪建的佛光寺大殿，是遗留至今较完整的中国木构架建筑。中国佛教建筑对于日本等国也有很大影响。

佛塔的建造促进了高层木结构的发展。公元 2 世纪末，徐州浮屠寺塔的"上累金盘，下为重楼"，是在吸收、融合和创造的过程中，把具有宗教意义的印度堵坡竖在楼阁之上(称为刹)，形成楼阁式木塔。公元 11 世纪建成山西应县佛宫寺释迦塔(应县木塔)，塔高 67.3 米，八角形，底层直径为 30.27 米，每层用梁柱斗栱组合为自成体系的完整、稳定的构架，9 层的结构中有 8 层是用 3 米左右的柱子支顶重叠而成，充分做到了小材大用。塔身采用内外两环柱网，各层柱子都向中心略倾(侧脚)，各柱的上端均铺斗栱，用交圈的扶壁拱组成双层套筒式的结构。这座木塔不仅是世界上现存最高的木结构之一，而且在杆件和组合设计上，也隐涵着对结构力学的巧妙运用(如图 1-5 所示)。

约自公元 1 世纪，中国东汉时，砖石结构有所发展。在汉墓中已可见到从梁式空心砖逐渐发展为券拱和穹窿顶。根据荷载的情况，有单拱券、双层拱券和多层券。每层券上卧铺一层条砖，称为"伏"。这种券伏相结合的方法在后来的发券工程中普遍采用。自公元 4 世纪北魏中期，砖石结构已用于地面上的砖塔、石塔建筑以及石桥等方面。公元 6 世纪建于河南登封县的嵩岳寺塔，是中国现存最早的密檐砖塔(如图 1-6 所示)。

图 1-5　山西应县木塔　　　　　　图 1-6　河南登封嵩岳寺塔

公元前 4 世纪，罗马采用券拱技术砌筑下水道、隧道、渡槽等土木工程，在建筑工程方面继承和发展了古希腊的传统柱式。公元前 2 世纪，用石灰和火山灰的混合物作胶凝材料(后称罗马水泥)制成的天然混凝土广泛应用，有力地推动了古罗马的券拱结构的大发展。公元前 1 世纪，在券拱技术基础上又发展了十字拱和穹顶。公元 2 世纪时，在陵墓、城墙、水道、桥梁等工程上大量使用发券。券拱结构与天然混凝土并用，其跨越距离和覆盖空间比梁柱结构要大得多，如万神庙(120 至 124 年)的圆形正殿屋顶，直径为 43.43 米，是古代最大的圆顶庙。卡拉卡拉浴室(211 至 217 年)采用十字拱和拱券平衡体系。古罗马的公共建筑类型多，结构设计、施工水平高，样式手法丰富，并初步建立了土木建筑科学理论，如维特鲁威著《建筑十书》(公元前 1 世纪)奠定了欧洲土木建筑科学的体系，系统地总结了古希腊、罗马的建筑实践经验。古罗马的技术成就对欧洲土木建筑的发展有深远影响。

进入中世纪以后，拜占廷建筑继承古希腊、罗马的土木建筑技术并吸收了波斯、小亚一带文化成就，形成了独特的体系，解决了在方形平面上使用穹顶的结构和建筑形式问题，把穹顶支承在独立的柱上，取得开敞的内部空间，如圣索菲亚教堂(532 至 537 年)为砖砌穹顶，外面覆盖铅皮，穹顶下的空间深 68.6 米，宽 32.6 米，中心高 55 米。8 世纪在比利牛斯半岛上的阿拉伯建筑，运用马蹄形、火焰式、尖拱等拱券结构。科尔多瓦大礼拜寺(785 至 987 年)，即是用两层叠起的马蹄券(如图 1-7 所示)。

中世纪西欧各国的建筑，意大利仍继承罗马的风格，以比萨大教堂建筑群(11 至 13 世纪)为代表；其他各国则以法国为中心，发展了哥特式教堂建筑的新结构体系。哥特式建筑采用骨架券为拱顶的承重构件，飞券扶壁抵挡拱脚的侧推力，并使用二圆心尖券和尖拱。巴黎圣母院(1163 至 1271 年)的圣母教堂是早期哥特式教堂建筑的代表(如图 1-8 所示)。

图 1-7 科尔多瓦大礼拜寺

图 1-8 巴黎圣母院的圣母教堂

15 至 16 世纪，标志意大利文艺复兴建筑开始的佛罗伦萨教堂穹顶(1420 至 1470 年)，是世界最大的穹顶，在结构和施工技术上均达到很高的水平。集中了 16 世纪意大利建筑、结构和施工最高成就的则是罗马圣彼得大教堂(1506 至 1626 年)。

意大利文艺复兴时期的土木建筑工程内容广泛，除教堂建筑外，还有各种公共建筑、广场建筑群，如威尼斯的圣马可广场等；人才辈出，理论活跃，如 L. B. 阿尔贝蒂著《论建筑》(1455 年)是意大利文艺复兴期最重要的理论著作，体系完备，影响很大；施工技术和工具都有很大进步，工具除已有打桩机外，还有桅式和塔式起重设备以及其他新的工具。

这一时期道路桥梁工程也有很多重大成就。秦朝在统一中国的过程中，运用各地不同的建设经验，开辟了联接咸阳各宫殿和苑囿的大道，以咸阳为中心修筑了通向全国的驰道，主要线路宽 50 步，统一了车轨，形成了全国规模的交通网。比中国的秦驰道早些，在欧洲，罗马建设了以罗马城为中心，包括有 29 条辐射主干道和 322 条联络干道，总长达 78000 公里的罗马大道网。汉代的道路约达 30 万里以上，为了越过高峻的山峦，修建了褒斜道、子午道，恢复了金牛道等许多著名栈道，所谓"栈道千里，通于蜀汉"。

道路在通过河流时需要架桥渡河，当时桥的构造已有许多种形式。秦始皇为了沟通渭河两岸的宫室，首先营建咸阳渭河桥，为 68 跨的木构梁式桥，是秦汉史籍记载中最大的一座木桥。还有留存至今的世界著名隋代单孔圆弧弓形敞肩石拱桥——赵州桥(如图 1-9 所示)。

图 1-9 赵州桥

这一时期水利工程也有新的成就。公元前 3 世纪，中国秦代在今广西兴安开凿灵渠，总长 34 公里，落差 32 米，沟通湘江、漓江，联系长江、珠江水系，后建成能使"湘漓分流"的水利工程。公元前 3 至公元前 2 世纪之间，古罗马采用券拱技术筑成隧道、石砌渡槽等城市输水道 11 条，总长 530 公里。其中如尼姆城的加尔河谷输水道桥(公元 1 世纪建)，有 268.8 米长的一段是架在 3 层叠合的连续券上(如图 1-10 所示)。公元 7 世纪初，中国隋代开凿了世界历史上最长的大运河，共长 2500 公里，13 世纪元代兴建大都(今北京)，科学家郭守敬进行了元大都水系的规划，由北部山中引水，汇合西山泉水汇成湖泊，流入通惠河。这样可以截留大量水源，既解决了都城的用水，又接通了从都城向南直达杭州的南北大运河。

图 1-10　尼姆城的加尔河谷输水道桥

在城市建设方面，中国隋朝在汉长安城的东南，由宇文恺规划、兴建大兴城。唐朝复名为长安城，陆续改建，南北长 9.72 公里，东西宽 8.65 公里，按方整对称的原则，将宫城和皇城放在全城的主要位置上，按纵横相交的棋盘形街道布局，将其余部分划为 108 个里坊，分区明确、街道整齐。对城市的地形、水源、交通、防御、文化、商业和居住条件等，都作了周密的考虑。它的规划、设计为日本建设平安京(今京都)所借鉴。

土木工程工艺技术方面也有明显的进步。分工日益细致，工种已分化出木作(大木作、小木作)、瓦作、泥作、土作、雕作、旋作、彩画作和窑作(烧砖、瓦)等。到 15 世纪意大利的有些工程设计，已由过去的行会师傅和手工业匠人逐渐转向出身于工匠而知识化了的建筑师、工程师来承担。出现了多种仪器，如抄平水准设备、度量外圆和内圆及方角等几何形状的器具"规"和"矩"。计算方法方面的进步，已能绘制平面、立面、剖面和细部大样等详图，并且用模型设计的表现方法。

大量的工程实践促进人们认识的深化，积累了宝贵的工程经验，编写出了许多优秀的土木工程著作，出现了众多的优秀工匠和技术人才，如中国宋喻皓著《木经》、李诫著《营造法式》，以及意大利文艺复兴时期阿尔贝蒂著《论建筑》等。欧洲于 12 世纪以后兴起的哥特式建筑结构，到中世纪后期已经有了初步的理论，其计算方法也有专门的记录。

1.2.2　近代土木工程

从 17 世纪中叶到 20 世纪中叶的 300 年间，是土木工程发展史中迅猛前进的阶段。这个时期土木工程的主要特征是：在材料方面，由木材、石料、砖瓦为主，到开始并日益广泛地使用铸铁、钢材、混凝土、钢筋混凝土，直至早期的预应力混凝土；在理论方面，理论力学、材料力学、结构力学、土力学等学科逐步形成，设计理论的发展保证了工程结构的安全和人力物力的节约；在施工方面，由于不断出现新的工艺和新的机械，使得施工技术进步，建造规模扩大，建造速度加快。在这种情况下，土木工程逐渐发展到包括房屋、道路、桥梁、铁路、隧道、港口、市政、卫生等工程建筑和工程设施，有些工程不仅能够在地面，而且还能在地下或水域内修建。

土木工程在这一时期的发展可分为奠基时期、进步时期和成熟时期三个阶段。

1. 奠基时期

17 世纪到 18 世纪下半叶是近代科学的奠基时期，也是近代土木工程的奠基时期。伽利略、牛顿等所阐述的力学原理是近代土木工程发展的起点。意大利学者伽利略在 1638 年出版的著作《关于两门新科学的谈话和数学证明》中，论述了建筑材料的力学性质和梁的强度，首次用公式表达了梁的设计理论。这本书是材料力学领域中的第一本著作，也是弹性体力学史的开端。1687 年牛顿总结的力学运动三大定律是自然科学发展史的一个里程碑，直到现在还是土木工程设计理论的基础。瑞士数学家 L. 欧拉在 1744 年出版的《曲线的变分法》中建立了柱的压屈公式，算出了柱的临界压曲荷载，这个公式在分析工程构筑物的弹性稳定方面得到了广泛的应用。法国工程师 C. -A. de 库仑 1773 年写的著名论文《建筑静力学各种问题极大极小法则的应用》，说明了材料的强度理论、梁的弯曲理论、挡土墙上的土压力理论及拱的计算理论。这些近代科学奠基人突破了以现象描述、经验总结为主的古代科学的框框，创造出比较严密的逻辑理论体系，加之对工程实践有指导意义的复形理论、振动理论、弹性稳定理论等在 18 世纪相继产生，这就促使土木工程向深度和广度发展。

尽管同土木工程有关的基础理论已经出现，但就建筑物的材料和工艺看，仍属于古代的范畴，如中国的雍和宫、法国的罗浮宫、印度的泰姬陵(如图 1-11 所示)、俄国的冬宫等。土木工程实践的近代化，还有待于产业革命的推动。

图 1-11　泰姬陵

随着理论的发展，土木工程作为一门学科逐步建立起来，法国在这方面是先驱。1716 年法国成立道桥部队，1720 年法国政府成立交通工程队，1747 年创立巴黎桥路学校，培养建造道路、河渠和桥梁的工程师。所有这些，表明土木工程学科已经形成。

2. 进步时期

18 世纪下半叶，J. 瓦特吸取了德国人 J. 洛伊波尔德在 1772 年提出的利用进排气阀使气缸连续往复运动的原理，投入了双作用式蒸汽机的研制工作，对蒸汽机作了根本性的改进。蒸汽机的使用推进了产业革命。规模宏大的产业革命，为土木工程提供了多种性能优良的建筑材料及施工机具，也对土木工程提出新的需求，从而促使土木工程以空前的速度向前迈进。

土木工程的新材料、新工艺相继问世。1824 年，英国人 J.阿斯普丁取得了一种新型水硬性胶结材料——波特兰水泥的专利权，1850 年左右开始生产。1856 年大规模炼钢方法——贝塞麦转炉炼钢法发明后，钢材越来越多地应用于土木工程。1851 年，英国伦敦建成水晶宫，采用铸铁梁柱，玻璃覆盖。1867 年，法国人 J.莫尼埃用铁丝加固混凝土制成了花盆，并把这种方法推广到工程中，建造了一座贮水池，这是钢筋混凝土应用的开端。1875 年，他主持建造成第一座长 16 米的钢筋混凝土桥。1886 年，美国芝加哥建成家庭保险公司大厦，共 9 层，首次按框架设计，并采用钢梁，被认为是现代高层建筑的开端。1889 年，法国巴黎建成高 300 米的埃菲尔铁塔，使用熟铁近 8000 吨(如图 1-12 所示)。

图 1-12　法国埃菲尔铁塔

土木工程的施工方法在这个时期开始了机械化和电气化的进程。蒸汽机逐步应用于抽水、打桩、挖土、轧石、压路、起重等作业。19 世纪 60 年代内燃机问世和 70 年代电机出现后，很快就创制出各种各样的起重运输、材料加工、现场施工用的专用机械和配套机械，使一些难度较大的工程得以加速完工；1825 年，英国首次使用盾构开凿泰晤士河河底隧道；1871 年，瑞士用风钻修筑 8 英里长的隧道；1906 年，瑞士修筑通往意大利的 19.8 公里长的瑞士辛普朗隧道，使用了大量黄色炸药以及凿岩机等先进设备。

产业革命还从交通方面推动了土木工程的发展。在航运方面，有了蒸汽机为动力的轮船，使航运事业面目一新，这就要求修筑港口工程，开凿通航轮船的运河。19 世纪上半叶开始，英国、美国大规模开凿运河，1869 年苏伊士运河通航和 1914 年巴拿马运河的凿成，体现了海上交通已完全把世界联成一体。在铁路方面，1825 年，G. 斯蒂芬森建成了从斯托克顿到达灵顿，长 21 公里的第一条铁路，并用他自己设计的蒸汽机车行驶，取得成功。以后，世界上其他国家纷纷建造铁路。1869 年，美国建成横贯北美大陆的铁路。20 世纪初，俄国建成西伯利亚大铁路。20 世纪，铁路已成为不少国家国民经济的大动脉。1863 年，英国伦敦建成了世界第一条地下铁道，长 7.6 公里。随后世界上一些大城市也相继修建了地下铁道。在公路方面，1819 年英国马克当筑路法明确了碎石路的施工工艺和路面锁结理论，提倡积极发展道路建设，促进了近代公路的发展。19 世纪中叶内燃机制成和 1885 至 1886

年德国 C. F. 本茨和 G. W. 戴姆勒制成用内燃机驱动的汽车；1908 年，美国福特汽车公司使用传送带大量生产汽车以后，大规模地进行公路建设工程。铁路和公路的空前发展也促进了桥梁工程的进步。早在 1779 年英国就用铸铁建成跨度 30.5 米的拱桥，1826 年英国 T. 特尔福德用锻铁建成了跨度 177 米的麦内悬索桥，1850 年 R. 斯蒂芬森用锻铁和角钢拼接成不列颠箱管桥，1890 年英国福斯湾建成两孔主跨达 521 米的悬臂式桁架桥梁。现代桥梁的三种基本形式(梁式桥、拱桥、悬索桥)在这个时期相继出现了。

近代工业的发展，人民生活水平的提高，人类需求的不断增长，还反映在房屋建筑及市政工程方面。电力的应用，电梯等附属设施的出现，使高层建筑实用化成为可能；电气照明、给水排水、供热通风、道路桥梁等市政设施与房屋建筑结合配套，开始了市政建设和居住条件的近代化；在结构上要求安全和经济，在建筑上要求美观和实用。科学技术发展和分工的需要，促使土木和建筑在 19 世纪中叶开始分成为各有侧重的两个单独学科分支。

工程实践经验不断积累的同时，工程理论也得到进一步的发展。19 世纪，土木工程逐渐需要有定量化的设计方法。对房屋和桥梁设计，要求实现规范化。另一方面由于材料力学、结构力学逐步形成，各种静定和超静定桁架内力分析方法和图解法得到很快的发展。1825 年建立了结构设计的容许应力分析法；19 世纪末里特尔等人提出钢筋混凝土理论，应用了极限平衡的概念；1900 年前后钢筋混凝土弹性方法被普遍采用。各国还制定了各种类型的设计规范。1818 年英国不列颠土木工程师会的成立，是工程师结社的创举，其他各国和国际性的学术团体也相继成立理论上的突破，反过来极大地促进了工程实践的发展，这样就使近代土木工程这个工程学科日臻成熟。

3. 成熟时期

第一次世界大战以后，近代土木工程发展到成熟阶段。这个时期的一个标志是桥梁、道路、房屋大规模建设的出现。

在公路交通方面，由于汽车在陆路交通中具有快速和机动灵活的特点，道路工程的地位日益重要。沥青和混凝土开始用于铺筑高级路面。1931—1942 年，德国首先修筑了长达 3860 公里的高速公路网，美国和欧洲其他一些国家相继效法。20 世纪初，出现了飞机，飞机场工程迅速发展起来。钢铁质量的提高和产量的上升，使建造大跨桥梁成为现实。1918 年，加拿大建成魁北克悬臂桥，跨度为 548.6 米；1937 年，美国旧金山建成金门悬索桥(如图 1-13 所示)，跨度为 1280 米，全长 2825 米，是公路桥的代表性工程；1932 年，澳大利亚建成悉尼港桥，为双铰钢拱结构，跨度为 503 米。

图 1-13　金门悬索桥

随着工业的发展，城市化进程的推进，工业厂房向大跨度发展，民用建筑向高层发展。日益增多的电影院、摄影场、体育馆、飞机库等都要求采用大跨度结构。1925—1933 年在法国、苏联和美国分别建成了跨度达 60 米的圆壳、扁壳和圆形悬索屋盖。中世纪的石砌拱终于被近代的壳体结构和悬索结构所取代。1931 年美国纽约的帝国大厦落成，共 102 层，高 378 米，有效面积 16 万米，结构用钢约 5 万余吨，内装电梯 67 部，还有各种复杂的管网系统，可谓集当时技术成就之大成，它保持世界房屋高度最高纪录达 40 年之久(如图 1-14 所示)。

图 1-14 帝国大厦

1906 年美国旧金山发生大地震，1923 年日本关东发生大地震。1940 年美国塔科马悬索桥毁于风振。这些自然灾害推动了结构动力学和工程抗害技术的发展。另外，超静定结构计算方法不断得到完善，在弹性理论成熟的同时，塑性理论、极限平衡理论也得到发展。

近代土木工程发展到成熟阶段的另一个标志是预应力钢筋混凝土的广泛应用。1886 年美国人 P. H. 杰克孙首次应用预应力混凝土制作建筑构件，后来又用于制作楼板。1930 年法国工程师 E. 弗雷西内把高强钢丝用于预应力混凝土，弗雷西内于 1939 年、比利时工程师 G. 马涅尔于 1940 年改进了张拉和锚固方法，于是预应力混凝土便广泛地进入工程领域，把土木工程技术推向现代化。

由于清朝实行闭关锁国政策，中国近代土木工程发展缓慢，直到清末出现洋务运动，才引进一些西方技术。1909 年，中国著名工程师詹天佑主持的京张铁路建成，全长约 200 公里，达到当时世界先进水平。全路有四条隧道，其中八达岭隧道长 1091 米。到 1911 年辛亥革命时，中国铁路总里程为 9100 公里。1894 年建成用气压沉箱法施工的滦河桥，1901 年建成全长 1027 米的松花江桁架桥，1905 年建成全长 3015 米的郑州黄河桥。中国近代市政工程始于 19 世纪下半叶，1865 年上海开始供应煤气，1879 年旅顺建成近代给水工程，相隔不久，上海也开始供应自来水和电力。1889 年唐山设立水泥厂，1910 年开始生产机制砖。中国近代土木工程教育事业开始于 1895 年创办天津北洋西学学堂(后称北洋大学，今天津大学)和 1896 年创办北洋铁路官学堂(后称唐山交通大学，今西南交通大学)。

1929 年建成的中山陵(如图 1-15 所示)和 1931 年建成的广州中山纪念堂(跨度 30 米)为

中国近代建筑代表。1934 年在上海建成了钢结构的 24 层的国际饭店，21 层的百老汇大厦(今上海大厦)和钢筋混凝土结构的 12 层的大新公司。到 1936 年，已有近代公路 11 万公里。中国工程师自己修建了浙赣铁路，粤汉铁路的株洲至韶关段以及陇海铁路西段等。1937 年建成了公路铁路两用钢桁架的钱塘江桥，长 1453 米，采用沉箱基础。1912 年成立中华工程师会，詹天佑为首任会长，30 年代成立中国土木工程师学会。到 1949 年土木工程高等教育基本形成了完整的体系。中国已拥有一支庞大的近代土木工程技术力量。

图 1-15　中山陵

1.2.3　现代土木工程

现代土木工程以社会生产力的现代发展为动力，以现代科学技术为背景，以现代工程材料为基础，以现代工艺与机具为手段高速度地向前发展。

第二次世界大战结束后，社会生产力出现了新的飞跃。现代科学技术突飞猛进，土木工程进入一个新时代。在近 40 年中，前 20 年土木工程的特点是进一步大规模工业化，而后 20 年的特点则是现代科学技术对土木工程的进一步渗透。

中华人民共和国建国后，经历了国民经济恢复时期和规模空前的经济建设时期。例如，到 1965 年全国公路通车里程 80 余万公里，是解放初期的 10 倍；铁路通车里程 5 万余公里，是 50 年代初的两倍多；火力发电容量超过 2000 万千瓦，居世界前五位。1979 年后我国致力于现代化建设，发展加快。列入第六个五年计划(1981—1985 年)的大中型建设项目达 890 个。1979—1982 年间全国完成了 3.1 亿平方米住宅建筑；城市给水普及率已达 80%以上；北京等地高速度地进行城市现代化建设；京津塘(北京－天津－塘沽)高速公路和广深珠(广州－深圳、广州－珠海)高速公路开始兴建；有些铁路正在实现电气化；济南、天津等地跨度 200 多米的斜拉桥相继建成；全国各地建成大量 10～50 余层的高层建筑。这些都说明中国土木工程已开始了现代化的进程。

从世界范围来看，现代土木工程为了适应社会经济发展的需求，具有以下一些特征。

1. 工程功能化

现代土木工程的特征之一，是工程设施同它的使用功能或生产工艺更紧密地结合。复杂的现代生产过程和日益上升的生活水平，对土木工程提出了各种专门的要求。

现代土木工程为了适应不同工业的发展，有的工程规模极为宏大，如大型水坝混凝土用量达数千万立方米，大型高炉的基础也达数千立方米；有的工程则要求十分精密，如电子工业和精密仪器工业要求能防微振。现代公用建筑和住宅建筑不再仅仅是传统意义上徒具四壁的房屋，而要求同采暖、通风、给水、排水、供电、供燃气等种种现代技术设备结成一体。

对土木工程有特殊功能要求的各类特种工程结构也发展起来。例如，核工业的发展带来了新的工程类型。20 世纪 80 年代初世界上已有 23 个国家拥有核电站 277 座，在建的还有 613 座，分布在 40 个国家。中国也已开始建设核电站。中国从 50 年代以来建成了 60 余座加速器工程，目前正在兴建 3 座大规模的加速器工程，这些工程的要求也非常严格。海洋工程发展很快，80 年代初海底石油的产量已占世界石油总产量的 23%，海上钻井已达3000 多口，固定式钻井平台已有 300 多座。我国在渤海、南海等处已开采海底石油。海洋工程已成为土木工程的新分支。

现代土木工程的功能化问题日益突出，为了满足极专门和更多样的功能需要，土木工程更多地需要与各种现代科学技术相互渗透。

2．城市立体化

随着经济的发展，人口的增长，城市用地更加紧张，交通更加拥挤，这就迫使房屋建筑和道路交通向高空和地下发展。

高层建筑成了现代化城市的象征。1974 年芝加哥建成高达 433 米的西尔斯大厦，超过1931 年建造的纽约帝国大厦的高度。现代高层建筑由于设计理论的进步和材料的改进，出现了新的结构体系，如筒体、筒中筒、束筒结构等。2010 年建成哈利法塔为束筒结构(原名迪拜塔，又称迪拜大厦或比斯迪拜塔，如图 1-16 所示)，总高达 828 m，为当前世界第一高楼与人工构造物，造价达 15 亿美元。2009 年建成广州塔，塔高达 600 米为中国第一高塔(如图 1-17 所示)，世界第三高塔。高层建筑的设计和施工是对现代土木工程成就的一个总检阅。

图 1-16　迪拜哈利法塔　　　　　　　图 1-17　广州塔

城市道路和铁路很多已采用高架，同时又向地层深处发展。地铁在近几十年得到进一步发展，地铁早已电气化，并与建筑物地下室连接，形成地下商业街。北京地下铁道在 1969年通车后，1984 年又建成新的环形线(如图 1-18 所示)。目前地铁已基本覆盖我国省会城市，并成为城市交通重要组成部分。地下城市空间开发利用有着十分广泛的发展，地下停车库、地下油库日益增多。城市道路下面密布着电缆、给水、排水、供热、供燃气的管道，构成城市的脉络。现代城市建设已经成为一个立体的、有机的系统，对土木工程各个分支以及它们之间的协作提出了更高的要求。

图 1-18　北京建国门车站站台

3. 交通高速化

现代世界是开放的世界，人、物和信息的交流都要求更高的速度。高速公路虽然 1934 年就在德国出现，但在世界各地较大规模的修建，是在第二次世界大战之后的事。1983 年，世界高速公路已达 11 万公里，很大程度上取代了铁路的职能。高速公路的里程数，已成为衡量一个国家现代化程度的标志之一。铁路也出现了电气化和高速化的趋势。我国高铁设计最高时速达到 350 km/h，法国巴黎到里昂的高速铁路运行时速达 260 km/h，日本"新干线"铁路行车时速达 210 km/h。交通高速化直接促进着桥梁、隧道技术的发展。不仅穿山越江的隧道日益增多，而且出现长距离的海底隧道。日本从青森至函馆越过津轻海峡的青函海底隧道即将竣工，隧道长达 53.85 公里。

航空事业在现代得到飞速发展，航空港遍布世界各地。航海业也有很大发展，世界上的国际贸易港口超过 2000 个，并出现了大型集装箱码头。中国的塘沽、上海、北仑、广州、湛江等港口也已逐步实现现代化，其中一些还建成了集装箱码头泊位。

在现代土木工程出现上述特征的情况下，构成土木工程的三个要素(材料、施工和理论)也出现了新的趋势。

4. 材料轻质高强化

现代土木工程的材料进一步轻质化和高强化。工程用钢的发展趋势是采用低合金钢。中国从 20 世纪 60 年代起普遍推广了锰硅系列和其他系列的低合金钢，大大节约了钢材用量并改善了结构性能。高强钢丝、钢绞线和粗钢筋的大量生产，使预应力混凝土结构在桥梁、房屋等工程中得以推广。

C50～C80 号的水泥已在工程中普遍应用，近年来轻集料混凝土和加气混凝土已用于高层建筑。例如，美国休斯敦的贝壳广场大楼，用普通混凝土只能建 35 层，改用了陶粒混凝土，自重大大减轻，用同样的造价建造了 52 层大楼。而大跨、高层、结构复杂的工程又反过来要求混凝土进一步轻质、高强化。

高强钢材与高强混凝土的结合使预应力结构得到较大的发展，在桥梁、建筑工程中广泛应用预应力混凝土结构。铝合金、镀膜玻璃、石膏板、建筑塑料、玻璃钢等工程材料发展迅速。新材料的出现与传统材料的改进是以现代科学技术的进步为背景的。

5. 施工过程工业化

大规模现代化建设使建筑标准化达到了很高的程度。人们力求推行工业化生产方式，在工厂中成批地生产房屋、桥梁的种种构配件、组合体等。预制装配化的潮流在 20 世纪50 年代后席卷了以建筑工程为代表的许多土木工程领域。这种标准化在中国社会主义建设中起了积极作用。中国建设规模在绝对数字上是巨大的，30 年来城市工业与民用建筑面积达 23 亿多平方米，其中住宅约 10 亿平方米，若不广泛推行标准化，这些建筑工程是难以完成的。装配化不仅对房屋重要，也在中国桥梁建设中引出装配式轻型拱桥，从 20 世纪60 年代开始采用与推广，对解决农村交通起了一定作用。

在标准化向纵深发展的同时，种种现场机械化施工方法在 70 年代以后发展得特别快。采用了同步液压千斤顶的滑升模板广泛用于高耸结构。1975 年建成的加拿大多伦多电视塔高达 553 米，施工时就用了滑模，在安装天线时还使用了直升飞机。现场机械化的另一个典型实例是用一群小提升机同步提升大面积平板的升板结构施工方法。近 10 年来中国用这种方法建造了约 300 万平方米房屋。此外，钢制大型模板、大型吊装设备与混凝土自动化搅拌楼、混凝土搅拌输送车、输送泵等相结合，形成了一套现场机械化施工工艺，使传统的现场灌筑混凝土方法获得了新生命，在高层、多层房屋和桥梁建设工程中部分地取代了装配化，成为一种发展很快的方法。

现代技术使许多复杂的工程成为可能，例如，中国铁路有 80%的线路穿越山岭地带，桥隧相连，成昆铁路桥隧总长占 40%，日本山阳线新大阪至博多段的隧道占 50%，前苏联在靠近北极圈的寒冷地带建造第二条西伯利亚大铁路；中国的川藏、青藏公路直通世界屋脊。青藏铁路是实施西部大开发战略的标志性工程，攻克了多年冻土冬天冻胀夏天融沉的工程难题(如图 1-19 所示)。由于采用了现代化的技术，施工速度加快，精度也提高。土石方工程中广泛采用定向爆破，解决了大量土石方的施工。

图 1-19　青藏铁路

6. 理论研究精密化

现代科学信息传递速度大大加快，一些新理论与方法，如计算力学、结构动力学、动态规划法、网络理论、随机过程论、滤波理论等的成果，随着计算机的普及而渗进了土木工程领域。结构动力学已发展完备。荷载不再是静止的和确定性的，而将被作为随时间变化的随机过程来处理。美国和日本使用由计算机控制的强震仪台网系统，提供了大量原始地震记录。日趋完备的反应谱方法和直接动力法在工程抗震中发挥很大作用。抗震理论、测震、震动台模拟试验以及结构抗震技术等方面有了很大发展。

随着现代化进程的发展，大跨度建筑的形式呈现多样化，薄壳、悬索、网架、网壳、充气和混合结构，满足各种大型社会公共活动的需要。1959 年，巴黎建成多波双曲薄壳的跨度达 210 m；1976 年，美国新奥尔良建成的网壳穹顶直径为 207.3 m；1975 年，美国密歇根庞蒂亚克体育馆充气塑料薄膜覆盖面积达 35 000 m^2，可容纳观众 8 万人。中国也建成了许多大空间结构，如上海体育馆圆形网架直径 110 m，北京工人体育馆悬索屋面净跨为 94 m。大跨建筑的设计也是理论水平的一个标志。2008 年建成的北京奥运会主体育馆"鸟巢"可容纳观众 9 万人，采用 Q460 高强钢材，结构主要由巨大的门式钢架组成，大跨度屋盖支撑在 24 根桁架柱上(如图 1-20 所示)。2008 年建成的国家游泳中心又被称为水立方，它是根据细胞排列形式和肥皂泡天然结构设计而成的，它的膜结构是世界之最。

图 1-20　国家体育场——鸟巢

从材料特性、结构分析、结构抗力计算到极限状态理论，在土木工程各个分支中都得到充分发展。20 世纪 50 年代，美国、前苏联开始将可靠性理论引入土木工程领域。土木工程的可靠性理论建立在作用效应和结构抗力的概率分析基础上。工程地质、土力学和岩体力学的发展为研究地基、基础和开拓地下、水下工程创造了条件。计算机不仅用以辅助设计，更作为优化手段；不但运用于结构分析，而且扩展到建筑、规划领域。理论研究的日益深入，使现代土木工程取得质的进展，并使工程实践更离不开理论指导。

1.2.4　土木工程的发展趋势

随着人类文明进程的发展，世界经济和科技水平必将向着更高水平发展，将促使土木工程向以下几个方面发展。

1. 向高性能材料的发展

随着高层、超高层建筑以及大跨度结构的兴建，土木工程对材料的强度要求越来越高，同时又希望减轻结构自重。钢材将朝着高强，具有良好的塑性、韧性和可焊性方向发展。日本、美国、俄罗斯等国家已经把屈服点为 700 N/mm^2 以上的钢材列入了规范。高性能混凝土及其他复合材料也将向着轻质、高强、良好的韧性和工作性方面发展。目前的化学合成材料主要用于门窗、管材、装饰材料，今后的发展是向大面积围护材料及结构骨架材料发展。目前碳纤维以其轻质、高强、耐腐蚀等优点而用于结构补强，在其成本降低后可望用作混凝土的加筋材料。国外已经采用碳纤维钢筋网和碳纤维绞线，这项技术国内亦在研究中。

2. 向高空、地下、海洋、荒漠、太空开拓

(1) 向高空延伸。为了解决城市土地供求矛盾，城市建设将向高、深方向发展。例如高层建筑，目前最高的摩天大楼迪拜塔总高 828 m，是将工作、休闲、商业、娱乐等融于一体的竖向城市。中国拟在上海附近的 1.6 km 宽、200 m 深的人工岛上建造一栋高 1250 m 的仿生大厦，居民可达 10 万。

(2) 向地下发展。1991 年在日本东京召开的地下空间利用国际会议通过了《东方宣言》，提出"21 世纪是人类开发利用空间的世纪"，建造地下建筑将有效改善城市拥挤、节能和减少噪声污染等。日本 1993 年开建的东京新丰州地下变电所，将深达地下 70 m。我国城市地下空间的开发尚处于初级阶段，目前已有北京、上海、广州等六个城市建有地铁，正在建设地铁的有西安、郑州、南昌、哈尔滨、兰州等城市。

(3) 向海洋拓展。为了防止机场噪声对城市居民的影响，也为了节约使用陆地，许多机场已开始填海造地。如中国澳门机场、日本关西国际机场等都修筑了海上人工岛，在岛上建跑道和候机楼。阿拉伯联合酋长国首都迪拜的七星级酒店也是填海而建。现代海上采油平台体积巨大，在平台上建有生活区，工人在平台上一工作就是几个月，如果将平台扩大，建成海上城市是完全可能的。

(4) 向荒漠进军。全世界约有 1/3 陆地是沙漠和荒漠，每年约有 600 万公顷的耕地被侵蚀，这将影响上亿人口的生活。若能有效地控制和治理，将极大地缓解人口压力。为争取可利用土地，对沙漠的改造在未来将不可忽视。世界未来学会对下世纪初世界十大工程设想之一是将西亚和非洲的沙漠改变成绿洲。在缺乏地下水的沙漠地区，学者们正在研究开发使用沙漠地区太阳能淡化海水的可行方案，该方案一旦实施，将会启动近海沙漠地区大规模的建设工程。我国沙漠输水工程全线建成试水，顺利地引黄河水入沙漠。我国首条沙漠高速公路——榆靖高速公路已全线动工，全长 116 km。

(5) 向太空迈进。向太空迈进是人类长期的梦想，地球资源有限，而且由于近些年来的开发，许多重要资源(如石油)的储量急剧减少，人类不得不开始考虑前往太空寻找资源。20 世纪，美国阿波罗号飞船成功登上月球。经研究，现已证实月球上的岩石可以制成水泥。这说明，在外太空，土木工程不会受到阻碍，仍有发展的可能。随着太空站和月球基地的建立，人类可向火星进发。

3. 信息和智能化技术全面引入

信息、计算机、智能化技术在工业、农业、运输业和军事工业等各行各业中得到了愈来愈广泛的应用，土木工程也不例外，将这些高新技术应用于土木工程将是今后相当长时间内的重要发展方向。

(1) 信息化、智能化施工。所谓信息化施工，是指在施工过程中所涉及的各部分各阶段广泛应用计算机信息技术，对工期、人力、材料、机械、资金、进度等信息进行收集、存储、处理和交流，并加以科学地综合利用，为施工管理及时准确地提供决策依据。例如，在隧道及地下工程中将岩土样品性质的信息、掘进面的位移信息收集集中，快速处理及时调整并指挥下一步掘进及支护，可以大大提高工作效率并可避免不安全的事故。信息化施

工还可通过网络与其他国家和地区的工程数据库联系，在遇到新的疑难问题时可及时查询解决。信息化施工可大幅度提高施工效率和保证工程质量，减少工程事故，有效控制成本，实现施工管理现代化。机器人或称机械手将更广泛地得到应用，目前发达国家已采用机器人进行繁重和危险行业的劳动。我国也正在研究智能化施工。

(2) 智能化建筑。智能化建筑还没有确切的定义，但有两个方面的要求应予满足。一是房屋设备应用先进的计算机系统监测与控制，并可通过自动优化或人工干预来保证设备运行的安全、可靠、高效。例如，有客来访，可远距离看到形象并对话，遇有歹徒可摄像、可报警、可自动关闭防护门等。又如供暖制冷系统，可根据主人需要调至标准温度，室温高了送冷风，室温低了送暖风。另一个方面是安装对居住者的自动服务系统。如早晨准点报时叫醒主人，并可根据需要放送新闻或提醒主人今天的主要日程安排，同时早餐自动加工，当你洗漱完毕后即可用餐。总之，这是一个非常温馨的住宅。对于办公楼来讲，智能化要求配备办公自动化设备、快速通讯设备、网络设备、房屋自动管理和控制设备。

(3) 智能化交通。智能化交通，在欧美已于 20 世纪 90 年代开始研究，中国也在迎头赶上。智能化交通一般包括以下几个系统：先进的交通管理系统；交通信息服务系统；车辆控制系统；车辆调度系统；公共交通系统等。智能化交通应具有信息收集、快速处理、优化决策、大型可视化系统等功能。

土木工程分析的仿真系统。许多工程结构毁于台风、地震、火灾、洪水等灾害。在这种小概率、大荷载作用下的工程结构的性能很难通过实验来验证，一是参数变化条件不可能全模拟，二是实体试验成本过高，三是破坏实验有危险性，设备达不到要求。而计算机仿真技术可以在计算机上模拟原型大小的工程结构在灾害荷载作用下从变形到倒塌的全过程，从而揭示结构不安全的部位和因素。用此技术指导设计可大大提高工程结构的可靠性。

4．土木工程的可持续发展

在三种广泛存在的、相互联系的关系——人口快速增加、城市化进程加快、对自然资源的需要日益上升超出了供应的能力出现后，人们才认识到可持续性发展的必要性。20 世纪 80 年代提出了"可持续发展"的原则，已被广大国家和人民所认同。"可持续发展"是指，既满足当代人的需要，又不对后代人满足其需要的发展构成危害。这一原则具有远见卓识，我国已将"可持续发展"列为两大国策之一。土木工程的可持续发展就是发展绿色节能建筑、智能建筑等，达到人和环境和谐统一。

1.3 土木工程专业的培养目标与素质教育

1.3.1 培养目标

本专业培养学生掌握结构力学、材料力学、理论力学、弹性力学、塑性力学、流体力学、岩土力学、岩体力学、结构抗震、混凝土结构、钢结构、施工技术、项目工程管理、建筑学和市政工程等方面的基本理论和专业知识，使其初步具备从事土木工程的项目规划、设计、施工、研究开发及管理的能力。部分学生毕业后经过几年的社会实践后，通过理论考试可以成为注册建筑师、注册岩土师、注册结构师、注册建造师、注册监理师、注册造价师、注册咨询师等高级工程技术人才。

1.3.2 素质培养

1. 迅速熟悉大学环境，尽快确立奋斗目标

高尔基说过："一个人追求的目标越高，他的才能就发展越快，对社会就越有益。"目标是激发人的积极性、产生自觉行为的动力。大学生正处在憧憬未来的青年时期，人生的作为往往是从大学时期树立的理想和目标开始的，大学是人成才、成就事业的一个新起点。大学生应该从高考胜利的满足和陶醉中清醒过来，从不满现状的沮丧中走出来，调整心态，根据学校教学的客观现实和自己的实际情况制定奋斗目标。随着这些奋斗目标的确立和一个个目标的逐渐实现，你就会不断地取得成果、不断地进步，你的人生就会在这样的过程中不知不觉地得到升华。

2. 大学期间注意多种能力的培养

大学期间既要求学生掌握比较深厚的基础理论和专业知识，同时还要求重视各种能力的培养。个人能力的全面发展，不仅要有良好的科学文化素质、身体素质、思想道德素质，而且还要有能妥善处理人际关系和适应社会变化的能力。我国教育历来都强调德、识、才、学、体五个方面的全面发展，或简称为德才兼备。人才的五要素是一个统一的有机体，五个方面对人才的成长互相促进、相互制约，缺一不可。能力的培养是现代社会对大学教育提出的一个重大任务。知识再多，不会运用，也只能是一个知识库、"书呆子"。由于一些大学生存在高分低能的现象，使得大学生的能力的培养成为高等教育中十分重要的问题。获取知识和培养能力是人才成长的两个基本方面，它们的关系是相辅相成对立统一的。广博的知识积累，是培养和发挥能力的基础，而良好的能力又可以促进知识的掌握。人才的根本标志不在于积累了多少知识，而是看其是否具有利用知识进行创造的能力。创造能力体现了识、才、学等智能结构中诸要素的综合运用，大学生要想学有所成，将来在工作中有所发明、有所创造，对人类社会的进步有所贡献，就必须注意各种能力的培养。如科学研究能力、发明创造能力、捕捉信息的能力、组织管理的能力、社会活动的能力、仪器设备的操作能力、语言文字的表达能力等等。这就要求大学生在校学习期间，必须在全面掌握专业知识和其他有关知识的基础上，加强专业技能的培养和智力的开发，在学习书本知识的过程中重视教学实践环节的锻炼和学习。要认真搞好专业实习和毕业设计，积极参加社会调查和生产实践活动，努力运用现代化科学知识和科学手段研究并解决社会发展和生产实践中的各种实际问题，克服在学习中存在的理论脱离实际和"高分低能"的不良倾向。此外，作为一名大学生，不仅要学习科学文化知识，掌握先进技术，而且重要是，要学会做人，如何去做一个高素质的人，如何做一位对社会、国家有益的人。学习去认识社会、接触社会、融入社会、造福社会，要学习如何与他人沟通、如何与他人相处、如何与他人协作。还应积极参加各种竞赛和社会活动，在这个过程中锻炼自己的社交能力、组织能力、培养自己的兴趣，丰富自己的生活。

3. 认识大学学习特点，掌握大学学习方法

学习方法是提高学习效率，达到学习目的的手段。钱伟长曾对大学生说过：一个青年

人不但要用功学习，而且要有好的科学的学习方法。要勤于思考，多想问题，不要靠死记硬背。学习方法对头，往往能收到事半功倍的成效。在学习过程中还要注意培养以下能力：

获取知识的能力、获取知识的能力是学生感知、理解、吸收和巩固所学知识，并把所学知识纳入自己知识的能力。

要有计划能力。选择能力和监控能力。大学的学习应该有明确的目标意识，既有学习的总目标和阶段目标，又有课程目标和课时目标。能够合理地根据自己的实际情况来制订适合自己的目标。

讲究读书的方法和技巧。大学学习不光是完成课堂教学的任务，更重要的是如何发挥自学的能力，在有限的时间里去充实自己，选择与学业及自己兴趣有关的书籍阅读是最好的办法。学会在浩如烟海的书籍中，选取自己必读之书，就需要有读书的技巧。首先是确定读什么书，其次对确定要读的书进行分类，一般来讲可分为三类，第一类是浏览性质，第二类是通读，第三类是精读。浏览可粗，通读要快，精读要精。这样就能在较短的时间里读很多书，既广泛地了解最新科学文化信息，又能深入研究重要理论知识。

思 考 题

1. 简要叙述土木工程主要研究的内容，涉及的工程领域。
2. 简述土木工程的发展历史，以及各阶段土木工程之间的重要区别。
3. 土木工程的发展趋势有哪些？
4. 大学期间要注意哪些能力的培养？

第 2 章　土木工程材料

2.1　土木工程材料概况

　　土木工程材料是指人类建造活动所用一切材料的总称。通常根据工程类别在材料名称前加以适当区分，如建筑工程常用材料称为建筑材料；道路(含桥梁)工程常用材料称为道路建筑材料；主要用于港口码头时，则称为港口工程材料；主要用于水利工程的称为水工材料。此外，还有市政材料、军工工程材料、核工业材料等。

　　土木工程材料是随着人类物质文明的发展而不断发展的，土木工程材料的发展反映了一个时代的科技水平，是人类文明的重要标志。从最初的原始人"穴居巢处"，到逐渐学会使用简单的工具"凿石成洞，构木为巢"，再到后来学会烧制陶、瓷、砖、瓦和石灰，土木工程材料开始由天然材料进入人工生产的阶段，为人类建造房屋创造了物质基础。从世界各地遗留的古建筑来看，古人开展建筑活动的悠久而艰辛、技术成熟而精湛，如埃及金字塔、古罗马的斗兽场、中国的万里长城等。

　　随着人类文明的进步，社会生产力和科学技术的不断发展推动了土木工程材料的发展。土木工程材料进入了一个新的发展时期，从烧制陶瓷、砖瓦、石灰，发展到烧制水泥和大规模炼钢，而这一时期的建筑结构样式也发生了巨变，从简单的砖木结构发展到钢和钢筋混凝土结构。20 世纪中期以后，土木工程材料发展速度更加迅速。传统材料进入到性能改良的时代，朝着轻质、高强、多功能方向发展；新材料不断出现，高分子合成材料及复合材料更是异军突起，越来越多地被应用于各种建筑工程上。从一万年前人类使用天然石材、木材等建造简单的房屋，到后来生产和使用砖、瓦、陶器、石灰、三合土、玻璃、青铜等土木工程材料，中间经历了数千年，其发展速度极为缓慢。从公元前两三千年到 18 世纪，土木工程的发展虽然有了较大的进步，但仍然非常缓慢。19 世纪发生的工业革命，大大推动了工业的发展，也极大地推动了土木工程材料的发展，相继出现了钢材、水泥、混凝土、钢筋混凝土等一大批性能优良的材料，为近代的大规模工程建设奠定了基础。

　　进入 20 世纪后，材料科学逐渐形成并不断发展，不仅使土木工程材料性能和质量不断提升，而且品种不断增多，一些具有特殊功能的新型土木工程材料，如绝热材料、吸声隔声、各种装饰材料、耐热防水材料、防水防渗材料以及耐磨、耐腐蚀、防暴和防辐射材料等不断问世。到 20 世纪后半叶，土木工程材料日益向着轻质、高强、多功能方向发展。近年来，随着人们环保意识的不断加强，无毒、无公害、绿色、环保的"绿色建材"正在日益推广。

2.2　古代工程材料

2.2.1　天然材料的利用

距今大约 50 万至 10 万年前，原始人过着群居的生活。他们只会利用天然的石块或木棍，采集野果，追杀小动物，来解决生存第一需要——食物。当时还没有能力建造居所，只能利用天然的洞穴，或"构木为巢"，以应付风寒雨雪和猛兽虫蛇的侵害。这一时期的住居还谈不上是建筑，当然也谈不上土木工程材料。无论是"巢居"还是"穴居"，只是一种利用天然条件借以栖身的办法。

大约距今 1 万至 6 千年前，人类进入了新石器时代。当时中国正处于母系氏族社会的鼎盛时期。这一时期农业已成为人类生产的重要手段，人们开始定居下来，同时出现了畜养家禽、家畜业和制陶业。这一时期的房屋多数建造半地穴式。所使用的结构材料为天然的木材或竹材，墙体多为木骨抹泥，有的表面用火烤得很坚实，屋顶多为茅草或草泥。这种墙体不可能做得很厚重，不仅保温隔热性能差，屏障和防御性能也较低，但与天然洞穴相比，毕竟有了一个可以遮蔽风雨的简单居舍。直到今天，仍然有很多地方以天然木材或竹材作为骨架，在墙壁和屋顶苫草来建造房屋。

随着生产工具的进步，人们开始利用天然石材建造房屋及纪念性结构物。石材强度高，承载力强，可以建造较大型的结构物。最早利用大块石材的结构物当数公元前 2500 年前后建造的埃及金字塔。公元前 400 至前 500 年建造的古希腊雅典卫城，公元 80 至 200 年期间兴旺一时的罗马古城，也大量使用了天然石材。进入中世纪，石材建筑更是风靡欧洲，许多皇家建筑及教堂，均采用石材作为结构材料。由于石材建筑坚固耐用，因此许多建筑物得以长久保存下来，成为人类宝贵的文化遗产。

天然石灰是最早的气硬性胶凝材料。很早以前，人类或许在烧烤动物、烧火取暖等偶然机会中发现天然的贝壳烧过以后，其灰具有胶结能力；在钟乳洞内挖坑，或在石灰岩上烧过火之后残存下的灰，用水拌合后亦能固化。于是人们利用这种灰，拌入植物纤维或掺入砂、土等作为胶凝材料使用。采用胶凝材料粘结块体材料，使砌筑结构物更具有整体性，人类有可能建造规模更大的建筑物或结构物。公元前 2500 年建造的埃及金字塔就使用了天然的石灰砂浆做胶结材料，将大块的石块粘结砌成，这是目前现存的使用天然石灰的最古老的结构物。

公元前 16 至前 11 世纪的青铜器时代(商代)，由于青铜器的大量使用，使得社会生产力水平有了很大提高。同时，青铜器的使用为木结构建筑及"版筑技术"提供了很大的方便。所谓"版筑技术"，就是用木板或木棍作边框，然后在框内浇注黄土，用木杵夯实之后，将木板拆除。这是一种非常经济的筑墙方法，就地取土筑墙，木版框可以重复使用多次。利用这种技术，对天然土进行简单的加工，用于人类的住居及其他建筑物。"干打垒"是现在仍然使用的版筑技术，在我国东北寒冷地区和南方炎热地区，均有"干打垒"式墙体的房屋，这种房屋具有良好的保温隔热效果。混凝土的浇筑技术，也来自于最早的"版筑技术"。

2.2.2　烧土制品——最早的人工土木工程材料

以天然粘土类物质为原料，经高温焙烧获得的材料叫做烧土制品。烧土制品是人类最早加工制作的人工建筑材料，可以说是与人类的文化、历史同步发展的一种土木工程材料。土坯是粘土砖的前身，将粘土用水拌合成泥，能产生塑性变形。利用这种性质，将粘土泥放入一定尺寸的模型中成型，然后利用太阳的光热干燥制成，这是人类最初加工制造的土木工程材料。这种土坯最早在公元前8000年左右，就在中东到埃及一带使用。在古埃及和美索不达米亚的遗迹中，有很多构筑物就使用了这种日晒土坯。土坯制作简单，成本低廉，保温性能好。直到现在，在一些干旱少雨、工业生产不发达的偏僻农村仍然使用土坯砌筑房屋的墙体或内墙。在北方寒冷地区，通常使用土坯砌筑火炕。但土坯组织粗糙，强度低，吸水后软化。为了克服这些缺点，将土坯在高温下焙烧，能成为坚实、耐水的粘土砖。在土坯出现后大约经过了3000年(即公元前5000年左右)，就出现了烧制的粘土砖，这种粘土砖最早被苏美尔人用于建造宫殿。

我国从西周时期(大约公元前1060至前711年)开始出现的粘土砖，到了秦汉时期，粘土砖已经作为最主要的房屋建筑、筑墙材料被大量使用，因此有"秦砖汉瓦"之称。粘土砖是烧土制品的代表性材料，与土坯相比，粘土砖强度高、耐水性好，同时外形规则、尺寸均一，易于砌筑，2000多年以来，粘土砖在我国房屋建筑中始终是墙体材料的主角。但是烧制粘土砖要破坏大量的耕地，随着人口的增多，土地资源的匮乏，我国正在逐步限制实心粘土砖的使用和生产，这种传统的墙体材料将逐步被其他材料所取代。

公元前3000年左右，美索不达米亚地方最早出现了屋顶瓦。最早的瓦是平板型，逐渐发展成平缓曲面形，最后发展成各种形状的瓦。我国从西周时代开始出现了粘土瓦，到了战国时期(公元前475年至公元前221年)，筒瓦、板瓦已作为屋顶材料广泛使用。到目前为止，粘土瓦仍然是常用的屋面材料。

烧制石灰是最早的人工胶凝材料。生石灰的化学成分主要是 CaO，是由天然的石灰石($CaCO_3$)经烧制分解而成的。石灰加水拌和成浆体，具有流动性和可塑性，经过一定时间，水分蒸发形成氢氧化钙结晶，同时与空气中的二氧化碳反应生成碳酸钙而产生强度，并能把块状材料或散粒材料粘结起来。在西周时期的陕西凤雏遗址中，发现土坯墙上采用了三合土(即石灰、黄砂、粘土混合)抹面，说明我国在3000多年前已能烧制石灰。

玻璃也属于烧土制品的一种，其主要成分是硅酸盐。它是将高温下的熔融体快速冷却，固化形成的非晶体析出物。玻璃最大的特点是具有透明性，强度高、坚硬，抗压强度大约为600～1200 MPa，是石材的10～20倍。玻璃的致命弱点是抗冲击性差。玻璃最早是作为装饰品或祭祀品使用，公元前2000年左右的埃及古墓中就已经有了透明的玻璃祭葬品。到中世纪左右，在欧洲玻璃的应用范围扩展到建筑和美术品，最早在建筑上的应用是将彩色玻璃用于教堂建筑的内墙做壁画，例如公元1100年左右在俄国圣索非亚寺院的内墙就采用了彩色玻璃。而透明、用于门窗采光材料的玻璃，是1640年首先在俄国生产的。如今，透明的平板玻璃已成为建筑上不可缺少的采光材料，同时，各种功能的玻璃制品也广泛地应用在建筑物上。

烧土制品的出现，使人类建造房屋的能力和水平跃上了新的台阶。土坯、粘土砖作为块体材料用来砌筑墙体，其强度和保温隔热性能远远优于木骨抹泥的墙体，粘土瓦作为屋面材料大大提高了房屋的防雨、防渗漏功能，使居室环境得到改善。以石灰为胶凝材料可以拌制成砂浆，既可以用于块体材料之间的胶结提高砌筑墙体的强度和整体性，又可以用于墙体的抹面，提高墙体的隔断性能和表面美观性。玻璃作为具有透光、透明性材料，用于房屋建筑的门窗，大大提高了居室的采光效果。因此，烧土制品作为最早的人工建筑材料，使人类的居住环境得到了根本性的改善。

2.3　近代工程材料

1824 年，英国人 Joseph Aspding 将石灰石与粘土混合制成料浆，然后在石灰窑中高温煅烧制成固体材料，粉碎之后制成水泥，并取得了发明专利。这种水泥硬化之后，与当时英国的波特兰岛(Portland)出产的一种淡黄色石材的颜色极为相似，所以将这种水泥命名为波特兰水泥(Portland Cement)。波特兰水泥的主要矿物成分是硅酸盐类，所以在我国称之为硅酸盐水泥。波特兰水泥的出现，可以说是建筑材料史上的一个新的里程碑。在此之后，以水泥为胶结材料的混凝土引起了全世界的瞩目。与石灰胶凝材料相比，硅酸盐水泥不仅强度高，而且具有水硬性，与砂石骨料和水拌合制成混凝土材料，广泛地用于房屋建筑、道路、桥梁、水工结构物等基础设施的建设，使人类的建设活动范围和规模得到进一步发展。

世界各国很快认识到了水泥的有用性及其优良性能，先后开始水泥的生产，并大量用于各项建设活动。例如，法国在 1848 年、德国在 1850 年、 美国在 1871 年、日本在 1875 年等相继开始生产波特兰水泥。我国于 1889 年最早在河北唐山建立了第一家水泥厂，当时叫做"启新洋灰公司"，正式开始生产水泥。由于社会原因，外国列强的入侵，我国在水泥的生产和基础设施的建设方面始终落后于发达国家，直到新中国成立以后，我国的水泥工业才得到飞速的发展，如今我国已经是世界上水泥产量最高、使用量最大的国家。

钢材在使用过程中容易生锈，而混凝土属于脆性材料，虽然抗压强度较高，但抗拉强度极低，很容易开裂。在实际使用中，人们发现两者结合起来具有很好的粘结力，可以互相弥补缺点，发挥各自所长，在混凝土中放入钢筋，既可以保护钢筋不暴露在大气中，不易生锈，同时钢筋增加了混凝土的抗拉性能，于是出现了钢筋混凝土材料。1855 年，法国的 J. L. Lambot 在第一届巴黎万国博览会上首次推出钢筋混凝土小船，宣告了钢筋混凝土制品的问世。在同一时期，J. Monier 将砂浆制作的花盆用钢丝网加固。1877 年，M. Koenen 发表了钢筋混凝土梁的计算方法。1892 年，法国的 Hennebique 发表了梁的剪切增强配筋方法。这些计算及设计方法成为今天钢筋混凝土结构设计的基础理论。

进入 20 世纪以来，钢筋混凝土材料有了两次较大的飞跃。其一是 1908 年，由 C. R. Steiner 提出了预应力钢筋混凝土的概念，1928 年，法国的 E. Fregssinet 使用高拉力钢筋和高强度混凝土使预应力混凝土实用化。其二是 1934 年，在美国发明了减水剂，在普通的混凝土组分材料中加入极少量的减水剂，可大大改善混凝土的工作性能。以上两点突破使混凝土和钢筋混凝土的性能得到进一步提高，应用范围进一步扩大。

水泥混凝土、钢筋混凝土及预应力钢筋混凝土的出现，是土木工程材料发展史上的一大革命。首先它打破了传统材料的形状、尺寸的限制，使建筑物向高层、大跨度发展有了可能。其次，无论是强度还是耐久性能，混凝土材料都远远优于木材、砖、瓦等传统材料。今天钢筋混凝土材料已经成为土木工程中用量最大的材料。

除以上钢铁、水泥和混凝土等主要结构材料之外，19 世纪末期平板玻璃的工业生产方法被确立，具有透明性的房屋建筑采光材料得以大量生产和使用。同时，随着粘结剂材料的开发与应用，各种木纤维水泥板材以及集成木材等材料得以迅速发展，各种功能性土木工程材料的品种更加多样化。

2.4　现代工程材料

如果说 19 世纪钢材和混凝土作为结构材料的出现使建筑物的规模产生了飞跃性的发展，那么 20 世纪出现的高分子有机材料、新型金属材料和各种复合材料，使建筑物的功能和外观发生了根本性的变革。以塑料和合成树脂为代表的高分子有机材料是 20 世纪具有代表性的新型材料，它的出现不仅使工业化生产的土木工程材料由单一的无机材料发展为无机和有机两大类别，而且由此出现了大量无机和有机材料复合而成的材料。使得土木工程材料的品种和功能更加多样化。品种繁多的有机建筑材料作为装饰、装修材料、防水材料、保温隔热材料、管线材料、绝缘材料，在建筑物中发挥着各种作用，使建筑物的使用功能和质量得到了很大提高。

铝合金、不锈钢等新型金属材料是现代建筑理想的门窗以及住宅设备材料，这些新型的金属材料在建筑物开口部以及厨房、卫浴设备上的应用，极大地改善了建筑物的密封性、美观性与清洁性，提高了居住质量。

20 世纪土木工程材料的另一个明显的进步是各种复合材料的出现和使用，包括有机材料与无机材料的复合、金属材料与非金属材料的复合以及同类材料之间的复合。例如钢纤维、玻璃纤维、有机纤维等各种纤维增强混凝土，利用纤维材料抗拉强度高的特点以及它们与混凝土的粘结性，提高了混凝土的抗拉强度和冲击韧性，改善了混凝土材料脆性大、容易开裂的缺点，使混凝土的使用范围得到扩大；采用聚合物混凝土、树脂混凝土等复合材料制造的各种地面材料、台面材料，模仿天然石材的质地和花纹，同时具有比天然石材韧性好、颜色美观等优点；采用小木块、碎木屑、刨花等木质材料为基材，使用胶凝材料、胶粘剂或夹层材料加工而成的各种人造板材，模仿天然木材的纹理和走向，可达到以假乱真的程度。这些板材用作建筑物的地面、内隔墙板、护壁板、顶棚板、门面板以及各种家具等，大大改善了天然木材尺寸有限、材质不均匀、容易变形等缺陷，提高了木材的利用率和功能。还有完全不使用天然木质材料的无机材料人造板材，例如采用含水硅酸钙为主要原料，混合高分子有机化合物与玻璃纤维后，在 2.5 MPa 压力下，利用特殊过滤器将水分榨出成型的复合板材(硅钙板)，不仅可代替天然的木材，解决人类木材资源不足的问题，而且这种人造木材可耐 1000℃ 高温，吸水、吸湿后，尺寸及质量不变、不开裂，不会被虫蛀，隔热性强，可利用木工机械进行裁切、刨削和钻孔等加工，不易产生微细粉末，密度只有普通木材的一半，可钉入钉子及拧进螺丝，可以说是人类在开发新型土木工程材料方面的又一巨大进步。

除此之外，石膏板、矿棉吸声板等各种无机板材，可代替天然木材作内墙隔板、吊顶材料，使建筑物的保温性、隔音性能等功能更加完善。各种空心砖，加气混凝土砌块等墙体材料代替实心粘土砖，可节约土地资源。随着高效减水剂的开发成功，高性能混凝土应运而生，使混凝土材料又迈上一个新的台阶。各种涂料、防水卷材、嵌缝密封材料的开发利用，改善了建筑物的防水性和密闭性。各种壁纸用于建筑物的内墙装修，极大改善了建筑物的美观性、舒适性。各种陶瓷制品用于地面、墙面、卫生洁具，耐酸、碱、盐等化学物质的侵蚀，容易清洁，使人们生活更加方便、舒适，生活质量得到了极大提高。

20 世纪后半叶，世界总体上进入了以经济建设为主流的阶段，社会资本的整备，道路、桥梁、通讯设施、城市住宅与公共建筑等社会基础设施的建设进入了空前活跃的时期，因此也推动了土木工程材料产量、质量提高，品种多样化。新中国成立初期我国土木工程材料的生产衰弱，社会基础设施处于很低的水平，经过半个世纪全体国民的努力，水泥、钢材等主要土木工程结构材料的产量已经上升为世界第一，尤其是进入二十一世纪以后，基础设施建设进入大发展时期，为土木工程建设的飞速发展，满足现代化建设的需求提供了雄厚的材料保障。

2.5　土木工程材料的发展趋势

1. 轻质高强型材料

随着城市化进程加快，城市人口密度日趋增大，城市功能日益集中和强化，因此需要建造高层建筑，以解决众多人口的居住问题和行政、金融、商贸、文化等部门的办公空间。因此要求结构材料向轻质高强方向发展。目前的主要目标仍然是开发高强度钢材和高强度混凝土，同时探讨将碳纤维及其他纤维材料与混凝土、聚合物等复合制造的轻质高强度结构材料。

2. 高耐久性材料

到目前为止，普通建筑物和结构物的使用寿命一般设定 50～100 年。现代社会基础设施的建设日趋大型化、综合化，例如超高层建筑、大型水利设施、海底隧道等大型工程，耗资巨大，建设周期长，维修困难，因此人们对于结构物的耐久性要求越来越高。此外，随着人类对地下、海洋等苛刻环境的开发，也要求高耐久性的材料。

材料的耐久性直接影响建筑物、结构物的安全性和经济性能。耐久性是衡量材料在长期使用条件下的安全性能。造成结构物破坏的原因是多方面的，一般仅仅由于荷载作用而破坏的事例并不多，由于耐久性原因产生的破坏日益增多。尤其是处于特殊环境下的结构物，例如水工结构物、海洋工程结构物，耐久性比强度更重要。同时，材料的耐久性直接影响着结构物的使用寿命和维修费用。长期以来，我国比较注重建筑物在建造时的初始投资，而忽略在使用过程中的维修、运行费用，以及使用年限缩短所造成的损失。在考虑建筑物的成本时，想方设法减少材料使用量，或者采用性能档次低的材料，在计算成本时也往往以此作为计算的依据。但是建筑物、结构物是使用时间较长的产品，其成本计算包括初始建设费用，使用过程中的光、热、水、清洁、换气等运行费用，保养、维修费用和最后解体处理等全部费用。如果材料的耐久性能好，不仅使用寿命长，而且维修量小，将大大减少建筑物的总成本。所以应注重开发高耐久性的材料，同时在规划设计时，应考虑建筑物的总成本，不要片面地追求节省一次性初始投资。

3. 新型墙体材料

2000 多年以来，我国的房屋建筑墙体材料一直沿用传统的粘土砖。1997 年我国粘土砖的产量已达到 5300 亿块，烧制这些粘土砖将破坏大面积的耕地。从建筑施工的角度来看，以粘土砖为墙体的房屋建筑运输重量大，施工速度慢。由于不设置保温层，北方地区外墙厚度一般为 37 cm，降低了房屋的有效使用面积。同时房屋的保温隔声效果、居住的热环境及舒适性差，用于建筑物取暖的能耗较大，能源利用效率只有 30%左右。基于以上原因，墙体材料的改革已成为国家保护土地资源、节省建筑能耗的一个重要环节。国家相继制定了在"九五"、"十五"、"十一五"期间墙体材料改革与建筑节能目标。北京地区从 1997 年开始已经明确规定不得使用实心粘土砖，全国从 2000 年起全国新型墙体材料产量折合标准砖已达 1200 亿块，占墙体材料总量的 20%；城市节能住宅和新型墙体住宅竣工面积占当年城市住宅竣工面积的 40%。为了实现这个目标，新型墙体材料的开发是一项重要任务。

4. 装饰装修材料

随着社会经济水平的提高，人们越来越追求舒适、美观、清洁的居住环境。在 20 世纪 80 年代以前，我国普通住宅基本不进行室内装修，地面大多为水泥净浆抹面，墙面和顶棚为白灰喷涂或抹面，门框为木制，窗框涂抹油漆以防止腐蚀和虫蛀。80 年代，随着我国经济对外开放和国内经济搞活，与国际交流日益增多，首先在公共建筑、宾馆、饭店和商业建筑开始了装饰与装修。而进入 90 年代以来，家居装修在建筑业中占有很大比重。随着住房制度的改革，商品房、出租公寓的增多，人们开始注重装扮自己的居室，营造一个温馨的居住环境。一个普通城市个人住宅，装修费用平均占房屋总造价的 1/3 左右。而装修材料的费用大约占装修工程的 1/2 以上。尤其是中、高档次的材料使用量日益增大。家庭生活在人们的全部生活内容中占 1/2 以上的时间，人们越来越重视家居空间的质量和舒适性、健康性，为了实现美好的居室环境，未来社会对房屋建筑的装饰、装修材料的需求仍将继续增大。

5. 环保型材料

所谓环保型材料，即考虑了地球资源与环境的因素，在材料的生产与使用过程中，尽量节省资源和能源，对环境保护和生态平衡具有一定积极作用，并能为人类构造舒适环境的土木工程材料。环境型土木工程材料应具有以下特性：

(1) 满足结构物的力学性能、使用功能以及耐久性的要求。

(2) 对自然环境具有亲和性、符合可持续发展的原则，即节省资源和能源，不产生或不排放污染环境、破坏生态的有害物质，减轻对地球和生态系统的负荷，实现非再生性资源的可循环使用。

(3) 能够为人类构筑温馨、舒适、健康、便捷的生存环境。

现代社会经济发达、基础设施建设规模庞大，土木工程材料的大量生产和使用一方面为人类构造了丰富多彩、便捷的生活设施，同时也给地球环境和生态平衡造成了不良的影响。为了实现可持续发展的目标，将土木工程材料对环境造成的负荷控制在最小限度之内，需要开发研究绿色环保型土木工程材料。例如利用工业废料(粉煤灰、矿渣、煤矸石等)可生产水泥、砌块等材料;利用废弃的泡沫塑料生产保温墙体板材;利用废弃的玻璃生产贴面材料等。既可以减少固体废渣的堆存量,减轻环境污染,又可节省自然界中的原材料,对环保和地球资源的保护具有积极的作用。免烧水泥可以节省水泥生产所消耗的能量。高流态、自密实免震混凝土,在施工工程中不需振捣,既可节省施工能耗,又能减轻施工噪音。

6. 路面材料

现代社会交通事业空前发达,道路建设量十分庞大。1978 年我国公路总里程为 89 万 km,到 2009 年增长为 370 万 km,18 年间公路里程增长了 315.7%。1987 年我国开始修建第一条高速公路(沈阳高速公路),到 2013 年末我国高速公路里程已经达到 9.6 万 km。近几年我国用于道路建设的投资每年在 2500 亿元以上。如此大规模的道路建设需要大量的路面材料。而路面材料的性能直接影响道路的畅通性、快捷性、安全性和舒适性,许多建成的道路由于路面材料性能不良,2~3 年破坏严重,路面开裂、塌陷,难以保证畅通、舒适的出行环境。目前路面材料主要有水泥混凝土和沥青混凝土两大类,提高路面材料的抗冻性、抗裂性,开发耐久性高、并具有可再利用性的路面材料是今后的发展方向。

随着城市道路、市政建设步伐的加快,人行路、停车场、广场、住宅庭院与小区内道路的建设量也在逐年增大,城市的地面逐步被建筑物和灰色的混凝土路面所覆盖,使城市地面缺乏透水性,雨水不能及时还原到地面,严重影响城市植物的生长和生态平衡。同时由于这种路面缺乏透水性,对城市空间的温度、湿度的调节能力降低,产生所谓的城市"热岛现象"。因此,应开发具有透水性、排水性、透气性的路面材料,将雨水导入地下,调节土壤湿度,有利于植物生长,同时雨天不积水,夜间不反光,提高行车、行走舒适性和安全性。多孔的路面材料能够吸收交通噪音,减轻交通噪音对环境的污染,是一种与环境协调的路面材料。除此之外,彩色路面、柔性路面等各种多彩多姿的路面材料,可增加道路环境的美观性,为人们提供一个赏心悦目的出行环境。

7. 景观材料

景观材料是指能够美化环境、协调人工环境与自然之间的关系,增加环境情趣的材料。例如绿化混凝土、自动变色涂料、楼顶草坪、各种园林造型材料。现代社会由于工业生产活跃,道路及住宅建设量大,城市的绿地面积越来越少,一座城市几乎成了钢筋混凝土的灰岛。而在郊外,由于修筑道路、水库大坝、公路、铁路等基础设施,破坏自然景观的情况也时有发生。为了保护自然环境,增加绿色植被面积,绿化混凝土、楼顶草坪、模拟自然石材或木材的混凝土材料、各种园林造型材料将受到人们的青睐。

8. 耐火防火材料

现代建筑物趋向高层化、居住形式趋于密集化,加之城市生活能源设施逐步电气化、燃气化,使得火灾发生的概率增大,并且火灾发生时避难的难度增大。因此火灾已成为城市防灾的重要内容。对一些大型建筑物,要求使用不燃材料或难燃材料,小型的民用建筑也应采用耐火材料,所以要开发能防止火灾蔓延、燃烧时不产生毒气的土木工程材料。

9. 智能化材料

所谓智能化材料,即材料本身具有自我诊断和预告破坏、自我调节、自我修复的功能,以及可重复利用性。这类材料当内部发生某种异常变化时,能将材料的内部状况,例如位移、变形、开裂等情况反映出来，以便在破坏前采取有效措施；同时智能化材料能够根据内部的承载能力及外部作用情况进行自我调整，例如吸湿放湿材料，可根据环境的湿度自动吸收或放出水分，能保持环境湿度平衡；自动调光玻璃，根据外部光线的强弱，调整进光量，满足室内的采光和健康性要求。智能化材料还具有类似于生物的自我生长、新陈代谢的功能，对破坏或受到伤害的部位进行自我修复。当建筑物解体的时候，材料本身还可重复使用，减少建筑垃圾。这类材料的研究开发目前处于起步阶段，关于自我诊断、预告破坏和自我调节等功能已有初步成果。

总之，为了提高生活质量，改善居住环境、工作环境和出行环境，人类一直在开发、研究能够满足性能要求的土木工程材料，使土木工程材料的品种不断增多，功能不断完善，性能不断提高。随着社会的发展，科学技术的进步，人们对居住、工作、出行等环境质量的要求将越来越高，对土木工程的功能与性质也将提出更高的要求，这就要求人类不断地研究开发具有更优良的性能、同时与环境协调的各类土木工程材料，在满足现代人日益增长的需求的同时，符合可持续发展的原则。

思 考 题

1. 古代土木工程材料有哪些？主要性能如何？
2. 近、现代出现的土木工程材料主要有哪些？
3. 为什么说钢筋混凝土的出现是土木工程材料发展史上的一大革命？
4. 简述土木工程材料的发展趋势。
5. 材料在土木工程中的作用主要应从哪些方面去认识？

第3章 基础工程

基础工程包括地基与基础的设计、施工和监测，它们是建筑物的根基。地基的选择或处理是否正确，基础的设计与施工质量的好坏均直接影响到建筑物的安全性、经济性和合理性。

从安全性来分析，地基与基础的质量好坏对建筑物安全性的影响是很大的。一旦发生地基与基础质量事故，对其补救和处理十分困难，有时甚至无法补救。因地基与基础质量问题造成的建筑物倾斜或倒塌的工程实例非常之多。我国的虎丘斜塔、意大利的比萨斜塔是典型的建筑物倾斜例子；加拿大的特朗斯康谷仓整体失稳事故；我国武汉的某高层建筑因地基问题造成建筑物严重倾斜并最终拆除，均是地基失效的例子。

从经济性来分析，基础工程占整个建筑的建设费用的比例相当大。一般采用浅基础的多层建筑的基础造价占建筑造价的 15%～20%左右，采用深基础的高层建筑基础工程造价占总建筑费用的比例为 20%～30%左右。

从合理性来分析，建筑物基础形式的合理选择是保证基础安全性和经济性的关键。但是，如何做到合理选择基础形式还有许多工作要做。通过近 20 年的研究，国内外学者提出了许多新型的基础形式，这些工作为合理选择基础形式提供了技术支持。

3.1 岩土工程勘察

岩土工程(Geotechnical Engineering)是欧美国家于 20 世纪 60 年代在土木工程实践中建立起来的一种新的技术体制，它是以工程地质学、土力学、岩体力学和基础工程学为理论基础，解决工程建设中出现的与工程岩土体有关的工程技术问题的一门学科。它既是地质与工程紧密结合的新兴学科，又是介于土木工程和工程地质学两门学科间的边缘学科，总体来看属于土木工程范畴。岩土工程以工程岩土体作为研究对象，把岩土体既作为建筑材料，又作为建筑结构。它的研究内容是岩土体的整治、改造和利用，工作方法包括调查、勘察、测试、分析计算、论证、方案选择、监测(或长期观测)、反演分析、再论证、方案认定等。

岩土工程勘察(Geotechnical investigation)工作就是综合运用各种勘察手段和技术方法，有效地查明建筑场地的工程地质条件，分析评价建筑场地可能出现的岩土工程问题，对场地地基的稳定性和适宜性做出评价，为工程建设规划、设计、施工和正常使用提供可靠的地质依据，其目的是充分利用有利的自然地质条件，避开或改造不利的地质因素，保证工程建筑物的安全稳定、经济合理和正常使用。岩土工程勘察工作是设计和施工的基础。若勘察工作不到位，不良工程地质问题将会暴露出来，即使建筑物上部构造的设计、施工达到了优质也不免会遭受破坏。不同类型、不同规模的工程活动都会给地质环境带来不同程度的影响；反之不同的地质条件又会给工程建设带来不同的效应。岩土工程勘察的目的主要是查明工程地质条件，分析存在的地质问题，对建筑地区做出工程地质评价。

3.1.1　岩土工程勘察的目的与任务

岩土工程勘察的目的是为查明并评价工程场地岩土技术条件和它们与工程之间关系。内容包括工程地质测绘与调查、勘探与取样、室内试验与原位测试、检验与监测、分析与评价、编写勘察报告等项工作，以保证工程的稳定、经济和正常使用。

岩土工程勘察的基本任务是按照建筑物或构筑物不同勘察阶段的要求，为工程的设计、施工以及岩土体治理加固、开挖支护和降水等工程提供地质资料和必要的技术参数，对有关的岩土工程问题作出论证、评价。其具体任务如下：

(1) 阐述建筑场地的工程地质条件，指出场地内不良地质现象的发育情况及其对工程建设的影响，对场地稳定性作出评价。

(2) 查明工程范围内岩土体的分布、性状和地下水活动条件，提供设计、施工和整治所需的地质资料和岩土技术参数。

(3) 分析、研究有关的岩土工程问题，并作出评价结论。

(4) 对场地内建筑总平面布置、各类岩土工程设计、岩土体加固处理、不良地质现象整治等具体方案作出论证和建议。

(5) 预测工程施工和运行过程中对地质环境和周围建筑物的影响，并提出保护措施的建议。

3.1.2　岩土工程勘察等级

勘察等级划分对确定勘察工作内容、选择勘察方法及确定勘察工作量投入多少具有重要的指导意义。岩土工程勘察等级划分，是为了勘察工作量的布置。显然，工程规模较大或较重要、场地地质条件以及岩土体分布和性状较复杂者，所投入的勘察工作量就较大，反之则较小。

岩土工程勘察的等级应根据工程重要性等级、场地复杂程度等级和地基的复杂程度等级三项因素综合决定。首先应分别对三项因素进行分级，在此基础上进行综合分析，以确定岩土工程勘察的等级划分。

1. 工程重要性等级

工程重要性等级是根据由于工程岩土体或结构失稳破坏，导致建筑物破坏而造成生命财产损失、社会影响及修复可能性等后果的严重性来划分的，可划分为三个等级，如表 3-1 所示。

表 3-1　工程重要性等级划分

重要性等级	工程类型	破坏后果
一级工程	重要工程	很严重
二级工程	一般工程	严重
三级工程	次要工程	不严重

工程重要性等级划分，由于涉及各行各业(房屋建筑、地下洞室、电厂及其他工业建筑、废弃物处理等工程)，很难做出统一的划分标准。对于不同类型的工程来说，应根据工程的规模和重要性具体划分，一般均可划分为三级，如表3-2所示。

表 3-2　房屋建筑与构筑物重要性等级划分

重要性等级	建 筑 类 型	破坏后果
一级	重要的工业与民用建筑物；20层以上的高层建筑；体型复杂的14层以上的高层建筑；对地基变形有特殊要求的建筑物；单桩承受的荷载在4 000 kN以上的建筑物	很严重
二级	一般的工业与民用建筑	严重
三级	次要的建筑物	不严重

目前，地下洞室、深基坑开挖、大面积岩土处理等尚无工程重要性等级的具体规定，可根据实际情况划分。大型沉井和沉箱、超长桩基和墩基、有特殊要求的精密设备和超高压设备、有特殊要求的深基坑开挖和支护工程、大型竖井和平洞、大型基础托换和补强工程，以及其他难度大、破坏后果严重的工程，以列为一级重要性等级为宜。

2．场地复杂程度等级

场地复杂程度等级根据建筑抗震稳定性、不良地质作用发育情况、地质环境破坏程度、地形地貌条件和地下水条件等五个方面综合考虑，一般也划分为三个等级，如表3-3所示。

表 3-3　场地复杂程度等级

场地条件＼场地等级	一级	二级	三级
建筑抗震稳定性	危险	不利	有利(或地震设防烈度≤6度)
不良地质作用发育情况	强烈发育	一般发育	不发育
地质环境破坏程度	已经或可能强烈破坏	已经或可能受到一般破坏	基本未受破坏
地形地貌条件	复杂	较复杂	简单
地下水条件	有影响工程的多层地下水或岩溶裂隙水存在，其他水文地质条件复杂，需专门研究	基础位于地下水位以下	对工程无影响

3．地基复杂程度等级

根据地基复杂程度，可划分为如下三个地基等级：

1) 一级地基(复杂地基)

符合下列条件之一者即为一级地基：

(1) 岩土种类多，很不均匀，性质变化大，地下水对工程影响大，且需特殊处理；

(2) 多年冻土及严重湿陷、膨胀、盐渍、污染严重的特殊性岩土以及其他情况复杂、对工程影响大、需作专门处理的岩土；变化复杂，同一场地上存在多种的或强烈程度不同的特殊性岩土也属之。

2) 二级地基(较复杂地基)

符合下列条件之一者即为二级地基：

(1) 岩土种类较多，不均匀，性质变化较大，地下水对工程有不利影响；

(2) 除上述规定之外的特殊性岩土。

3) 三级地基(简单地基)

符合下列条件者即为三级地基：

(1) 岩土种类单一，均匀，性质变化不大，地下水对工程无影响；

(2) 无特殊性岩土。

4. 岩土工程勘察等级

综合考虑工程重要性、场地复杂程度和地基的复杂程度三项因素，可将岩土工程勘察等级划分为甲、乙、丙三个等级，如表3-4所示。

表3-4 岩土工程勘察等级

岩土工程勘察等级	确定勘察等级的因素		
	工程重要性等级	场地复杂程度等级	地基复杂程度等级
甲级	一级	任意	任意
	二级	一级	任意
		任意	一级
乙级	二级	二级	二级或三级
		三级	二级
	三级	一级	任意
		任意	一级
		二级	二级
丙级	二级	三级	三级
	三级	二级	三级
		三级	二级或三级

3.1.3 岩土工程勘察阶段

重大的工程建设岩土工程勘察宜分阶段进行，各勘察阶段应与设计阶段相适应。

1. 勘察阶段划分

我国实行四阶段体制，与国际通用体制相同。即规划阶段、初步设计、技术设计、施工设计与施工。不同部门各阶段名称有所不同，铁道部门各阶段分别为草测、初测、详测、定测；水电部门各阶段分别为规划、可行性研究、初步设计、技施设计、运行；城建部门各阶段分别为总体规划、详细规划、初步设计、技术设计、施工设计与施工。

各阶段的任务也各不相同，规划阶段的任务是进行区域开发技术——经济论证，比较选择第一期工程开发地段，即定性概略评价；初步设计的任务是场地方案比较，选场址，即定性、定量评价；技术设计的任务是选定建筑物位置、类型、尺寸，即定量评价；施工设计与施工的任务是绘制施工详图，补充验证已有资料。

2. 岩土工程勘察阶段

1) 可行性研究勘察(选址勘察)

进行可行性研究勘察时应对拟建场地的稳定性和适宜性做出评价，并应符合下列要求:

(1) 搜集区域地质、地形地貌、矿产、地震、当地的工程地质和岩土工程等资料;

(2) 踏勘了解场地的地层、构造、岩性、不良地质作用和地下水等工程地质条件;

(3) 当拟建场地工程地质条件复杂，已有资料不能满足要求时，应根据具体情况进行工程地质测绘和必要的勘探工作;

(4) 当有两个或两个以上拟选场地时，应进行对比分析。

2) 初步勘察

在进行初步勘察时应对场地内拟建建筑地段的稳定性做出评价，主要工作如下:

(1) 搜集拟建工程的有关文件、工程地质和岩土工程资料以及工程场地地形图;

(2) 初步查明地质构造、地层结构、岩土工程特性、地下水埋藏条件;

(3) 查明场地不良地质作用的成因、分布、规模，并对场地的稳定性做出评价;

(4) 对抗震设防烈度≥6 度的场地，应对场地和地基的地震效应做出初步评价;

(5) 对于季节性冻土地区，应调查场地土的标准冻结深度;

(6) 初步判定水和土对建筑材料的腐蚀性;

(7) 对高层建筑进行初步勘察时，应对可能采取的地基基础类型、基坑开挖与支护、工程降水方案进行初步分析评价。

3) 详细勘察

当进行详细勘察时应按建筑类型(单体建筑物或建筑群)提出详细的岩土工程资料和设计、施工所需的岩土参数;对建筑地基做出岩土工程评价，并对地基类型、基础形式、地基处理、基坑支护、工程降水和不良地质作用的防治等提出建议。

在复杂地质条件、膨胀岩土、风化岩、湿陷性土和残积土地区，宜适量布置探井。

(1) 详细勘察的勘探点间距可根据地基复杂程度等级按表 3-5 确定。

表 3-5 详细勘察的勘探点间距(m)

地基复杂程度等级	勘探点间距
一级(复杂)	10～15
二级(中等复杂)	15～30
三级(简单)	30～50

(2) 勘探点的布置方式和规定如下:

① 勘探点宜按建筑物周边线和角点布置，对无特殊要求的其他建筑物可按建筑物或建筑群的范围布置。

② 同一建筑范围内的主要受力层或有影响的下卧层起伏较大时，应加密勘探点，查明其变化。

(3) 勘探孔的深度:勘探孔的深度自基础底面算起。应符合下列规定:

① 勘探孔的深度应能控制地基主要受力层，当基础底面宽度≤5 m 时，勘探孔的深度应大于条形基础底面宽度的 3 倍或单独柱基的 1.5 倍，且不应小于 5 m。

② 对高层建筑和需作变形计算的地基，控制性勘探孔的深度应超过地基变形计算深

度；其一般性勘探孔应达到基底下 5～10 倍的基础宽度，并深入稳定分布的地层。

③ 对仅有地下室的建筑或高层建筑的裙房，控制性勘探孔的深度可适当减小，但应深入稳定分布地层。当不能满足抗浮设计要求，需设置抗浮桩或锚杆时，勘探孔深度应满足抗拔承载力评价的要求。

④ 当有大面积地面堆载或软弱下卧层时，应适当加深控制性勘探孔的深度。

⑤ 在上述规定深度内当遇基岩或厚层碎石土等稳定地层时，勘探孔深度应根据情况进行调整。

4) 施工勘察

施工勘察不作为一个固定阶段，视工程的实际需要而定，对条件复杂或有特殊施工要求的重大工程地基，需进行施工勘察。施工勘察包括施工阶段的勘察和施工后一些必要的勘察工作，检验地基加固效果。

3.1.4　岩土工程勘察方法

岩土工程勘察的方法或技术手段，主要有工程地质测绘、勘探与取样、原位测试与室内实验、现场检验与监测等。

1. 工程地质测绘

工程地质测绘是岩土工程勘察的基础工作，一般在勘察的初期阶段进行。这一方法的本质是运用地质、工程地理理论，对地面的地质现象进行观察和描述，分析其性质和规律，并藉以推断地下地质情况，为勘探、测试工作等其他勘察方法提供依据。在地形地貌和地质条件较复杂的场地，必须进行工程地质测绘；但对地形平坦、地质条件简单且较狭小的场地，则可采用调查代替工程地质测绘。工程地质测绘是认识场地工程地质条件最经济、最有效的方法，高质量的测绘工作能相当准确地推断地下地质情况，起到有效地指导其他勘察方法的作用。

2. 勘探与取样

勘探工作包括钻探、掘探和物探等各种方法。它是被用来调查地下地质情况的，并且可利用勘探工程取样进行原位测试和监测。应根据勘察目的及岩土的特性选用上述各种勘探方法。

1) 钻探

钻探是采用钻探机具向地下钻孔获取地下资料的一种应用最广的勘探方法。

钻探的钻进方式可以分为回转式、冲击式、振动式、冲洗式四种。每种钻进方法各有独自特点，分别适用于不同的地层。其中回转式用得最多，回转式又分为螺旋钻探和岩芯钻探等。

在地基勘察中，对岩土的钻探有如下具体要求：

(1) 非连续取芯钻进的回次进尺，对螺旋钻探应在 1 m 以内，对岩芯钻探应在 2 m 以内，钻进深度、岩土分层深度的量测误差范围应为 ±0.05 m。

(2) 对鉴别地层天然湿度的钻孔，在地下水位以上应进行干钻。

(3) 岩芯钻探的岩芯采取率，对一般岩石不应低于 80%，对破碎岩石不应低于 65%。

一般来说，各种钻探的钻孔直径与钻具规格均应符合现行技术标准的规定，尤其注意钻孔直径应满足取样、测试及钻进工艺的要求。如果对浅部土层进行钻探，可采用小径麻花钻(或提土钻)、小径勺形钻或洛阳铲钻进。

2) 掘探

掘探是在建筑场地或地基内挖掘探坑、探槽、探井等进行勘探的方法。这种方法能直接观察到地质情况，取得较准确的地质资料，同时还可利用这种坑、井，进行取样或原位试验。

探坑、探井采用直径 0.8～1.0 m 圆形断面或 1.0 m×1.2 m 矩形断面。掘进中，应对坑、井壁进行支护以防止垮塌，确保施工安全。

在掘进过程中应详细记录，如编号、位置、标高、尺寸、深度等，描述岩土性状及地质界线，在指定的深度取样。整理资料时，绘出柱状图或展视图。

3) 物探

物探是地球物理勘探的简称，该方法是利用仪器在地面、空中、水上或钻孔内测量物理场的分布情况，通过对测得的数据进行分析判断，并结合有关的地质资料推断地质体性状的勘探方法，它是一种间接勘探方法。如果作为钻探的先行手段，可以了解隐蔽的地质界线、界面或异常点；如作为钻探辅助手段，在钻孔之间增加物探点，可以为钻探成果的内插、外延提供依据。

物探比钻探和掘探更轻便、经济和迅速，能够及时解决工程地质测绘中难于推断而又急待了解的地下地质情况，所以常常与测绘工作配合使用。它又可作为钻探和掘探的先行或辅助手段。

但是，物探成果判释往往具有多解性，又受地形条件等的限制，其成果需用勘探工程来验证。

勘探工程一般都需要动用机械和动力设备，耗费人力、物力较多，有些勘探工程施工周期又较长，而且受到许多条件的限制。因此使用这种方法时应具有经济观点，布置勘探工程需要以工程地质测绘和物探成果为依据，切避盲目性和随意性。

4) 取样

(1) 土样的采取。

土样有扰动的和不扰动的两种。扰动土样的原状结构已被破坏，只能用来测定土的颗粒成分、含水量、可塑性及定名等。不扰动土样(又称原状土样)是指土的原始应力状态虽已改变，但其结构、密度和含水量变化很小的土样，用来测求土的物理力学性质。土样受扰动的程度不同，所采用的试验也不同。

扰动土样的采取比较容易，可从探坑或钻孔中采取 0.5～1.0 kg 保持天然级配和湿度的土装入瓶内或塑袋内即可。

不扰动土样的采取难度要大一些。在钻孔中取样时应采用取土器方法；在探坑(井)中取样时采用铁皮取土筒方法。无论采用什么方法均要求认真操作。另外，在土样的运输过程中应避免振动、曝晒或冰冻。

(2) 岩石试样采取。

岩样一般在钻孔、探井内采取。在探井中取样时，不得采取受爆破影响的岩块作试样。同一组试样必须属于同一岩层和同一岩性。对于干缩湿胀和易风化的岩石，取样后立即密封。直剪试验的软弱夹层或裂隙岩体，取样时应防止剪切面受扰动。岩样应贴好标签，注明层位及方向。运输途中应防止受猛烈振动或被撞坏。

3. 原位测试与室内试验

原位测试与室内试验的主要目的，是为岩土工程问题分析评价提供所需的技术参数，包括岩土的物性指标、强度参数、固结变形特性参数、渗透性参数和应力、应变时间关系的参数等。原位测试一般都藉助于勘探工程进行，是详细勘察阶段主要的一种勘察方法。

原位测试与室内试验相比，各有优缺点。原位测试的优点是：试样不脱离原来的环境，基本上在原位应力条件下进行试验；所测定的岩土体尺寸大，能反映宏观结构对岩土性质的影响，代表性好；试验周期较短，效率高；尤其对难以采样的岩土层仍能通过试验评定其工程性质。其缺点是：试验时的应力路径难以控制；边界条件也较复杂；有些试验耗费人力、物力较多，不可能大量进行。室内实验历史较久，其优点是：试验条件比较容易控制(边界条件明确，应力应变条件可以控制等)；可以大量取样。室内试验的缺点是：试样尺寸小，不能反映宏观结构和非均质性对岩土性质的影响，代表性差；试样不可能真正保持原状，而且有些岩土也很难取得原状试样。

4. 现场检验与监测

现场检验与监测是构成岩土工程系统的一个重要环节，大量工作在施工和运营期间进行；但是这项工作一般需在高级勘察阶段开始实施，所以又被列为一种勘察方法。它的主要目的在于保证工程质量和安全，提高工程效益。现场检验，包括施工阶段对先前岩土工程勘察成果的验证核查以及岩土工程施工监理和质量控制。现场监测则主要包含施工作用和各类荷载对岩土反应性状的监测、施工和运营中的结构物监测和对环境影响的监测等方面。检验与监测所获取的资料，可以反求出某些工程技术参数，并以此为依据及时修正设计，使之在技术和经济方面优化。此项工作主要是在施工期间内进行，但对有特殊要求的工程以及一些对工程有重要影响的不良地质现象，应在建筑物竣工运营期间继续进行。

随着科学技术的飞速发展，在岩土工程勘察领域中不断引进高新技术。例如，工程地质综合分析、工程地质测绘制图和不良地质现象监测中遥感(RS)、地理信息系统(GIS)和全球卫星定位系统(GPS)即"3S"技术的引进；勘探工作中地质雷达和地球物理层析成像技术(CT)的应用等。

3.1.5　岩土工程勘察成果报告

勘察报告是岩土工程勘察的总结性文件，一般由文字报告和所附图表组成。此项工作是在岩土工程勘察过程中所形成的各种原始资料编录的基础上进行的。为了保证勘察报告的质量，原始资料必须真实、系统、完整。因此，对岩土工程分析所依据的一切原始资料，均应及时整编和检查。

1. 报告的基本内容

岩土工程勘察报告的内容，应根据任务要求、勘察阶段、地质条件、工程特点等情况确定。鉴于岩土工程勘察的类型、规模各不相同，目的要求、工程特点和自然地质条件等差别很大，因此只能提出报告的基本内容。

1) 报告的内容

(1) 委托单位、场地位置、工作简况，勘察的目的、要求和任务，以往的勘察工作及已有资料情况。

(2) 勘察方法及勘察工作量布置，包括各项勘察工作的数量布置及依据，工程地质测绘、勘探、取样、室内试验、原位测试等方法的必要说明。

(3) 场地工程地质条件分析，包括地形地貌、地层岩性、地质构造、水文地质和不良地质现象等内容，对场地稳定性和适宜性作出评价。

(4) 岩土参数的分析与选用，包括各项岩土性质指标的测试成果及其可靠性和适宜性，评价其变异性，提出其标准值。

(5) 工程施工和运营期间可能发生的岩土工程问题的预测及监控、预防措施的建议。

(6) 根据地质和岩土条件、工程结构特点及场地环境情况，提出地基基础方案、不良地质现象整治方案、开挖和边坡加固方案等岩土利用、整治和改造方案的建议，并进行技术经济论证。

(7) 对建筑结构设计和监测工作的建议，工程施工和使用期间应注意的问题，下一步岩土工程勘察工作的建议等。

2) 报告的内容结构

工程地质报告书既是工程地质勘察资料的综合、总结，具有一定科学价值，也是工程设计的地质依据。应明确回答工程设计所提出的问题，并应便于工程设计部门的应用。

报告书正文应简明扼要，但足以说明工作地区工程地质条件的特点，并对工程场地作出明确的工程地质评价(定性、定量)。报告由正文、附图、附件三部分组成。正文部分包括绪论、通论、专论和结论。

(1) 绪论：说明勘察工作任务，要解决的问题，采用方法及取得的成果。并应附实际材料图及其他图表。

(2) 通论：阐明工程地质条件、区域地质环境，论述重点在于阐明工程的可行性。通论在规划、初勘阶段中占有重要地位，随勘察阶段的深入，通论比重减少。

(3) 专论：是报告书的中心，着重于工程地质问题的分析评价。对工程方案提出建设性论证意见，对地基改良提出合理措施。专论的深度和内容与勘察阶段有关。

(4) 结论：在论证基础上，对各种具体问题作出简要、明确的回答。

2. 报告应附的图表

1) 报告应附图表类型

勘察报告应附必要的图表，主要包括以下几种：

(1) 场地工程地质图(附勘察工程布置)。

(2) 工程地质柱状图、剖面图或立体投影图。

(3) 室内试验和原位测试成果图表。

(4) 岩土利用、整治、改造方案的有关图表。

(5) 岩土工程计算简图及计算成果图表。

2) 工程地质图

为了确切地反映某一地区的工程地质勘察成果，单用叙述的方式是不够的，必须有图配合。为了将某一工程地区内的工程地质条件和问题，确切而直观地反映出来，最好的方法是编制工程地质图。

工程地质图是工程地质工作全部成果的综合表达，工程地质图的质量标志着编图者对工程地质问题的预测水平，工程地质图是工程地质学家(技术人员)提供给规划、设计、施工和运行人员直接应用的主要资料，它对工程的布局、选址、设计及工程进展起到决定性的影响。

工程地质图一般包括平面图、剖面图、切面图、柱状图和立体图，并附有岩土物理力学性、水理性等定量指标。工程地质图除为规划设计使用外，还可为下一阶段的工程地质勘察工作的布置指出方向。

3. 单项报告

除上述综合性岩土工程勘察报告外，也可根据任务要求提交单项报告，主要包括：

(1) 岩土工程测试报告。

(2) 岩土工程检验或监测报告。

(3) 岩土工程事故调查与分析报告。

(4) 岩土利用、整治或改造方案报告。

(5) 专门岩土工程问题的技术咨询报告。

勘察报告的内容可根据岩土工程勘察等级酌情简化或加强。例如，对三级岩土工程勘察可适当简化，以图表为主，辅以必要的文字说明；而对一级岩土工程勘察除编写综合性勘察报告外，尚可对专门性的岩土工程问题提交研究报告或监测报告。

4. 勘察报告的阅读与使用

首先应该熟悉勘察报告的内容，了解勘察结论和计算指标的可靠程度。把场地的工程地质条件与拟建建筑物具体情况和要求联系起来进行综合分析，充分利用有利的工程地质条件。使用勘察报告时要注意如下几点：

1) 地基持力层的选择

通过勘察报告的阅读，在熟悉场地各土层的分布和性质(层次、状态；压缩性和抗剪强度、土层厚度，埋深及其均匀程度等)的基础上，初步选择适合上述结构特点和要求的土层作为持力层，经过试算或方案比较后作出最后决定。

根据勘察资料的分析，合理地确定地基土的容许承载力是选择地基持力层的关键。而地基容许承载力实际上取决于许多因素，单纯依靠某种方法确定承载力值未必合理。必要时，在满足地基强度和建筑物沉降这两方面要求的前提下，容许承载力的取值可以通过多种测试手段，并结合实践经验予以增减。

2) 场地稳定性的评价

地质条件复杂的地区，综合分析的首要任务是评价场地的稳定性，然后才是地基的强度和变形问题。

场地的地质构造(断层、褶皱等)、不良地质现象(滑坡、崩塌、岩溶、塌陷、泥石流等)、地层成层条件和地震等都会影响场地的稳定性。在勘察工作中必须查明其分布规律、具体条件、危害程度，从而划分稳定、较稳定和危险的地段。

在断层、向斜、背斜等构造地带和地震区修建建筑物，必须慎重对待，对于选址勘察中指明宜于避开的危险场地,则不宜进行建筑。但对于已判明为相对稳定的构造断裂地带,还是可以选作建筑场地的。

在不良地质现象发育且对场地稳定性有直接危害或潜在威胁的地区,如不得不在其中较为稳定的地段进行建筑,也须事先采取有力措施,防范于未然,以免中途改变场址或花费极高的处理费用。

3.2 地基与基础

3.2.1 概述

任何建筑物(构筑物)都建造在一定的地层上,建筑物的全部荷载都由它下面的地层来承担,受建筑物荷载影响的那一部分地层称为地基;建筑物向地基传递荷载的下部结构称为基础,如图 3-1 所示。地基与基础是保证建筑物安全和满足使用要求的关键。

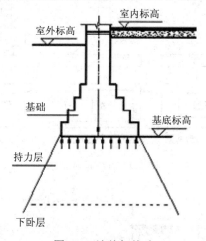

图 3-1 地基与基础

地基可分为天然地基和人工地基。不需要进行处理可以直接设置基础的天然土层称为天然地基;而那些不能满足要求,需要进行人工加固处理的地基称为人工地基。

基础是连接上部结构与地基的结构构件,基础结构应符合上部结构使用要求。技术上合理以及施工方便,满足地基的承载能力和抗变形能力要求。基础按埋置深度和施工方式可分为浅基础和深基础。

1. 浅基础

埋置深度不大(小于或相当于基础底面宽度,一般认为小于 5 m)的基础称为浅基础。浅基础按结构形式分为独立基础、条形基础、十字交叉基础、筏板基础、箱形基础等。

2. 深基础

当建筑物荷载较大且上层土质较差,采用浅基础无法承担建筑物荷载时需将基础埋置于较深的土层上,通过特殊的施工方法将建筑物荷载传递到较深土层的基础称为深基础。深基础可分为桩基础、墩基础、沉井基础和地下连续墙等。

3.2.2 基础的形式

浅基础根据组成基础的材料可分为砖基础、毛石基础、混凝土基础、毛石混凝土基础、灰土基础、三合土基础、钢筋混凝土基础。其中，砖基础、毛石基础、混凝土基础、毛石混凝土基础、灰土基础、三合土基础都只适合于建造无筋扩展基础；钢筋混凝土基础适合扩展基础等更多的型式。

浅基础根据基础外形和结构形式可分为单独基础、条形基础、柱下交叉条形基础、筏板基础、箱形基础等。根据基础所用材料的性能可分为无筋基础(刚性基础)和钢筋混凝土基础(柔性基础)。

1. 单独基础

单独基础又称独立基础，常见的形式为柱下单独基础，柱基础的最经济形式有无筋和配筋两种，如图 3-2 所示。当上层土质松散，而在不深处有较好的土层时，为了节省基础材料和减少开挖土方量将采用墙下单独基础的形式，如图 3-3 所示。

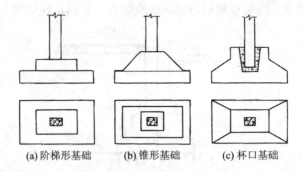

(a) 阶梯形基础　　　(b) 锥形基础　　　(c) 杯口基础

图 3-2　柱下单独基础

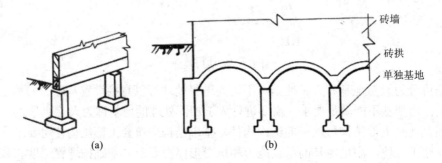

图 3-3　墙下单独基础

2. 条形基础

条形基础是指基础长度远大于其宽度的一种基础形式($L > 10b$)。

1) 墙下条形基础

承重墙结构常采用此种基础形式，常用砖、毛石、三合土和灰土建造。当上部结构荷重较大而土质较差时，可采用混凝土或钢筋混凝土(分为板式和梁式)建造。墙下钢筋混凝土条形基础的构造如图 3-4 所示。

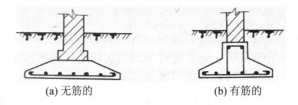

(a) 无筋的　　　　　　　　　(b) 有筋的

图 3-4　墙下钢筋混凝土条形基础

2) 柱下条形基础

当地基较为软弱、柱荷载或地基压缩性分布不均匀，以至于采用扩展基础可能产生较大的不均匀沉降时，常将同一方向(或同一轴线)上若干柱子的基础连成一体而形成柱下条形基础，如图 3-5 所示。此种基础抗弯刚度大，具有调整不均匀沉降的能力。当基底面积受相邻建筑物或设备基础的限制无法扩展时；柱荷载差异大，以致基底面积扩大使其彼此接近或相碰时也将采用此种基础形式。

3. 柱下交叉条形基础

如果地基软弱且在两个方向分布不均，需要基础在两个方向都具有一定的刚度来调整不均匀沉降，则可在柱网下沿纵横两向分别设置钢筋混凝土条形基础，从而形成柱下交叉条形基础，如图 3-6 所示。

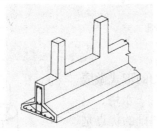
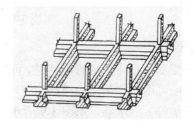

图 3-5　柱下条形基础　　　　　　　图 3-6　柱下交叉条形基础

4. 筏形基础

当柱下交叉条形基础底面积占建筑物平面面积的比例较大，或者建筑物有特殊要求时，可以在建筑物的柱、墙下方做成一块满堂的基础，即筏形(片筏)基础。筏形基础由于其底面积大，故可减小基底压力，同时也可提高地基土的承载力，并能更有效地增强基础的整体性，调整不均匀沉降。筏形基础常用于框架、框剪、剪力墙、砌体结构，如图 3-7 所示。

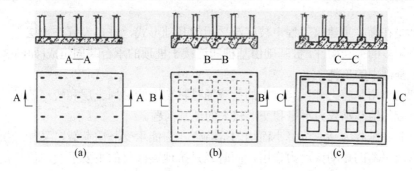

图 3-7　筏形基础

5．箱形基础

箱形基础是由钢筋混凝土的底板、顶板、外墙和内隔墙组成的有一定高度的整体空间结构，适用于软弱地基上的高层、重型或对不均匀沉降有严格要求的建筑物，如图 3-8 所示。与筏形基础相比，箱形基础具有更大的抗弯刚度，只能产生大致均匀的沉降或整体倾斜，从而基本上消除了因地基变形而使建筑物开裂的可能性。因此，与一般实体基础相比，它能显著减小基底压力、降低基础沉降量。此外，箱形基础的抗震性能较好。

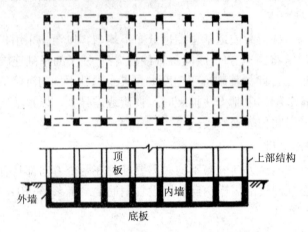

图 3-8　箱形基础

6．壳体基础

为了发挥混凝土抗压性能好的特性，可以将基础的形式做成壳体。壳体基础可用作柱基础和筒形构筑物（如烟囱、水塔、料仓、中小型高炉等）的基础，如图 3-9 所示。壳体基础的优点是省材料、造价低。据统计，中小型筒形构筑物的壳体基础，比一般梁、板式的钢筋混凝土基础少用混凝土 30%～50%，节约钢筋30%以上。此外，一般情况下，施工时不必支模，土方挖运量较少。不过，由于较难实行机械化施工，因此其施工工期长，施工量大，技术要求高。

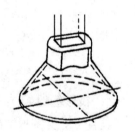

图 3-9　壳体基础

3.2.3　桩基础

桩基础是在高、重建筑工程中被广泛采用的基础形式，桩是设置在土层中的截面尺寸较其长度小得多的细长构件，桩基础由基桩和连接于桩顶的承台共同组成(如图 3-10 所示)，基桩为群桩基础中的单桩。

桩基础的作用是将上部结构较大的荷载通过桩传递给桩周土层和较深的桩端土层中，以解决浅基础的地基承载力不足和变形较大的地基问题。

桩基础具有承载力高、沉降小而均匀等特点。它能承受竖向荷载，又能抵抗水平荷载和上拔力以及机器的振动或动力作用，同时又是抗地震液化的主要手段，已广泛应用于房屋建筑、桥梁、港口、水利等工程中。

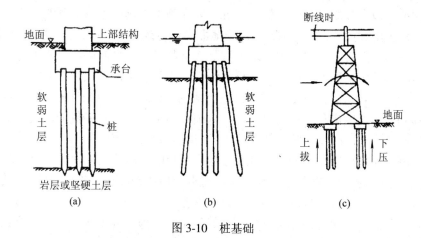

图 3-10　桩基础

桩基础按承台与地面相对位置不同一般有高承台桩基和低承台桩基之分。所谓低承台桩基，是指桩身全部埋于土中，承台底面与地基土接触的桩基；高承台桩基是指桩身上部露出地面而承台底与地面不接触的桩基。一般工业与民用建筑的桩基础绝大部分是低承台桩基。在码头、海洋石油钻井平台等工程中应用的是一种高承台桩基。

桩基础按桩身材料不同可分为木桩、素混凝土桩、钢筋混凝土桩和钢桩。

木桩常采用杉木、松木、柏木、橡木等，坚韧耐久。桩顶应平整，并加铁箍(保护打桩时桩顶不受损伤)，桩端应削成棱锥形，桩尖长度为桩径 1～2 倍，便于打入地基。用木桩作桩身适用于盛产木材地区；小型工程和临时工程，如架设小桥的基础；古代文物的基础如上海华龙塔等。

素混凝土桩适用于承载力较低的中小型工程承压桩，优点是设备简单，操作方便，节约钢材，较经济；缺点是单桩承载力不高，不能做抗拔桩，易产生缩径、断桩和局部夹土或混凝土离析等质量事故。

钢筋混凝土桩适用于大中型各类建筑工程承载桩，可承压、抗拔、抗弯、抗水平荷载，应用较广。其优点是取材方便，价格便宜，耐久性好，可预制、现浇，尺寸易调，适用性强，故应用广泛；缺点是预制桩自重大，需要运输及大型打桩机和吊桩的吊车，造价高。

钢桩适用于超重型设备基础，如宝钢一号高炉总重 5 t，地基为淤泥质土，为 80 kPa，采用直径为 914 mm，桩长为 60 m 的钢管桩；江河深水基础，如宝钢在长江中运输矿石的栈桥基础，桩规格同上；高层建筑深基坑护坡工程，常用钢管桩与宽翼工字型钢桩。钢桩的优点是本身强度高，材料强度均匀可靠，易加工，接头容易，运输方便，做护坡桩时可多次使用。缺点是造价高，是钢筋混凝土桩的 3～4 倍，用于海洋平台及陆上重要工程，如宝钢高炉、金茂大厦用钢管桩。

桩基础按桩的制作方法不同可分为预制桩和灌注桩。

1. 预制桩

预制桩主要有混凝土预制桩和钢桩两大类。混凝土预制桩能承受较大的荷载、坚固耐久、施工速度快，是广泛应用的桩型之一，但其施工对周围环境影响较大，常用的有混凝土实心方桩和预应力混凝土空心管桩。钢桩主要是钢管桩和 H 型钢桩两种。

　　较短的桩一般在预制厂制作，较长的桩一般在施工现场附近露天预制。为节省场地，现场预制方桩多用叠浇法，重叠层数取决于地面允许荷载和施工条件，一般不宜超过 4 层。制桩场地应平整、坚实，不得产生不均匀沉降。桩与桩间应做好隔离层，桩与邻桩、底模间的接触面不得发生粘结。上层桩或邻桩的浇筑，必须在下层桩或邻桩的混凝土达到设计强度的 30% 以后方可进行。钢筋骨架及桩身尺寸偏差如超出规范允许的偏差，桩容易被打坏，桩的预制先后次序应与打桩次序对应，以缩短养护时间。预制桩的混凝土浇筑，应由桩顶向桩尖连续进行，严禁中断，并应防止另一端的砂浆积聚过多。

　　钢筋混凝土预制桩应在混凝土达到设计强度等级的 70% 方可起吊，达到设计强度等级的 100% 才能运输和打桩。如提前吊运，必须采取相应措施并经过验算合格后才能进行。

　　预制桩起吊时，必须合理选择吊点，防止在起吊过程中过弯而损坏。当吊点少于或等于 3 个时，其位置按正负弯矩相等的原则计算确定。当吊点多于 3 个时，其位置按反力相等的原则计算确定。长度为 20～30 m 的桩，一般采用 3 个吊点。

　　预制桩的沉桩方法有锤击法、静力压桩法、振动法等。

　　锤击法是利用桩锤的冲击克服土对桩的阻力，使桩沉到预定持力层。这是最常用的一种沉桩方法。打桩设备主要有桩锤、桩架和动力装置三部分。

　　振动法是在桩顶装上振动器，使预制桩随振动下沉至设计标高。其主要设备是振动器，适于桩自重不大的钢桩，砂土地基，尤其地下水位以下的砂土，可使其液化，易于下沉。不适于一般的粘土地基。

　　静力压桩法是采用静力压桩机，将预制桩压入地基。该方法适用于均质软土地基。该方法无噪音、无振动，对邻近建筑物不会产生不良影响。

　　2．灌注桩

　　由于具有施工时无振动、无挤土、噪音小、宜于在城市建筑物密集地区使用等优点，灌注桩在施工中得到较为广泛的应用。根据成孔工艺的不同，灌注桩可以分为干作业成孔的灌注桩、泥浆护壁成孔的灌注桩和人工挖孔的灌注桩等。灌注桩按其成孔方法不同，可分为钻孔灌注桩、沉管灌注桩、人工挖孔灌注桩、爆扩灌注桩等。

　　1) 钻孔灌注桩

　　钻孔灌注桩指利用钻孔机械钻出桩孔，并在孔中浇筑混凝土(或先在孔中吊放钢筋笼)而成的桩。根据钻孔机械的钻头是否在土的含水层中施工，又分为泥浆护壁成孔和干作业成孔两种方法。

　　(1) 泥浆护壁成孔灌注桩施工工艺流程：测定桩位→埋设护筒→制备泥浆→成孔→清孔→下钢筋笼→水下浇筑混凝土。

　　(2) 干作业成孔灌注桩施工工艺流程：测定桩位→钻孔→清孔→下钢筋笼→浇筑混凝土。

　　2) 沉管灌注桩

　　沉管灌注桩指利用锤击打桩法或振动打桩法，将带有活瓣式桩尖或预制钢筋混凝土桩靴的钢套管沉入土中，然后边浇筑混凝土(或先在管内放入钢筋笼)，边锤击或振动边拔管而成的桩。前者称为锤击沉管灌注桩，后者称为振动沉管灌注桩。

　　沉管灌注桩成桩过程为：桩机就位→锤击(振动)沉管→上料→边锤击(振动)边拔管，并继续浇筑混凝土→下钢筋笼、继续浇筑混凝土及拔管→成桩。

3) 人工挖孔灌注桩

人工控孔灌注桩指桩孔采用人工挖掘方法进行成孔，然后安放钢筋笼，浇筑混凝土而成的桩。为了确保人工挖孔桩施工过程中的安全，施工时必须考虑预防孔壁坍塌和流砂现象发生，制定合理的护壁措施。护壁方法可以采用现浇混凝土护壁、喷射混凝土护壁、砖砌体护壁、沉井护壁、钢套管护壁、型钢或木板桩工具式护壁等多种。下面以应用较广的现浇混凝土分段护壁为例说明人工挖孔桩的施工工艺流程。

人工挖孔灌注桩的施工程序是：场地整平→放线、定桩位→挖第一节桩孔土方→支模浇筑第一节混凝土护壁→在护壁上二次投测标高及桩位十字轴线→安装活动井盖、垂直运输架、起重卷扬机或电动葫芦、活底吊土桶、排水、通风、照明设施等→第二节桩身挖土→清理桩孔四壁，校核桩孔垂直度和直径→拆上节模板，支第二节模板，浇筑第二节混凝土护壁→重复第二节挖土、支模、浇筑混凝土护壁工序，循环作业直至设计深度→进行扩底(当需扩底时)→清理虚土、排除积水，检查尺寸和持力层→吊放钢筋笼就位→浇筑桩身混凝土。

4) 爆扩灌注桩

爆扩灌注桩指用钻孔爆扩成孔，孔底放入炸药，再灌入适量的混凝土，然后引爆，使孔底形成扩大头，再放入钢筋笼，浇筑桩身混凝土而成的桩。

桩按照设置效应可分为挤土桩、非挤土桩和部分挤土桩。挤土桩即打入或压入预制桩时，将桩位处的土大量排挤开，因而使桩周土层受到严重扰动，土的原状结构遭到破坏，土的工程性质有很大变化。非挤土桩是指先钻孔、挖孔后再打入的预制桩和钻孔桩，在成空过程中，都将与桩体积相同的土体挖出，故设桩时桩周土不但没有受到排挤，相反可能因桩周土向桩孔内移动而产生应力松弛现象，无挤密效果，因此非挤土桩的桩侧摩阻力常有所减小。部分挤土桩是指开口的钢管桩、H 型钢桩和开口的预应力混凝土管桩，在成桩过程中，都对桩周土体稍有挤土作用，但土的原状结构和工程性质变化不大，如钻孔灌注局部复打桩(浇筑混凝土后，立即在原位再次沉管及浇混凝土)、预钻孔打入式预制桩、打入式敞口桩(如钢管桩打入时，部分土进入钢管)等。

桩按照荷载传递方式可分为摩擦型桩和端承型桩。端承型桩指桩顶竖向荷载由桩侧阻力和桩端阻力共同承受，但桩端阻力分担荷载较多的桩，其桩端一般进入中密以上的砂类、碎石类土层，或位于中风化、微风化及新鲜基岩顶面，这类桩的侧摩阻虽属次要，但不可忽略；摩擦型桩指桩顶竖向荷载由桩侧阻力和桩端阻力共同承受，但桩侧阻力分担荷载较多的桩，其桩端持力层一般多为较坚实的粘性土、粉土和砂类土，且桩的长径比较大。

桩按照其直径大小可分为大直径桩、中等直径桩和小桩。桩径大于等于 800 mm 的为大直径桩，因为其桩径大，而且桩端可扩大，因此单桩承载力高，需保证每根桩的质量，常用于高层建筑、重型设备基础；桩径小于等于 250 mm 的为小桩，由于其桩径小，沉桩的施工机械、施工场地与施工方法都比较简单，适用于中小型工程和基础加固；介于 250～800 mm 之间的为中等直径桩，中等直径的桩承载力较大，因此长期以来在工业与民用建筑物中大量使用。

3.2.4　沉井

　　沉井基础是以沉井法施工的地下结构物和深基础的一种形式,是先在地表制作成一个井筒状的结构物(沉井),然后在井壁的围护下通过从井内不断挖土,使沉井在自重作用下逐渐下沉,达到预定设计标高后,再进行封底,构筑内部结构(见图 3-11)。广泛应用于桥梁、烟囱、水塔的基础;水泵房、地下油库、水池竖井等深井构筑物和盾构或顶管的工作井。其优点是技术上比较稳妥可靠,挖土量少,对邻近建筑物的影响比较小,沉井基础埋置较深,稳定性好,能支承较大的荷载。

图 3-11　沉井基础

1. 沉井基础的分类

1) 按沉井形状分

(1) 按平面形状分,可划分为如下几种:

① 圆形沉井:形状对称、挖土容易,下沉不宜倾斜,但与墩、台截面形状适应性差。

② 矩形沉井:与墩、台截面形状适应性好,模板制作简单,但边角土不易挖除,下沉易产生倾斜。

③ 圆端形沉井:适用于圆端形的墩身,立模不便,但控制下沉与受力状态较矩形好。

(2) 按立面形状分,可划分为如下几种:

① 柱形:构造简单,挖土较均匀,井壁接长较简单,模板可重复使用。

② 阶梯形:除底节外,其他各节井壁与土的摩擦力较小,但施工较复杂,消耗模板多。

2) 按沉井的建筑材料分

按沉井的建筑材料分,可划分为如下几种:

(1) 混凝土沉井:下沉时易开裂。

(2) 钢筋混凝土沉井:常用。

(3) 钢沉井:多用于水中施工。

2. 沉井施工步骤

沉井施工的步骤如下:

(1) 场地平整,铺垫木、制作底节沉井;

(2) 拆模, 刃脚下一边填塞砂、一边对称抽拔出垫木;

(3) 均匀开挖下沉沉井, 底节沉井下沉完毕;

(4) 建筑第二节沉井, 继续开挖下沉并接筑下一节井壁;

(5) 下沉至设计标高, 清基;

(6) 沉井封底处理;

(7) 施工井内设计和封顶等。

3. 沉井基础的构造

沉井基础构造主要包括如下几部分:

(1) 井壁: 沉井的外壁, 是沉井的主要部分, 它应有足够的强度, 以便承受沉井下沉过程中及使用时作用的荷载; 同时还要求有足够的重量, 使沉井在自重作用下能顺利下沉。

(2) 刃脚: 井壁下端一般都做成刀刃状的"刃脚", 其功用是减少下沉阻力。

(3) 隔墙: 设置在沉井井筒内, 其主要作用是增加沉井在下沉过程中的刚度, 同时, 又把整个沉井分隔成多个施工井孔(取土井), 使挖土和下沉可以较均衡地进行, 也便于沉井偏斜时的纠偏。

(4) 凹槽: 设置在刃脚上方井壁内侧, 其作用时使封底混凝土和底板与井壁间有更好的联结, 以传递基底反力。

(5) 封底: 当沉井下沉到设计标高, 经过技术检验并对井底清理整平后, 即可封底, 以防止地下水渗入井内。

(6) 顶盖: 井顶浇筑钢筋混凝土顶盖, 待顶盖达到设计强度后方可砌筑墩、台。

4. 沉井基础的特点

1) 优点

沉井基础的优点主要表现在以下几方面:

(1) 埋置深度可以很大, 整体性强、稳定性好, 有较大的承载面积, 能承受较大的垂直荷载和水平荷载。

(2) 沉井既是基础, 又是施工时的挡土和挡水结构物, 下沉过程中无需设置坑壁支撑或板桩围壁, 简化了施工。

(3) 沉井施工时对邻近建筑物影响较小。

2) 缺点

沉井基础的缺点主要表现在以下几方面:

(1) 施工期较长。

(2) 施工技术要求高。

(3) 施工中易发生流砂造成沉井倾斜或下沉困难等。

5. 沉井基础的适用条件

沉井基础的适用条件主要有以下几点:

(1) 上部荷载较大, 而表层地基土的容许承载力不足, 扩大基础开挖工作量大, 以及支撑困难, 但在一定深度下有好的持力层, 采用沉井基础与其他深基础相比较, 经济上较为合理时。

(2) 在山区河流中, 土质虽好, 但冲刷大或河中有较大卵石不便桩基础施工时。

(3) 岩层表面较平坦且覆盖层薄，但河水较深；采用扩大基础施工围堰制作有困难时。

3.3　地基处理技术

地基处理是指为提高地基土的承载力，改善其变形性质或渗透性质而采取的人工方法。在现代土木工程建设中，土木工程师常会遇到各种各样的软弱地基或不良地基，主要包括：软土、杂填土、多年冻土、盐渍土、岩溶、土洞、山区不良地基。这些地基通常情况下不能满足建筑物对地基的要求，需要进行加固处理。

3.3.1　地基处理的目的

当天然地基不能满足工程建设要求时，就必须采取一定的措施。常用的措施有：重新考虑基础设计方案，选择合适的基础类型；调整上部结构设计方案；对地基进行处理加固。

1. 地基可能存在的问题

一般而言，地基问题可归结为以下几个方面：

(1) 承载力及稳定性。地基承载力较低，不能承担上部结构的自重及外荷载，导致地基失稳，出现局部或整体剪切破坏或冲剪破坏。

(2) 沉降变形。高压缩性地基可能导致建筑物发生过大的沉降量，使其失去使用效能；地基不均匀或荷载不均匀导致地基沉降不均匀，使建筑物倾斜、开裂、局部破坏，失去使用效能甚至整体破坏。

(3) 动荷载下的地基液化、失稳和震陷。饱和无粘性土地基具有震动液化的特性。在地震、机器震动、爆炸冲击、波浪作用等动荷载作用下，地基可能因液化、震陷导致地基失稳破坏；软粘土在震动作用下，产生震陷。

(4) 渗透破坏。土具有渗透性，当地基中出现渗流时，将可能导致流土(流砂)和管涌(潜蚀)现象，严重时能使地基失稳、崩溃。

存在上述问题的地基，称为不良地基或软弱地基。采用合适的地基处理方法能够使这些问题得到解决或较好的解决，从而满足工程建设的要求。

2. 地基处理的目的

根据工程情况及地基土质条件或组成的不同，地基处理的目的可以归纳为：

(1) 提高土的抗剪强度，使地基保持稳定。

(2) 降低土的压缩性，使地基沉降和不均匀沉降减至允许范围内。

(3) 降低土的渗透性或渗流的水力梯度，减少或防止水的渗流，避免渗流造成地基破坏。

(4) 改善土的动力性能，防止地基产生震陷变形或因土的震动液化而丧失稳定性。如在强烈振动下(如地震、爆破、机器振动等)，会使地下水位以下的砂、粉土液化，使地基失去承载力。

(5) 减少或消除土的湿陷性或胀缩性引起的地基变形，避免建筑物破坏或影响其正常使用。

3.3.2　地基处理的对象

1. 软弱地基

持力层主要由软弱土组成的地基称为软弱地基。软弱土(或软土)包括淤泥、淤泥质土、冲填土(即由水力冲填泥砂形成的填土)、杂填土及饱和松散粉细砂与粉土(易液化)。这类土的工程特性为压缩性高，抗剪强度低，土质疏松，通常很难满足地基承载力和变形的要求。

淤泥、淤泥质土等软土(多分布在东角沿海地区)具有下列特性：① 天然含水率高，$W > W_L$，呈流塑状态；② 孔隙比大，$e \geqslant 1.0$；③ 渗透性差，通常渗透系数 $k \leqslant i \times 10^{-6}\,\text{cm/s}$，这类建筑地基的沉降往往持续几十年才稳定；④ 压缩性高，一般 $\alpha_{1\text{-}2} = 0.7 \sim 1.5\,\text{MPa}^{-1}$，属于高压缩性土；⑤ 饱和度高，灵敏度高；⑥ 结构性强，属于絮状结构(一旦受扰动强度显著降低)；⑦ 具有流变性。

淤泥特性：$e > 1.5$，$W > W_L$；淤泥质土特性：$1 \leqslant e \leqslant 1.5$，(絮状结构)$W > W_L$。

2. 不良地基

不良地基主要包括以下几种：

(1) 湿陷性黄土地基。黄土中含有大量孔隙和易溶盐类，使黄土具有湿陷性，导致房屋开裂。

(2) 膨胀土地基。含大量蒙脱石矿物，即吸水膨胀，失水收缩，具有较大往复胀缩变形的高塑粘性土，易导致房屋开裂。

(3) 泥炭土地基。有机质(C、H、O)含量 $>25\%$ 的土称泥炭土，由沼泽和湿地中生长的苔藓，树木等分解而形成的有机质土，高压缩性土。

(4) 多年冻土地基。含有固态水，且冻结状态持续 2 年或 2 年以上的土。

多年冻土：既含有固态水又含液态水，所以具有流变性。

(5) 岩溶与土洞地基。岩溶又称喀斯特，即可溶性岩石。土洞是岩溶地区上覆土层，被地下水冲蚀或潜蚀形成的洞穴。

(6) 山区地基。地质条件复杂，主要为地基不均匀性和场地稳定性，常有滑坡、泥石流等不良地质现象。

(7) 饱和粉细砂与粉土地基。易液化，使地基丧失承载力。

3.3.3　天然地基常用处理方法

地基处理方法可以按地基处理的原理、目的、施工工艺、拟处理地基的性质进行分类。但是严格的分类是困难的，同一种处理方法可能同时起到不止一种的作用效果，这时我们就很难说该处理方法属于哪一类。因此，按地基处理的原理进行分类相对而言能够较好地阐述各种地基处理方法的实质。

1. 换填法

当地基表层存在不厚的软弱土层且不能满足使用需要时，一个最简单的方法就是将其挖除，另外填筑易于压实的材料，或者当软弱层较厚而全部挖除不合理时，可将其部分挖除，铺设密实的垫层材料，但必须进行换填层以下土层的承载力及变形验算，以上这几种挖除回填统称为换填法。

换填法适用于浅层软弱地基及不均匀地基的处理。其主要作用是提高地基承载力，减少沉降量，加速软弱土层的排水固结，防止冻胀和消除膨胀土的胀缩。

换填法按其换填材料的功能不同，又分为垫层法和褥垫法。

垫层法又称开挖置换法、换土垫层法，简称换土法。通常指当软弱土地基的承载力和变形满足不了建(构)筑物的要求，而软弱土层的厚度又不很大时，将基础底面以下处理范围内的软弱土层的部分或全部挖去，然后分层换填强度较大的砂(碎石、素土、灰土、矿渣、粉煤灰)或其他性能稳定、无侵蚀性的材料，并压(夯、振)实至要求的密实度。

褥垫法是将基础底面下一定深度范围内局部压缩性较低的岩石凿去，换填上压缩性较大的材料，然后分层夯实的垫层作为基础的部分持力层，使基础整个持力层的变形相互协调。褥垫法是我国近年来在处理山区不均匀的岩土地基中常采用的简便易行又较为可靠的方法。

垫层法适用于淤泥、淤泥质土、湿陷性黄土、素填土、杂填土地基及暗沟、暗塘等浅层软弱地基及不均匀地基的处理。

2. 排水固结法

排水固结法指直接在天然地基或在设置有袋状砂井、塑料排水带等竖向排水体的地基上，利用建筑物本身重量分级逐渐加载或在建筑物建造前在场地先行加载预压，使土体中孔隙水排出，提前完成土体固结沉降，逐步增加地基强度的一种软土地基加固方法。

排水固结法由加压系统和排水系统两部分组成。

排水固结法适用于处理淤泥质土、淤泥和冲填土等饱和粘性土地基，用于解决地基的沉降和稳定问题。排水固结法须满足两个基本要素，即加荷系统和排水通道。加荷系统通过预先对地基施加荷载，使地基中的孔隙水产生压力差，从饱和地基中自然排出，进而使土体固结；排水通道是加速地基固结的排水措施，通过改变地基原有的排水边界条件，增加孔隙水排出的途径，缩短排水距离，使地基在预压期间尽快地完成设计要求的沉降量，并及时提高地基土强度。加荷系统可有多种方式，如堆载、真空预压、降水以及联合预压等；排水通道可以利用地基中天然排水层，否则，可人为增设排水通道，如砂井(普通砂井或袋装砂井)、塑料排水板、水平砂垫层等。

排水固结法的原理是：饱和软粘土地基在荷载作用下，孔隙中的水被慢慢排出，孔隙体积慢慢地减小，地基发生固结变形，同时，随着超静孔隙水压力逐渐消散，有效应力逐渐提高，地基土的强度逐渐增长。所以，土体在受压固结时，一方面孔隙比减小产生压缩，另一方面抗剪强度也得到提高。这说明，如果在建筑场地先加一个和上部建筑物相同的压力进行预压，使土层固结，然后卸除荷载，再建造建筑物，这样建筑物所引起的沉降即可大大减小。如果预压荷载大于建筑物荷载，即所谓超载预压，则效果更好。因为，经过超载预压，当土层的固结压力大于使用荷载下的固结压力时，原来的正常固结粘土层将处于超固结状态，而使土层在使用荷载下的变形大为减小。

3. 化学加固法

化学加固法是指利用水泥浆液、粘土浆液或其他化学浆液，通过灌注压入、高压喷射或机械搅拌，使浆液与土颗粒胶结起来，以改善地基土的物理和力学性质的地基处理方法。

目前，化学加固法中常用的方法有灌浆法、高压喷射注浆法和水泥土搅拌法。

(1) 灌浆法。

灌浆法是指利用液压、气压或电化学原理，通过注浆管把浆液均匀地注入地层中，浆液以填充、渗透和挤密等方式，赶走土颗粒间或岩石裂隙中的水分和空气后占据其位置，经人工控制一定时间后，浆液将原来松散的土粒或裂隙胶结成一个整体，形成一个结构新、强度大、防水性能好和化学稳定性良好的"结石体"。

灌浆工艺所依据的理论主要有渗透灌浆、劈裂灌浆、挤密灌浆和电动化学灌浆。

灌浆法在我国煤炭、冶金、水电、建筑、交通和铁道等部门都进行了广泛使用，并取得了良好的效果。

(2) 水泥土搅拌法。

水泥土搅拌法最早在美国研制成功，称为就地搅拌桩(简称 MIP 法)。水泥土搅拌法是用于加固饱和粘性土地基的一种方法，主要利用水泥(或石灰)等材料作为固化剂，通过特制的深层搅拌机械，在地基深处就地将固化剂(浆液或粉体)和软土强制搅拌，由固化剂和软土间所产生的一些列物理和化学反应，使软土硬结成具有整体性、水稳定性和一定强度的水泥加固土，从而提高地基强度和增大变形模量。根据施工方法的不同，水泥土搅拌法分为水泥浆搅拌(国内俗称深层搅拌法)和粉体喷射搅拌两种。

水泥土搅拌法适用于处理正常固结的淤泥与淤泥质土、粘性土、粉土、饱和黄土、素填土以及无流动地下水的饱和松散砂土等地基。不宜用于处理泥炭土、塑性指数大于 25 的粘土、地下水具有腐蚀性以及有机质含量较高的地基。若需采用时必须通过试验确定其适用性。当地基的天然含水量小于 30%(黄土含水量小于 25%)、大于 70% 或地下水的 pH 值小于 4 时不宜采用干法。连续搭接的水泥搅拌桩可作为基坑的止水帷幕，受其搅拌能力的限制，该法在地基承载力大于 140 kPa 的粘性土和粉土地基中的应用有一定难度。

(3) 高压喷射注浆法。

高压喷射注浆法 60 年代后期创始于日本。它是利用钻机把带有喷嘴的注浆管钻进至土层的预订位置后，以高压设备使浆液或水成为 20～40 MPa 的高压射流从喷嘴喷出，冲击破坏土体，同时钻杆以一定速度渐渐向上提升，将浆液与土粒强制搅拌混合，浆液凝固后，在土中形成水泥土加固体。

我国 1975 年首先在铁道部门进行单管法的试验和应用，1977 年原冶金部建筑研究总院在宝钢工程中首次应用三重管法喷射注浆获得成功，1986 年该院又开发成功高压喷射注浆的新工艺——干喷法，并取得国家专利。至今，我国已有上百项工程应用了高压喷射注浆法。

高压喷射注浆法所形成的固结体形状与喷射流移动方向有关。一般分为旋转喷射(简称旋喷)、定向喷射(简称定喷)和摆动喷射(简称摆喷)三种型式。

旋喷法施工时，喷嘴一边喷射一边旋转并提升，固结体呈圆柱状。主要用于加固地基，提高地基的抗剪强度、改善地基土的变形性质；也可组成闭合的帷幕，用于截阻地下水流和治理流砂；也有用于场地狭窄处作围护结构。旋喷法施工后，在地基中形成的圆柱体，简称旋喷桩。

定喷法施工时，喷嘴一边喷射一边提升，喷射的方向固定不变，固结体形如板状或壁状。

摆喷法施工时，喷嘴一边喷射一边提升，喷嘴的方向呈较小的角度来回摆动，固结体形如较厚的墙状。

高压喷射注浆法适用于处理淤泥、淤泥质土、粘性土、粉土、砂土、人工填土和碎石土地基。当地基中含有较多的大粒径块石、大量植物根茎或较高的有机质时，应根据现场试验结果确定其适用性。对地下水流速度过大、喷射浆液无法在注浆套管周围凝固等情况不宜采用。高压旋喷桩的处理深度较大，除地基加固外，也可作为深基坑或大坝的止水帷幕，目前最大处理深度已超过 30 m。

4. 强夯法

强夯法是法国 Menard 技术公司于 1969 年首创的一种地基加固方法，它通过一般 10～40 t 的重锤(最重可达 200 t)和 10～20 m 落距(最高可达 40 m)，对地基土施加很大的冲击能，一般能量为 500～8000 kN·m，从而提高地基的承载力、降低土的压缩性、改善砂土的抗液化条件、消除湿陷性黄土的湿陷性等。同时，夯击能还可提高土层的均匀强度，减小将来可能出现的差异沉降。

强夯法是利用强度大的夯击能给地基一种冲击力，并在地基中产生冲击波，在冲击力作用下，夯锤对上部土体进行冲击，土体结构破坏，形成夯坑，并对周围土进行动力挤压。目前，强夯法加固地基有三种不同的加固机理，分别为动力密实、动力固结和动力置换。

强夯法适用于孔隙大而疏松的碎石土、砂土、低饱和度的粉土与粘土、湿陷性黄土、杂填土、素填土等地基。

5. 碎(砂)石桩法

碎石桩、砂桩和砂石桩总称为碎(砂)石桩，又称粗颗粒土桩，是指用振动、冲击或水冲等方式在软弱地基中成孔后，再将碎石、砂或砂石挤压入已成的孔中，形成大直径的碎(砂)石所构成的密实桩体。

目前国内外碎(砂)石桩常用的成桩方法有振劫成桩法和冲击成桩法。振动成桩法是使用振动打桩机将桩管沉入土层中，并振动挤密砂料。冲击成桩法是使用蒸汽或柴油机打桩机将桩管打入土层中，并用内管夯击夯击密砂填料，实际上这也就是碎(砂)石桩的沉管法。因此碎(砂)石桩的沉桩方法，对于砂性土相当于挤密法，对于粘性土则相当于排土成桩法。

碎(砂)石桩适用于挤密松散砂土、粉土、粘性土、素填土、杂填土地基。对饱和粘土地基上对变形控制要求不严的工程也可采用碎(砂)石桩置换。碎(砂)石桩也可用于处理可液化地基。

6. 石灰桩法

石灰桩法是采用钢套管成孔，然后在孔中灌入新鲜生石灰块，或在生石灰块中掺入适量的水硬性掺和料和火山灰，一般的经验配合比为 8:2 或 7:3。在拔管的同时进行振密或捣密，利用生石灰吸取桩周土体中水分进行水化反应，此时生石灰的吸水、膨胀、发热以及离子交换作用，使桩四周土体的含水量降低、孔隙比减小，使土体挤密和桩体硬化。桩和桩间土共同承受荷载，成为一种复合地基。

石灰桩法适用于处理饱和粘性土、淤泥、淤泥质土、杂填土和素填土等地基。用于地下水位以上的土层时，可采取减少生石灰用量和增加掺合料含水量的办法提高桩身强度。该法不适用于地下水下的砂类土。

7. 土桩挤密法

土桩挤密法是指利用打入钢套管(或振动沉管、炸药爆破)在地基中成孔，通过挤压作用，使地基土得到加密，然后在孔内分层填入素土(或灰土、粉煤灰加石灰)后夯实形成土桩或灰土桩，并与桩间土组成复合地基的地基处理方法。

土桩挤密法适用于处理地下水位以上的湿陷性黄土、素填土和杂填土等地基，可处理的深度为 5～15 m。当用来消除地基土的湿陷性时，宜采用土挤密桩法；当用来提高地基土的承载力或增强其水稳定性时，宜采用灰土挤密桩法；当地基土的含水量大于 24%、饱和度大于 65%时，不宜采用这种方法。灰土挤密桩法和土挤密桩法在消除土的湿陷性和减少渗透性方面效果基本相同，土挤密桩法地基的承载力和高压喷射注浆法适用于处理淤泥、淤泥质土、粘性土、粉土、砂土、人工填土和碎石土地基。当地基中含有较多的大粒径块石、大量植物根茎或较高的有机质时，应根据现场试验结果确定其适用性。对地下水流速度过大、喷射浆液无法在注浆套管周围凝固等情况不宜采用。高压旋喷桩的处理深度较大，除地基加固外，也可作为深基坑或大坝的止水帷幕，目前最大处理深度已超过 30 m。

8. 水泥粉煤灰碎石桩(CFG 桩)法

水泥粉煤灰碎石桩法是指由水泥、粉煤灰、碎石、石膏或砂等混合料加水拌合形成高粘结强度桩，并由桩、桩间土和褥垫层一起组成复合地基的地基处理方法，通常简称 CFG 桩复合地基。根据设计要求，通过调整水泥掺量及配比，桩体强度等级可为 C10～C30。

CFG 桩和桩间土一起通过褥垫层组成 CFG 桩复合地基，由于桩和桩间土的承载力可以充分发挥，承载力提高幅度具有很大的可调性，沉降变形小，造价低，施工方便等，具有明显的社会、经济效益。

水泥粉煤灰碎石桩(CFG 桩)法适用于处理粘性土、粉土、砂土和已自重固结的素填土等地基。对淤泥质土应根据地区经验或现场试验确定其适用性。基础和桩顶之间需设置一定厚度的褥垫层，保证桩、土共同承担荷载形成复合地基。该法适用于条基、独立基础、箱基、筏基，可用来提高地基承载力和减少变形。对可液化地基，可采用碎石桩和水泥粉煤灰碎石桩多桩型复合地基，达到消除地基土的液化和提高承载力的目的。

9. 加筋土技术

加筋土是由填土、在填土中布置一定量的带状拉筋、以及直立的墙面板三部分组成的一个整体的复合结构。这种结构内部存在着墙面土压力、拉筋的拉力、及填料与拉筋间的摩擦力等相互作用的内力，这些内力互相平衡，保证了这个复合结构的内部稳定，同时，加筋土这一复合结构还要能抵抗拉筋尾部后面填土所产生的侧压力，即为加筋土挡墙的外部稳定，从而使整个复合结构稳定。

其中筋材与土体之间的摩擦作用可以改善土体抗拉、抗剪性能，提高地基承载力，减小沉降。加筋土技术的发展与加筋材料的发展密不可分，加筋材料从早期的天然植物、帆布、金属和预制钢筋混凝土发展到土工合成材料。

在确定地基处理方案时，宜选取不同的多种方法进行比选。对复合地基而言，方案选择是针对不同土性、设计要求的承载力提高幅质、选取适宜的成桩工艺和增强体材料。

思 考 题

1. 为什么要进行工程地质勘察？详细勘察阶段包括哪些内容？
2. 勘探主要包括哪三方面内容？
3. 掘探的优点有哪些？
4. 场地等级划分为几级？
5. 工程地质勘察报告主要分哪几部分？勘察报告中结论及建议的主要内容是什么？
6. 天然地基浅基础有哪些结构类型？各具有什么特点？
7. 桩基础的组成是什么？简述桩基础的分类。
8. 地基处理的目的是什么？
9. 何谓软弱地基？
10. 何谓加筋土技术？

第 4 章　建 筑 工 程

4.1　概　　述

4.1.1　建筑工程基本概念

　　建筑就是为了满足人们不同的物质文化生活的需要，利用物质技术条件，在科学技术和美学法则的支配下，通过对空间的限定、组织而创造出的舒适、安全、经济、美观的人为社会环境。建筑物一般是指人们进行生产、生活或其他活动的房屋或场所，而人们不能直接在内部进行生产和生活的建筑工程设施称为构筑物(如烟囱、水塔、栈桥、堤坝、挡土墙及蓄水池等)。建筑是建筑物和构筑物的统称。

　　建筑工程是运用数学、物理、化学等基础知识和力学、材料等技术知识以及专业知识研究各种建筑物设计、施工与管理的一门学科。建筑工程是兴建房屋的规划、勘察、设计 (建筑、结构和设备)、施工的总称。其目的是为人类的生产和生活提供场所。随着我国改革开放的不断深入、经济的发展、城市进程的不断推进，必将促使我国建筑业的发展。

　　房屋好比一个人，它的规划就像人生活的环境，是由规划师负责的；它的布局和艺术处理相应于人的体形、容貌、气质，是由建筑师负责的；它的结构好比人的骨骼和寿命，是由结构工程师负责的；它的给排水、供热通风和电气等设施就如人的器官、神经，是由设备工程师负责的。就像自然界完好地塑造人一样，在城市地区规划基础上建造房屋，是建设单位、勘察单位、设计单位的各种设计工程师和施工单位全面协调合作的过程。这个过程可概括为以下十个方面：

　　(1) 建设单位提出使用要求；

　　(2) 初步设计构思；

　　(3) 明确各种功能要求；

　　(4) 形成整体设计方案；

　　(5) 处理各设计工种之间的技术问题；

　　(6) 进行各设计工种的细部设计；

　　(7) 绘制施工图，编制设计说明，提供工程设计概算，完成总体设计；

　　(8) 交付建设单位招投标，确定施工总承包单位、工程监理；

　　(9) 签订合同，交付施工；

　　(10) 工程竣工，房屋落成，交付使用。

　　在这个过程中，(1)～(4)为初步设计阶段；(5)～(7)为施工图阶段；(9)～(10)为建造阶段。

这 10 个过程需要比较长的时间，需要各方面的通力合作才能完成。

4.1.2　建筑工程的类别

建筑工程的分类方法有多种，可以按房屋的层数分，也可以按房屋结构采用的材料或者房屋的使用性质分，还可以按房屋的结构体系(或称房屋主体结构形式)分。

1. 按房屋的层数分类

房屋建筑工程按层数可分为单层建筑、多层建筑、高层建筑和超高层建筑。中国《民用建筑设计通则》将住宅建筑依层数划分为：一层至三层为低层住宅，四层至六层为多层住宅，七层至九层为中高层住宅，十层及十层以上为高层住宅。除住宅建筑之外的民用建筑高度不大于 24 m 者为单层和多层建筑，大于 24 m 者为高层建筑(不包括建筑高度大于 24 m 的单层公共建筑)；建筑高度大于 100 m 的民用建筑为超高层建筑。

2. 按房屋采用的材料分类

根据房屋结构所采用的主体材料的不同，可将建筑物分为以下几种形式：

(1) 砌体结构：主要构件由砖、石、混凝土砌块等，用砂浆砌筑而成的结构，习惯上称为砖混结构。这种结构取材方便，施工容易，造价低廉，但整体性和抗震性较差。目前多用于跨度小、高度不高的单层与多层建筑。

(2) 钢筋混凝土结构：主要构件采用钢筋混凝土或者预应力混凝土做成的结构，是目前土木工程中广泛应用的结构。该结构利用钢筋与混凝土之间存在的粘结作用，使两者能共同受力，充分发挥两种材料的性能特点，形成强度较高、刚度较大的结构构件。这种结构强度较高，整体性好，耐火、耐久性好，但自重大，施工麻烦，抗裂性能差。

(3) 钢结构：主要构件采用各种热轧型钢、冷弯薄壁型钢或钢管通过焊接、螺栓或铆钉等连接方法连接而成的结构。钢结构具有自重轻，强度高，塑性和韧性好，抗震性能好，施工周期短等优点，因此钢结构常用于大跨度、大荷载、高层、动力作用的各种建筑及其他土木工程结构中，但钢结构耐热不耐火，耐腐蚀性差，造价高，维修费用大。

(4) 木结构：主要构件采用方木、圆木等，通过榫、齿、螺栓、钉、键连接而成的结构。它是近年来发展起来的新型木结构，是将木料或木料与胶合板拼接成形状与尺寸符合要求，具有整体木材效能的结构构件，该结构具有较广的应用前景。木结构多见于中国古代宫廷和庙宇。现在由于环境保护、木材生产的匮乏、木结构防火、防腐蚀性能差等原因，已经很少采用，但木结构抗震性能好。

3. 按房屋的使用性质分类

建筑按其使用性质一般可以分为民用建筑、工业建筑、农业建筑和特种建筑四大类。

(1) 民用建筑：主要供人们生活使用的建筑物，如住宅、电影院、写字楼、医院等。按建筑的使用功能，民用建筑还可以分为以下几类：

① 住宅建筑，如别墅、宿舍、公寓等。它的特点是其内部房间的尺度虽小但使用布局却十分重要，对朝向、采光、隔热和隔声等建筑技术问题有较高要求。它的主要结构构件为楼板和墙体，层数为 1～6 层或 10～30 层甚至更多。

② 公共建筑，如展览馆、影剧院、体育馆、候机大厅等。它是人群大量聚集的场所，

室内空间和尺度都很大，人流走向问题突出，对使用功能及其设施的要求很高。公共建筑经常采用将梁柱连接在一起的大跨度框架结构以及网架、拱、壳结构等作为主体结构，层数以单层或多层为主。

③ 商业建筑，如商店、大型购物中心、银行、商业写字楼等。由于它也是人群聚集的场所，因此有着与公共建筑类似的要求。但它往往可以做成高层建筑，对结构体系和结构形式有较高的要求。

④ 文教、卫生建筑，如教学楼、图书馆、实验楼、医院门诊等。这类建筑有较强的针对性，如图书馆、实验楼要安置特殊实验设备、医院有手术室和各种医疗设施。这类建筑物经常用框架结构作为主体结构，层数以4~9层的多层为主，也有高层建筑。

(2) 工业建筑：主要供生产用的建(构)筑物，如重型机械厂房、纺织厂房、制药厂房、食品厂房等。这类建筑往往有很大的荷载，沉重的撞击和振动，需要巨大的空间，而且经常有湿度、温度、防爆、防尘、防菌、洁净等特殊要求，以及要考虑生产产品的起吊运输设备和生产路线等。

(3) 农业建筑：主要进行农业生产的建筑，如暖棚、畜牧场、大型养鸡场等。

(4) 特种建筑：主要指具有特殊用途的工程结构，如水池、水塔、烟囱、电视塔等构筑物。

4. 按房屋的结构体系分类

(1) 承重墙结构(在高层建筑中称剪力墙结构)：利用建筑物的墙体作为竖向承重和抵抗水平荷载(如风荷载或水平地震荷载)的结构。墙体同时也可作为围护及房间分隔构件用。另外，在高层建筑中墙体结构也称为剪力墙结构，如图4-1(a)所示。

(2) 框架结构：采用梁、柱组成的框架作为房屋的竖向承重结构，同时承受水平荷载。其中，如果梁和柱整体连接，相互之间不能自由转动但可以承受弯矩时，称为刚接框架结构；如果梁和柱非整体连接，相互之间可以自由转动但不能承受弯矩时，称为铰接框架结构，如图4-1(b)所示。

(3) 错列桁架结构：利用整层高的桁架横向跨越房屋两外柱之间的空间，并利用桁架交替在各楼层平面上错列的方法增加整个房屋的刚度，同时使居住单元的布置更加灵活，这种结构体系称为错列桁架结构，如图4-1(c)所示。

(4) 筒体结构：利用房间四周墙体形成的封闭筒体(也可利用房屋外围由间距很密的柱与截面很高的梁，组成一个与筒体受力性能相似的结构，因此称为筒体)作为主要抵抗水平荷载的结构。也可以利用框架和筒体组合成框架-筒体结构，如图4-1(d)所示。

(5) 拱结构：以在一个平面内受力的由曲线形构件组成的拱所形成的结构来承受整个房屋的竖向荷载和水平荷载的结构，如图4-1(e)所示。

(6) 网架结构：由多根杆件按照一定的网格形式，通过节点连接而成的空间结构，具有空间受力、重量轻、刚度大、可跨越较大跨度、抗震性能好等优点，如图4-1(f)所示。

(7) 空间薄壳结构：由曲面壳身与边缘构件(梁、拱或桁架)和下部结构组成的空间结构。它能以较薄的壳体形成承载能力高、刚度大的承载结构，并能覆盖大跨度的空间而不需要中间设柱，如图4-1(g)所示。

(8) 索结构：楼面荷载通过吊索或吊杆传递到支承构件，再由支承构件传递到基础的结构，如图 4-1(h)所示。

(9) 空间折板结构：由多块平板组合而成的空间结构，是一种既能承重又可围护、用料较省、刚度较大的薄壁结构，如图 4-1(i)所示。

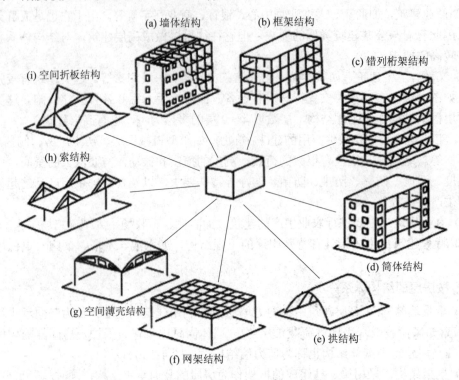

图 4-1　房屋建筑主体结构各种型式示意图

4.2　单层与多层建筑

4.2.1　单层建筑

单层建筑一般可以分为一般单层建筑和大跨度单层建筑。

1．一般单层建筑

公用建筑，如别墅、大礼堂、影剧院、工程结构实验室、工业厂房以及仓库等，往往采用单层结构。单层民用建筑在我国城市的应用越来越少，下面主要介绍单层工业厂房。

工业厂房按层数可以分为单层厂房、多层厂房。因为机械制造类和冶金类厂房设有重型设备，生产的产品重、体积大，因此多采用单层厂房。

单层工业厂房按承重结构所采用的材料，可以分为混合结构(砖柱、钢筋混凝土屋架或轻钢屋架)、混凝土结构(钢筋混凝土柱、钢筋混凝土屋架或预应力混凝土屋架)和全钢屋架(钢柱、钢屋架)三类。按结构形式可分为排架结构(如图 4-2 所示)和刚架结构。刚架结构一般采用门式刚架(如图 4-3 所示)，按铰的个数分为无铰刚架、两铰刚架和三铰刚架。

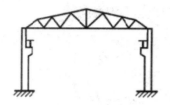

图 4-2　排架结构

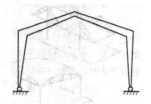

图 4-3　两铰门式刚架

图 4-4 为常见的装配式钢筋混凝土单层工业厂房结构，它是由多个构件组成的空间整体，根据组成构件的不同作用，可以分为承重结构、支撑体系以及围护结构三大类。直接承受荷载并将荷载传递给其他构件的，如屋面结构(包括屋面板(包括天沟板)、屋架或屋面梁(包括屋盖支撑)、天窗架、托架等)、柱、吊车梁和基础，是单层工业厂房的主要承重构件。支撑体系包括屋盖支撑和柱间支撑，其主要作用是加强厂房结构的空间刚度，并保证结构构件在安装和使用阶段的稳定和安全；同时起着把风荷载、吊车水平荷载或水平地震作用等传递到主要承重构件上去的作用。围护结构包括纵墙、横墙(山墙)、连系梁、抗风柱(有时还有抗风梁或抗风桁架)、基础梁等构件，主要承受墙面上的风荷载及自重，并将其传到基础梁上。

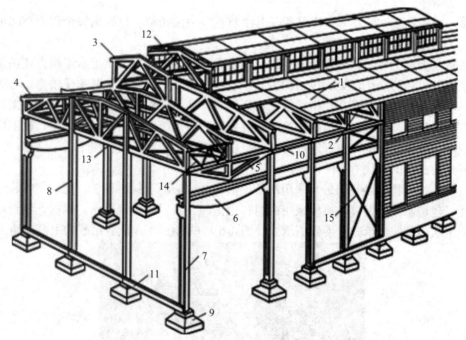

1—屋面板；2—天沟板；3—天窗架；4—屋架；5—托架；6—吊车梁；7—排架柱；
8—抗风柱；9—基础；10—连系梁；11—基础梁；12—天窗架垂直支撑；
13—屋架下弦横向水平支撑；14—屋架端部垂直支撑；15—柱间支撑

图 4-4　装配式钢筋混凝土单层工业厂房的组成

轻型钢结构的柱子和梁均采用变截面 H 型钢，柱梁的连接节点采用刚性连接，图 4-5 所示为轻型钢结构工业厂房示意图。因其施工方便，施工周期短，跨度大，用钢量经济，因此在单层厂房、仓库、冷库、候机厅、体育馆中已有越来越广泛的应用。

图 4-5　轻型钢结构工业厂房

2. 大跨度单层建筑

大跨度单层建筑是指空间结构比较大的单层建筑，如体育馆、大型影剧院、展览厅、航站楼、飞机库等。目前，大跨度建筑的屋盖结构体系有很多种，如拱结构、桁架结构、网架结构、悬索结构、薄壳结构、充气结构、薄膜结构等。

1) 拱结构

拱一般为曲线结构，其形态结构与其"自然"力流相似。拱根据铰个数的不同可分为无铰拱、两铰拱和三铰拱三种。

虽然从形态上看，拱与梁、板相比仅仅由直线变成曲线，但拱脚水平推力使拱结构的受力状态发生质的变化，梁、板结构主要承受弯矩和轴力，而拱主要承受轴力，弯矩和剪力较小，如果拱轴线符合合理拱轴线则弯矩为零，从而使构件摆脱了弯曲变形。尤其在古代砖石材料抗压强度较高，但抗拉抗剪强度低，对于大跨度结构如果采用梁、板结构则很难实现，如采用拱结构，正好发挥材料的抗压性能。拱结构广泛应用于桥梁结构，河北赵县的赵州桥是我国古代桥梁的代表。

目前，拱结构仍是我国最常采用的桥梁形式之一。随着材料科学、建筑艺术、结构计算功能、建造水平的发展，拱桥采用的材料也由砖、石发展到混凝土、钢材、组合结构，其样式也从传统的上承式发展到下承式。图 4-6 是单跨(550 m)世界第一的上海卢浦大桥。

图 4-6　卢浦大桥

目前，拱结构在大跨度建筑工程中也广泛应用，如伦敦希思罗机场五号候机厅(如图 4-7 所示)。我国西安秦俑博物馆展览厅，采用三铰拱，67 m 格构式箱形组合截面，拱轴为二次抛物线形，矢高为 1/5。

图 4-7　伦敦希思罗机场五号候机厅

2) 桁架结构

桁架由两端铰接的杆件按一定规律而成的结构。桁架杆件主要承受轴向拉力或压力，从而能充分利用材料的强度，适用于较大跨度的结构物，如屋盖结构中的屋架、高层建筑中的支撑系统或格构墙体、桥梁工程中的跨越结构、高耸结构(如桅杆塔、输电塔)以及闸门等。

桁架按形状分，有三角形桁架、梯形桁架、平行弦桁架、折线桁架、抛物线桁架等(如图 4-8 所示)。从受力合理性出发抛物线桁架受力最合理，从工业化标准化考虑应选平行弦桁架。按材料分可分为钢结构桁架、混凝土桁架、木桁架等，目前应用最广泛的是钢结构桁架。如图 4-9 所示上海歌剧院由两榀纵向主桁架及十二榀横向月牙形桁架形成主框架梁，承担着全部钢屋盖的竖向荷载。

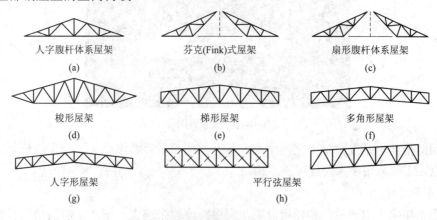

人字腹杆体系屋架　　　　芬克(Fink)式屋架　　　　扇形腹杆体系屋架
(a)　　　　　　　　　　(b)　　　　　　　　　　(c)

梭形屋架　　　　　　　　梯形屋架　　　　　　　　多角形屋架
(d)　　　　　　　　　　(e)　　　　　　　　　　(f)

人字形屋架　　　　　　　　　　平行弦屋架
(g)　　　　　　　　　　　　　(h)

图 4-8　桁架的类型

图 4-9　上海歌剧院

3) 空间网格结构

空网格结构是由许多杆件根据建筑形体要求，按照一定的规律进行布置，通过节点连接组成的一种网状的三维杆系结构。它具有各向受力的性能，各杆件之间相互支撑，具有较好的空间整体性，是一种高次超静定的空间结构。在节点荷载作用下，各杆件主要承受轴力，因而能够充分发挥材料强度，结构的技术经济指标较好。

空间网格结构的外形可以为平板状，也可以呈曲面状。前者称为平板网架结构，常简称为网架。平板网架按照杆件的布置规律及网格的格构原理分类，可分为交叉桁架体系和角锥体系两类，如图 4-10 所示；后者称为曲面网架或壳型网架结构，常简称为网壳，国家大剧院外部为钢结构壳体，呈半椭球形，如图 4-11 所示。

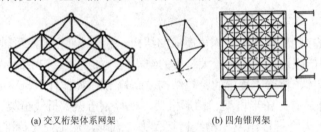

(a) 交叉桁架体系网架　　　　　　　(b) 四角锥网架

图 4-10　平板网架类型

图 4-11　国家大剧院

空间网格结构是三向受力空间结构，具有结构重量轻、刚度大、稳定性好、安全储备高等优点，主要应用于大跨度屋盖结构。

4) 悬索结构

近几十年来，由于生产和使用需要，房屋跨度越来越大，采用一般的建筑材料和结构形式，即使可以达到要求，也会造成材料浪费，而且其结构复杂，施工困难。悬索屋盖结构就是为适应大跨度需要而发展起来的一种新型的结构形式。随着各国不断地研究改进，使其应用领域更为广泛，建筑形式更为丰富多彩。

悬索结构由受拉索、边缘构件和下部支承构件组成。拉索一般是由高强钢丝组成的钢绞线、钢丝绳或钢丝束。悬索结构通过索的轴向受拉来抵抗外荷载作用，可以充分地利用钢材的强度。悬索一般是由高强材料制成，可以大大减小材料用量并减轻自重，因此悬索结构适合于大跨度建筑，如飞机库、体育馆、展览厅等大跨度公共建筑和某些大跨度工业厂房中。一些学者推断，300 m 或者更大的跨度，悬索结构仍然可以做到经济合理。悬索结构的形式极其丰富多彩，根据几何形状、组成方法、悬索材料以及受力特点等不同，可以有多种不同的划分。通常，可将悬索结构分为四类：单层索系、双层索系、横向加劲索系和交叉索网，如图 4-12 所示。

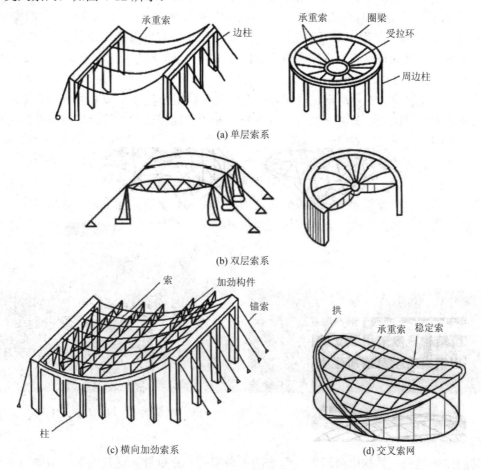

(a) 单层索系

(b) 双层索系

(c) 横向加劲索系

(d) 交叉索网

图 4-12　悬索结构类型

　　悬索结构有着悠久的历史，但现代大跨度悬索屋盖结构的广泛应用，只有半个多世纪的历史。第一个现代悬索屋盖是美国于 1953 年建成的雷里竞技馆，采用以两个斜置的抛物线拱为边缘构件的鞍形正交索网。日本建筑大师丹下健三设计的代代木体育馆是 60 年代技术进步的象征，它脱离了传统的结构和造型，被誉为划时代的作品，如图 4-13 所示。我国现代悬索结构之发展始于 50 年代后期和 80 年代，北京的工人体

图 4-13　日本代代木体育馆

育馆和杭州的浙江人民体育馆是当时的两个代表作。近几十年悬索结构得到迅猛的发展，各种单层索系、双层索系、索-梁(桁)体系、鞍形索网、各种组合悬挂体系都获得了工程应用，形式丰富多样。

　　5) 薄壳结构

　　壳体结构是由上下两个几何曲面构成的空间薄壁结构。这两个曲面之间的距离称为壳

体的厚度。当壳体厚度远小于壳体的最小曲率半径时，称为薄壳。在面结构中，平板结构主要受弯曲内力，包括双向弯矩和扭矩。壳体属于空间受力状态，主要承受曲面内的轴力(双向法向轴力)和顺剪力作用，弯矩和扭矩都很小，所以材料强度得到充分利用，同时由于它的空间工作，所以具有很高的强度和很大的刚度。薄壳空间结构内力比较均匀，是一种强度高、刚度大、材料省、既经济又合理的结构形式。薄壁空间结构常用于中、大跨度结构，如展览大厅、飞机库、工业厂房、仓库等。在一般的民用建筑中也常采用薄壳结构。

常见的形状有圆顶、筒壳、折板、双曲扁壳和双曲抛物面扭壳等。罗马奥林匹克小体育宫平面为圆形，直径为 60 米，屋顶是一球形穹顶，葵花瓣似的网肋，把力传到斜柱顶，斜柱的倾角与壳底边缘径向切线方向一致，把推力传入基础，结构轻巧且受力合理，如图 4-14 所示。图 4-15 为广州星海音乐厅，造型奇特的外观，富于现代感，犹如江边欲飞的一只天鹅，与蓝天碧水浑然一体，形成一道瑰丽的风景线。其整体建筑为双曲抛物面钢筋混凝土壳体，室内不吊天花板，做到建筑空间与声学空间融为一体。

图 4-14　罗马奥林匹克小体育宫　　　　　　　　图 4-15　广州星海音乐厅

6) 薄膜结构

薄膜结构是张拉结构中最近发展起来的一种形式，它以性能优良的柔软织物为材料，可以向膜内充气，由空气压力支撑膜面，也可以利用柔性拉索结构或刚性支撑结构将薄膜绷紧或撑起，从而形成具有一定刚度、能够覆盖大跨度空间的结构体系。膜结构按结构受力特性大致可分为充气式膜结构、张拉式膜结构、骨架式膜结构、组合式膜结构等四大类。

膜结构由于轻质、柔软、不透气不透水、耐火性好、有一定的透光率、有足够的受拉承载力，加上新研制的模材耐久性有了明显的提高，因此膜结构在最近几年得到了较大的发展。膜结构建筑是 21 世纪最具代表性与充满前途的建筑形式之一。它打破了纯直线建筑风格的模式，以其独有的优美曲面造型，简洁、明快、刚与柔、力与美的完美组合，呈现给人以耳目一新的感觉，同时给建筑设计师提供了更大的想象和创造空间。在国内外已被较多地应用于体育建筑、展览中心、商场、仓库、交通服务设施等大跨度建筑中。

如图 4-16 所示，国家游泳中心又被称为"水立方"(Water Cube)，位于北京奥林匹克公园内，是北京为 2008 年夏季奥运会修建的主游泳馆，也是 2008 年北京奥运会标志性建筑物之一。外围为形似水泡的 ETFE 膜(乙烯-四氟乙烯共聚物)。ETFE 膜是一种透明膜，能为场馆内带来更多的自然光，它的内部是一个多层楼建筑，对称排列的大看台视野开阔，馆内乳白色的建筑与碧蓝的水池相映成趣。无锡蠡湖金城湾公园的一栋膜结构建筑——"波光鹭影"，犹如飞入湖中的白鹭，如图 4-17 所示。

图 4-16　水立方

图 4-17　无锡波光鹭影

4.2.2　多层建筑

多层建筑主要应用于住宅、学校、商场、办公楼、医院、旅馆等公共民用建筑。多层建筑常用的结构形式为砌体结构和框架结构体系。

1) 砌体结构

砖混结构，是指房屋的墙、柱和基础等竖向承重构件采用砌体结构，而屋面、楼面等水平承重构件采用钢筋混凝土结构(或钢结构、木结构)所组成的房屋结构体系。混合结构是我国应用最普遍的结构体系，广泛应用于多层建筑，究其原因主要有以下几个优点：

(1) 主要承重结构(墙体)用砖砌，取材方便；

(2) 造价低廉、施工简单，有很好的经济指标；

(3) 保温隔热效果较好。

目前，我国的混合结构建筑高度已达 11 层，局部可达到 12 层。以前，混合结构的墙体主要采用普通黏土砖，但因普通黏土砖的制作需使用大量的黏土，对宝贵的土地资源是很大的消耗。因此，国家已逐渐在各地区禁止大面积使用普通黏土砖，而推广空心砌块的应用。

2) 框架结构体系

所谓框架(刚架)结构体系，是指以梁、柱刚性连接形成平面结构，其间以连系梁连接，呈现矩形网格的空间骨架结构，其结构形式如图 4-18 所示。按所用材料不同，主要有多层钢筋混凝土框架结构和多层钢框架结构。

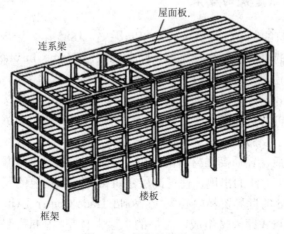

图 4-18　框架结构体系

混凝土框架结构的优点是：强度高、自重轻、整体性和抗震性能好。它在建筑上的最大优点是不靠砖墙承重，建筑平面布置灵活，可以获得较大的使用空间，所以它广泛应用于多层建筑。

混凝土框架结构按施工方法可以分为全现浇钢筋混凝土框架、装配式框架以及装配整体式框架。其中，全现浇钢筋混凝土框架结构整体性好、抗震性强，可适应各种有特殊布局的建筑；装配式框架全部构件为预制，在现场进行吊装和节点连接，便于工业化生产和机械化施工，但其整体性较差；装配整体式框架是把预制构件在现场吊装就位后，与现浇构件连成整体的框架。装配式框架以前比较盛行，但其随着泵送混凝土的出现，使混凝土的浇筑变得方便快捷，机械化施工程度已较高，因此近年来已逐渐趋向于采用全现浇混凝土框架结构。

钢框架结构体系是指沿房屋的纵向和横向用钢梁和钢柱组成的框架结构作为承重和抵抗侧力的结构体系，如图 4-19 所示为实际工程结构。与混凝土框架结构比，它具有"高、大、轻"三方面发展的独特优势，抗震性能好，施工周期短。但同时存在一定的缺点，如用钢量大，耐火性能差，后期维护费用高，造价略高于钢筋混凝土框架结构等。

图 4-19 多层钢框架结构

4.3 高层与超高层建筑

现代高层、超高层建筑是随着社会生产的发展和人们生活的需要而发展起来的，是商业化、工业化和城市化的发展结果。而科学技术的进步，轻质高强材料的不断涌现以及机械化、电气化、计算机技术在建筑中的广泛应用等，又为高层，尤其是超高层建筑的发展提供了物质基础和技术保障。

4.3.1 高层与超高层建筑的发展

在国外，高层建筑的发展已经有一百多年的历史。1885 年，美国第一座根据现代钢框架结构原理建造起来的 11 层芝加哥家庭保险公司大厦(Home Insurance Building)，如图 4-20(a)所示是近代高层建筑的开端。1931 年，纽约建造了著名的帝国大厦(Impire state Building)，如图 4-20(b)所示，地上建筑高 381 m，共 102 层。帝国大厦是一栋超高层的现代化办公大楼，它和自由女神像一起被称为纽约的标志，雄踞"世界最高建筑"的宝座达 40 年之久。

20 世纪 50 年代后，轻质高强材料的应用、新的抗风抗震结构体系的发展、电子计算机的推广以及新的施工方法的出现，使得高层建筑得到了大规模的发展。1972 年，纽约建造了 110 层、高 402 m 的世界贸易中心大楼(World Trade Center Twin Tower)，如图 5-20(c)所示，该大楼由两座塔式摩天楼组成，可惜的是该大楼在"9.11"恐怖袭击中被毁。1973

年，在芝加哥又建造了当时世界上最高的希尔斯大厦(Sears Tower)，高 443 m，地上 110 层，地下 3 层，包括两个线塔则高达 520 m。

(a) 芝加哥家庭保险公司大厦

(b) 纽约帝国大厦

(c) 纽约世界贸易中心大楼

图 4-20　世界高层建筑

20 世纪 90 年代，世界超高层建筑中心转移到了亚洲，尤其 1996 年建成使用的马来西亚吉隆坡国家石油公司双塔大楼，共 88 层，以 451.9 m 的高度打破了当时美国芝加哥希尔斯大楼保持了 20 年的最高记录。近十几年间，随着我国经济的高速发展，相继建成多座摩天大楼。1998 年建成的上海金茂大厦，高 420.5 m，共 88 层，至今其高度世界排名第八。2003 年建成的香港国际金融中心，楼高 415.8 m，共 88 层。2003 年完工的中国台北的 101 大楼，如图 4-21(a)所示，楼高 508 m，共 101 层。2008 年竣工的上海环球金融中心是世界最高的平顶式大楼，楼高 492 m，地上 101 层，如图 4-21(b)所示。2009 年建成的广州塔，包括发射天线在内，高达 600 m(其中塔体高 450 m，天线桅杆高 150 m)，共 112 层，为中国第一高塔，世界第三高塔，仅次于阿联酋迪拜哈利法塔、日本东京天空树电视塔(634 m)。南京紫峰大厦完工于 2010 年，地上 89 层、地下 3 层，整体设计高度达 450 m。正在建设的上海中心总高为 632 m，地上 118 层，建成后将成为上海最高的摩天大楼，也是城市标志之一。

(a) 中国台北的 101 大楼

(b) 上海环球金融中心

图 4-21　中国高层建筑

4.3.2 高层与超高层建筑的发展结构体系

高层与超高层建筑中,水平荷载和地震作用将成为控制因素。抵抗水平荷载成为确定和设计结构体系的关键问题。高层与超高层建筑中常用的结构体系有框架结构体系、框架-剪力墙结构体系(图)、剪力墙结构体系、简体结构体系。

1) 框架结构体系

框架结构体系是以梁、柱组成的框架作为竖向承重和抵抗水平作用的结构体系。其建筑平面布置灵活,可以做成有较大空间的教室、会议室、餐厅、车库等;墙体采用非承重构件既可使立面设计灵活多变,又可降低房屋自重,节省材料;通过合理设计,钢筋混凝土框架结构可以获得良好的延性,具有较好的抗震性能。其缺点是结构的抗侧刚度小,对建筑高度有较大的限制;地震时侧向变形较大,容易引起非结构构件的损坏。常见的框架柱网形式有方格式与内廊式两类,如图 4-22 所示。

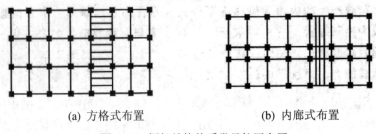

(a) 方格式布置　　　　　　　　(b) 内廊式布置

图 4-22　框架结构体系常见柱网布置

2) 框架-剪力墙结构体系

框架-剪力墙结构体系是由框架和剪力墙结合而共同工作的结构体系,如图 4-23 所示,兼有框架和剪力墙两种结构体系的优点。框架和剪力墙协同工作,可以取长补短,既可获得良好的抗震性能,又可兼顾空间布置的灵活性,多用于 10~20 层的房屋。图 4-24 为某一框架-剪力墙结构体系平面布置示意图。

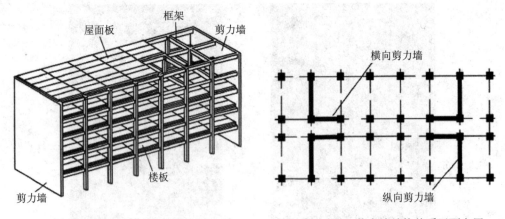

图 4-23　框架-剪力墙结构体系　　　图 4-24　框架-剪力墙结构体系平面布置

由于框架-剪力墙是以框架为主体、以剪力墙为辅助,以补救框架结构不足的一种组合体系,适用于 25 层以下的建筑,最高不宜超过 30 层。

3) 剪力墙结构体系

利用建筑物墙体作为承受竖向荷载、抵抗水平荷载的结构，称为剪力墙结构体系，如图 4-25 所示。现浇钢筋混凝土剪力墙结构的整体性好，刚度大，在水平荷载作用下侧向变形小，承载力要求也容易满足，因此这种结构体系适合建造较高的高层建筑。其缺点是：由于楼板的支撑是剪力墙，剪力墙的间距不能太大，因此剪力墙的结构平面布置不灵活，不能满足公共建筑的使用要求。由于普通剪力墙结构全部由纵横墙体组成，其刚度比框架-剪力墙结构更好，对于 40 层以下的高层住宅、高层旅馆、公寓十分通用。图 4-26 为一剪力墙结构体系的平面布置示意图。

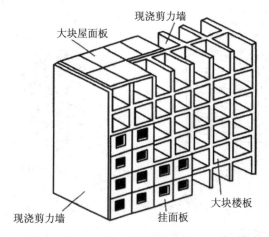

图 4-25 剪力墙结构体系

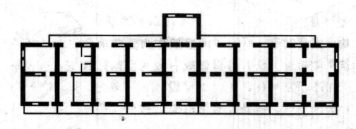

图 4-26 剪力墙结构体系的平面布置示意图

4) 筒体结构体系

随着建筑物层数、高度的增加，高层建筑结构承受的水平荷载和地震作用也大大增加，框架、剪力墙和框架-剪力墙结构体系往往不能满足抗侧刚度要求，此时可将剪力墙在平面内围合成箱形，形成一个竖向布置的空间刚度很大的薄壁筒体；再由加密柱和刚度较大的裙梁形成空间整体受力的框筒构成具有很好的抗风和抗震性能的筒体结构体系。根据筒的布置、组成和数量等，筒体结构体系又可分为框筒体结构体系(如图 4-27 所示)、筒中筒结构体系(如图 4-28 所示)、桁架筒体结构体系、多筒结构体系(如图 4-29 所示)等。框筒体结构体系一般中央布置剪力墙薄筒、周边布置大柱距的框架，或周边布置框筒、中央布置框架，其受力特点类似于框架-剪力墙结构。筒中筒结构体系由内外几层筒体组合而成，通常内筒为剪力墙薄壁筒，可集中布置电梯、楼梯及管道竖井，外筒是框筒，可以解决通风、采光问题，也可安装立面玻璃幕墙。桁架筒体系，在框筒结构中由梁和柱组成的矩形网格内加上对角斜撑，即成为桁架筒结构，其刚度和强度都比框架单筒结构高，可建造比框架单筒结构更高的建筑。成束筒结构体系，又称为组合筒体结构体系，在平面内设置多个筒体组合在一起，形成整体刚度很大的一种结构形式，其抗风和抗震性能优越，适用于建造 50 层以上的办公建筑。多筒结构体系，是成束筒及巨型框架结构。由两个以上框筒或其他筒体排列成束状，称为成束筒。巨形框架是利用筒体作为柱子，在各筒体之间每隔数层用巨型梁相连，这样的筒体和巨型梁即形成巨型框架。这种多筒结构可更充分发挥结构空间作用，其刚度和强度都有很大提高，可建造层数更多、高度更高的高层建筑。

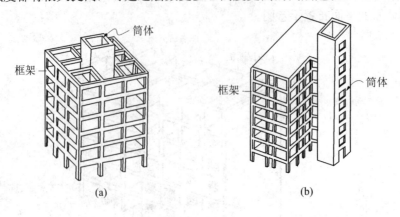

图 4-27　框筒体结构体系

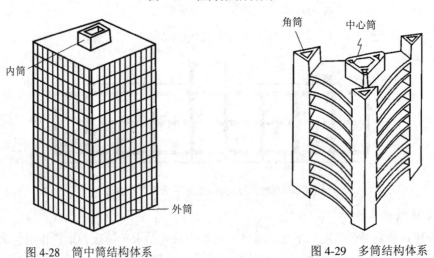

图 4-28　筒中筒结构体系　　　　　　　图 4-29　多筒结构体系

目前，世界上的高层建筑多是筒体结构，如美国芝加哥的约翰·汉考克大厦、西尔斯大厦、标准石油公司大厦和纽约的世界贸易中心大厦、香港中国银行大厦等。

4.4　建筑工程的发展前景

随着建筑业的发展，多层建筑、高层建筑、大跨度建筑以及各种特殊建筑都在建筑材料上、构造上不断提出新的研究项目。但是，一般认为，在 21 世纪混凝土和钢材仍将是主要的建筑材料，而以这两种材料为主的钢筋混凝土结构以及钢结构仍将是主要的建筑结构形式。

但是，随着科学技术的进步和土木工程发展的需要，房屋建筑工程也会不断涌现出一些新的课题。例如，随着建筑工业化的发展，对工程构件提出既要标准化，又要高度灵活性的要求；为节约能源实现可持续发展而出现的太阳能建筑、生态建筑、地下建筑等，提出太阳能利用和深层防水、导光、通风等技术和构造上的问题；对核电站等建筑提出有关防止核扩散和核污染的建筑技术和构造的问题；为了在室内创造自然环境而出现的"四季厅"有遮盖的运动场，提出大面积顶部覆盖的技术和构造的有关问题等。因此，今后较长时间内，房屋建筑工程将向以下几个方向发展：

(1) 新型建筑材料。

多年来，随着材料科学和现代工业技术的发展，国外和我国已经开发和研制出了许多高性能和多功能的新型建筑材料，建筑材料正向"轻质、高强、大型化、多功能"方向发展。

(2) 更高的超高层建筑。

随着建筑材料强度的提高、试验技术和计算机技术的改进和发展、混合材料和混合结构的采用以及城市现代化建设的发展，高度更高的超高层建筑可能变为现实。根据预测，不久的将来，用混凝土可建筑 600～900 m 的超高层建筑，当然这只是意味着在技术上是可行的。比如，我国拟在上海建造地上高 1249.9 m、地下 201.5 m 的仿生大厦，香港也拟建 1180 m 高的仿生大厦。

(3) 更大跨度的空间结构。

随着桥梁结构中的悬索和斜拉结构被"移植"到建筑工程中来，就有可能建筑更大跨度的屋盖结构；另外，大跨度空间钢结构在发达国家中也得到了日新月异的发展，比如在欧美、日本等国家中已经建造了多个跨度超过 200 m 的超大跨度空间结构。我国在体育场馆、大跨度机库、大型展览馆方面，也在不断涌现出跨度超过 100～150 m 的大跨度空间结构。

(4) 新的结构形式和结构体系。

由于超高层建筑的发展，促使各种新型的结构形式和结构体系获得进一步的完善和补充，包括采用多种混合结构。充分利用材料各自的力学特性，改造结构体系，尽可能发挥各自的"优势"，是一个值得注意的设想，即设计混合材料的大跨和高层建筑。例如在高层建筑中，建造用砌体承受竖向荷载、用钢筋混凝土构件承受水平荷载的组合体系，可获得较好的经济效益。

(5) 各种节能环保建筑的涌现。

随着经济的发展、社会的进步，保护环境、实现人类的可持续发展已经成为影响人类生存的一项主要任务，我国也把环境保护作为一项基本国策。在今后，太阳能建筑将会得到快速的发展，未来的太阳能建筑可能发展成"节能、节地、节水"的建筑，并与生态建筑相结合。另外，在发达国家，特别是国际大城市，新建的建(构)筑物大都采用钢结构，并把钢结构看作"绿色环保工程"来发展和应用。

(6) 智能建筑将得到广泛发展。

目前，世界智能建筑正朝两个方向发展，一方面智能建筑不限于智能化办公楼，正在向公寓、酒店、商场的建筑领域扩展。所谓智能化住宅，由电脑系统根据天气、湿度、温度、风力等情况自动调节窗户的开闭、空调器的开关，以保持房间的最佳状态；另一方面，智能建筑已从单一建造发展到成片规划、成片开发，它最终或许会导致"智能广场"、"智能化小区"的出现。

思　考　题

1. 多层、高层与超高层建筑是如何划分的？
2. 框架结构、钢结构、砌体结构的特点分别是什么？
3. 大跨度结构的类型及特点有哪些？
4. 试比较拱与梁的受力特点，并说明拱结构的优越性。
5. 高层建筑的结构体系有哪几种以及它们的特点分别是什么？

第 5 章　建筑工程施工

5.1　概　述

施工是把设计蓝图变为现实的过程。要想科学、高效、经济地把美好的蓝图变成现实，就必须研究施工过程的规律、方法，掌握施工技术，精心组织施工。

土木工程施工一般包括施工技术与施工组织管理两大部分。施工技术以各工种工程(土方工程、基础工程、混凝土结构工程、屋面工程、装饰装修工程、水电暖通等安装工程、节能工程等)施工的技术为研究对象，以施工组织方案为核心，结合具体施工对象的特点，选择最合理的施工方案，决定最有效的施工技术措施。施工组织是以科学编制一个工程的施工组织设计为研究对象，编制出指导施工的施工组织设计，合理地使用人力、物力、空间和时间，着眼于各工种工程施工中关键工序的安排，使之有组织、有秩序地施工的过程。

概括起来，施工就是以科学的施工组织设计为先导，以先进、可靠的施工技术为后盾，保证高质量、安全、经济、绿色环保地完成工程项目的工程。

土木工程施工课程是一门应用性学科，具有涉及面广、实践性强、发展迅速的特点。它涉及多个学科的知识，并需要应用这些知识解决实际工程问题。本课程又是以工程实际为背景，其内容均与工程有着直接联系，需要有一定的工程概念。随着科学技术的进步，土木工程在技术与组织管理两方面都在日新月异地发展，新技术、新工艺、新材料、新设备不断涌现，应时刻关注国内外最新动态。

土木工程施工必须严格按照国家颁布的施工规范进行。施工规范是国家在土木工程施工方面的重要法规，其目的是加强对土木工程施工技术管理及统一验收标准，以便能提高施工水平、保证施工质量、降低工程成本。施工规范、规定也属于国家(行业、地方)标准，但比施工规范低一个等级的工程技术文件，通常是为了推广新技术、新工艺、新结构、新材料而制定的有关标准。土木工程不同专业方向的规范(规程、规定)其适用范围不尽相同，在使用时应注意其适用范围。

5.2　土石方与基础工程

土石方工程简称为土方工程，主要包括各种土(或石)的开挖、填筑和运输等施工过程，以及排水、降水和土壁支撑等准备和辅助工作，必要时还有爆破工程。在土木工程中，最常见的土石方工程有建设场地平整、基坑开挖与土方填筑等。土方工程施工大多为露天作业，施工条件复杂，施工易受地区气候条件影响。在组织施工时，应根据工程自身条件，制定合理施工方案，尽可能采用新技术和机械化施工。

5.2.1　土方机械

土石方工程劳动强度大，因此，施工机械化尤为重要。常用的土方机械有推土机、铲运机和挖掘机。

推土机具有切土和推运两种功能。作业时，机械运行到指定位置后放下推土刀切削土壤，碎土堆积在刀前，待逐渐积满后略提起推土刀，使刀刃贴着地面推移碎土，到达指定地点后提刀卸土。

铲运机能够完成铲土、装土、运土、卸土和平土等全部土方施工工序，是一种综合性的机械。图 5-1 为铲运机结构示意图。

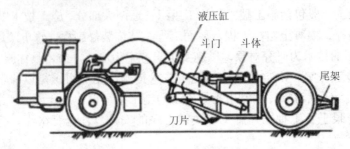

图 5-1　铲运机结构示意图

挖掘机利用土斗直接挖土，因此也称单斗挖土机。按土斗的作业方式可以分为正铲、反铲、抓铲和拉铲，如图 5-2 所示。正铲挖掘机用于开挖停机面的土方；反铲挖掘机用于开挖停机面以下的土方；抓铲挖掘机适用于较松软的土，特别在深而窄的基坑或深井中具有优势；拉铲挖掘机可开挖停机面以下的土方，也可用于大型场地平整、填筑路基、堤坝等。

图 5-2　挖掘机

5.2.2　场地平整

对于大型工程项目，自然地面的高低起伏一般不能满足场地的使用要求，需要进行场地平整。场地平整就是要将自然地面改造成设计所要求的平面。自然地面高于设计平面的区域需要挖土；反之，自然地面低于设计平面的区域要填土。确定场地的设计标高时有两种方法：一种是按照挖填平衡原则确定；另一种是用最小二乘法原理求最佳设计平面。所谓挖填平衡，是指总的挖土量(体积)等于总的填土量(体积)，这意味着既不要从外部运入土方，也不要向外运出土方。而最佳设计平面不仅满足挖填平衡的要求，而且使总的土方工程量最小。土方工程量除了与土方量成正比外，还与土方的运输距离有关。

5.2.3　基坑开挖

基坑开挖须解决好坑壁稳定和地下水渗流，特别是流沙的问题。当基坑较浅，周围空旷时可采用放坡开挖。从坑底向上依据一定的坡度逐渐变宽，开挖成上口大、下口小的基坑形状，在保证土壁稳定(土壁不坍塌)的前提下，坡度越陡，开挖量越小。

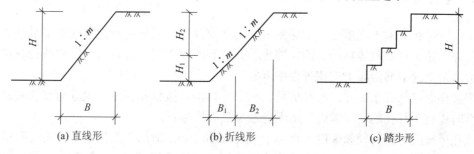

(a) 直线形　　　　　　　(b) 折线形　　　　　　　(c) 踏步形

图 5-3　土方放坡

基坑(槽)放坡开挖往往比较经济，但在建筑稠密地区或有地下水渗入基坑时往往不能按要求放坡开挖，这时需要进行基坑(槽)支护，以保证施工顺利和安全，如图 5-4 所示。如果基坑不能放坡开挖，需进行基坑支护，采用支护结构防止坑壁的坍塌。常用的支护结构有钢板桩、土钉墙、排桩和地下连续墙等。

图 5-4　基坑支护现场

当基底位于地下水位以下时，地下水会不断渗入基坑；雨季施工时，地面雨水也会流入坑内。这时就要排除地下水和基坑中的积水。

当土质为细砂土或粉砂土时，借助水的压力，砂土会从基坑边或基坑底部冒出。严重时会导致基坑边坡塌方，临近建筑屋的地基掏空而出现开裂、下沉、倾斜甚至倒塌。

常用的排水办法有集水井降水法和井点降水法。集水井降水法是将地下水通过明沟引入集水井内，然后利用水泵将水抽出坑外。此法简便、费用低廉，但不能防止流沙，仅适用于降水深度较小且不易出现流沙的土层。

井点降水是在基坑开挖前，预先在基坑四周埋设一定数量的滤水管(井)，在基坑开挖前和开挖过程中，利用真空原理，不断抽出地下水，使该区域的地下水位降低到坑底以下，是较常使用的方法。

除了通过排水的方法解决基坑地下水的问题外，还可以通过设置地下止水帷幕，使地下水只能从止水结构的下端向基坑渗流，增加渗流路径，减少动水压力，防止流沙出现。也可以采用冻结法，将开挖区域的土体进行冻结，防止地下水的渗流。

5.2.4 石方爆破

在山区进行土木工程施工，常遇到岩石的开挖问题，爆破是石方开挖施工最有效的方法。此外，施工现场障碍物的清除、冻土的开挖和改建工程中拆毁旧的结构或构筑物、基坑支护结构中的钢筋混凝土支撑等也用爆破。

爆破作业包括三个工序：打孔放药、引爆、排渣。按打孔深度一般分为浅孔及深孔爆破。有时还有不打孔的表面爆破，用于处理少量表层岩石。

浅孔爆破的炮眼直径和深度分别小于 70 mm 和 5 m，适用于工作量不大的岩石路堑。

深孔爆破的孔径大于 75 mm，深度在 5 m 以上。深孔爆破每次爆破的石方量大，可用于开挖基坑、开采石料、松动冻土、爆破大块岩石及开挖路堑等。

5.2.5 深基础工程施工

一般民用建筑多采用天然浅基础，对土层软弱、高层建筑、上部荷载很大的工业建筑或对变形和稳定有严格要求的一些特殊建筑无法采用浅基础时，在经过技术经济比较后，可采用深基础。深基础是指桩基础、沉井基础、墩基础、管柱基础和地下连续墙等，其中以桩基础应用最广。

1. 桩基础工程施工

桩基础是较为常用的一种深基础，由桩和桩顶部的承台组成。桩按照施工方法可以分为预制桩和灌注桩两类。其中，预制桩可以是钢筋混凝土桩，也可以是钢桩和木桩；而灌注桩一定是钢筋混凝土桩。

预制桩在工厂或现场预先制作后，靠沉桩设备将桩送入土中。沉桩的方式有锤击打桩法、振动沉桩法和静力压桩法。锤击打桩法是利用桩锤从固定高度落下对桩施加冲击，克服土对桩的阻力，将桩送入土中，其缺点是施工过程中产生噪声，并引起周围地面振动。振动沉桩是依靠电力振动器发出的振动力克服土层对桩的阻力，将桩送入土中。静力压桩是利用静压力(静力压桩机本身有很大的配重)将桩送入土中，施工过程中没有振动和噪声。

预制桩的沉桩过程，是将土体向四周排挤的过程，往往会引起桩区及附近土体的隆起和水平位移，导致周围桩的偏位，地下管线、路面和建筑物的破损。为了减小这种挤土效应，要采取一些相关的技术措施。

　　灌注桩是直接在桩的位置成孔，然后在孔内安放钢筋笼、灌注混凝土。根据成孔方式的不同可以分为人工挖孔灌注桩、钻孔灌注桩和沉管灌注桩等几类。

　　人工挖孔的孔径至少应达到 800 mm，适用于土质很好、桩长较小的场合。一旦发生塌孔，极易造成人员伤亡，所以尽管人工挖孔灌注桩施工方便、费用低廉，现在已不提倡使用。

　　沉管灌注桩是利用沉钻孔是锤击打桩法或利用振动沉桩法将带有桩靴的钢套管沉入土中，然后边拔管边灌注混凝土。

　　钻孔灌注桩是利用钻孔机进行成孔，然后灌注混凝土。为避免塌孔，常用泥浆进行护壁。

　　与预制桩相比，灌注桩不需要接桩，施工时无振动、无挤土、噪声小，但成孔时需排出大量土渣和泥浆。另外，由于混凝土需要养护，故施工周期较长。

2. 墩基工程施工

　　墩基础是在人工或机械挖成的大直径孔中浇筑混凝土(钢筋混凝土)而成的，我国多用人工开挖，亦称大直径人工挖孔桩，直径在 1～5 m 之间，多为一柱一墩。墩身直径大，有很大的强度和刚度，多穿过深厚的软土层直接支撑在岩石或密实土层上。

　　人工开挖时，为防止塌方造成事故，需制作护圈，每开挖一段浇筑一段护圈，护圈材料多为现浇钢筋混凝土，否则，对每一墩身则需事先施工围护，然后才能开挖。人工开挖还需注意通风、照明和排水等。

3. 沉井基础施工

　　沉井是用混凝土或钢筋混凝土制成的井筒(下有刃脚，以利于下沉和封底)结构物，如图 5-5 所示。按基础的外形尺寸，在基础设计位置上制造井筒，然后在井内挖土，使井筒在自重(有时须配重)作用下，克服土的摩阻力缓慢下沉，当第一层井筒顶下沉接近地面时，再接第二节井筒，继续挖土，如此循环反复，直至下沉到设计标高，最后浇筑封底混凝土，用混凝土或砂砾石充填井孔，在井筒顶部浇筑钢筋混凝土顶板，即成为沉埋的实体基础。

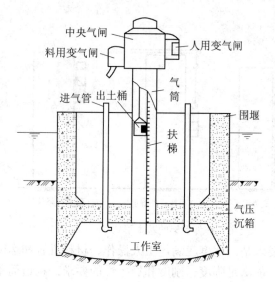

图 5-5　沉井基础

4. 地下连续墙施工

地下连续墙是地下工程和基础工程中广泛应用的一项新技术，可作为防渗墙、挡土墙、地下结构的边墙和建筑物的基础。

地下连续墙的施工过程，是利用专用的挖槽机械在泥浆护壁下开挖一定长度(一个单元槽段)，挖至设计深度并清除沉渣后，插入接头管，再将在地面上加工好的钢筋笼用起重机吊入充满泥浆的沟槽内，最后用导管浇筑混凝土，待混凝土初凝后拨出接头管，一个单元槽段即施工完毕。如此逐段施工，即形成地下连续的钢筋混凝土墙。

5.3 主体工程施工

5.3.1 砌筑工程施工

1. 砌筑材料

砌筑工程所用的材料主要是砖、石或砌块以及起粘接作用的砌筑砂浆。砌筑砂浆有水泥砂浆、石灰砂浆和混合砂浆。为了节约水泥和改善砂浆性能，也可用适量的粉煤灰取代砂浆中的部分水泥和石灰膏，制成粉煤灰水泥砂浆和粉煤灰水泥混合砂浆。

2. 脚手架

砌筑用脚手架是砌筑过程中堆放材料和工人进行操作的临时性设施。按其所用材料分为木脚手架、竹脚手架与金属脚手架；按其搭设位置分为外脚手架和里脚手架两大类。常用外脚手架按支固方式分为落地式脚手架、悬挑脚手架、悬吊脚手架、附墙升降脚手架，如图 5-6 所示。常用的里脚手架形式多为移动式，用于室内装修等工程，如图 5-7 所示。

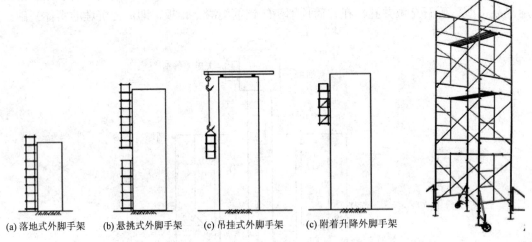

(a) 落地式外脚手架   (b) 悬挑式外脚手架   (c) 吊挂式外脚手架   (c) 附着升降外脚手架

图 5-6　外脚手架的基本形式   图 5-7　移动式里脚手架

对脚手架的基本要求是：宽度应满足工人操作、材料堆置和运输的需要，脚手架的宽度一般为 1.2~1.5 m；能满足强度、刚度和稳定性的要求；构造简单，装拆方便，并能多次周转使用。

3. 垂直运输设备

砌筑工程中不仅要运输大量的砖(或砌块)、砂浆，而且还要运输脚手架、脚手板和各种预制构件。不仅有垂直运输，而且有地面和楼面的水平运输。其中垂直运输是影响砌筑工程施工速度的重要因素。

常用的垂直运输设备有塔式起重机、龙门架(如图 5-8 所示)及井架(如图 5-9 所示)。

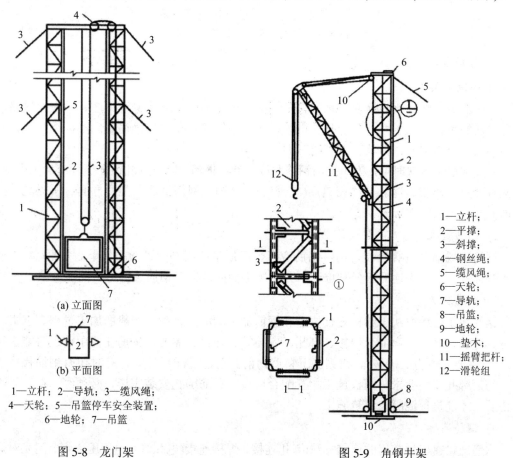

(a) 立面图

(b) 平面图

1—立杆；2—导轨；3—缆风绳；
4—天轮；5—吊篮停车安全装置；
6—地轮；7—吊篮

图 5-8　龙门架

1—立杆；
2—平撑；
3—斜撑；
4—钢丝绳；
5—缆风绳；
6—天轮；
7—导轨；
8—吊篮；
9—地轮；
10—垫木；
11—摇臂把杆；
12—滑轮组

图 5-9　角钢井架

4. 砌筑质量要求

砌筑质量的要求包括：横平竖直、灰浆饱满、错缝搭接、接槎可靠。

5.3.2　钢筋混凝土工程施工

钢筋混凝土结构工程是土木建筑工程施工中占主导地位的施工内容，无论在人力、物力消耗，还是对工期的影响上都有非常重要的作用。钢筋混凝土结构工程包括现浇混凝土结构施工和预制装配式混凝土构件的工厂化施工两个方面。现浇混凝土结构的整体性好，抗震能力强，钢材消耗少，特别是近些年来一些新型工具式模板和施工机械的出现，使混凝土结构工程现浇施工得到迅速发展。尤其是目前我国的高层建筑大多数为现浇混凝土结构，高层建筑的发展亦促进了钢筋混凝土施工技术的提高。钢筋混凝土结构工程施工包括钢筋、模板和混凝土等主要分项工程，其施工工艺过程如图 5-10 所示。

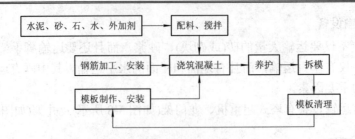

图 5-10 钢筋混凝土工程施工工艺

1. 钢筋工程

1) 钢筋的类型

钢筋混凝土结构所用钢筋的种类较多。根据用途不同,分为普通钢筋和预应力钢筋。根据钢筋的生产工艺不同,分为热轧钢筋、热处理钢筋、冷加工钢筋等。根据钢筋的直径大小不同,分为钢筋、钢丝和钢绞线三类。

在我国经济短缺时期,为了提高钢筋强度、节约钢筋,需对热轧钢筋进行冷加工处理,相应有冷拉、冷拔、冷轧、冷扭钢筋(或钢丝)。冷加工钢筋虽然在强度方面有所提高,但钢筋的延性损失较大。

2) 钢筋验收

钢筋进场前要进行验收,出厂钢筋应有出厂质量证明书或试验报告单。每捆(盘)钢筋均应有标牌。运至工地后应分别堆存,并按规定抽取试样对钢筋进行力学性能检验。

3) 钢筋加工

钢筋加工过程取决于结构设计要求和钢筋加工的成品种类。一般的加工过程有调直、除锈、剪切、镦头、弯曲、焊接、绑扎、安装等。如设计需要,钢筋在使用前还可能进行冷加工(主要是冷拉、冷拔)。在钢筋下料剪切前,要经过配料计算,有时还有钢筋代换工作。钢筋绑扎安装要求与模板施工相互配合协调。钢筋绑扎安装完毕,必须经过检查验收合格后,才能进行混凝土浇筑施工。

4) 钢筋连接

钢筋连接有三种常用的连接方法:绑扎连接、焊接连接(电弧焊、电渣压力焊、闪光对焊等)和机械连接(挤压连接和锥螺纹套管连接)。除个别情况(如在不准出现明火的位置施工)外,应尽量采用焊接连接,以保证钢筋连接质量,提高连接效率和节约钢材。

2. 模板工程

模板是新浇混凝土成形用的模型工具。模板系统包括模板、支撑和紧固件。模板工程施工工艺一般包括模板的选材、选型、设计、制作、安装、拆除和修整。

模板及支承系统必须符合以下规定:要能保证结构和构件的形状、尺寸以及相互位置的准确;具有足够的承载能力、刚度和稳定性;构造力求简单,装拆方便,能多次周转使用;接缝要严密不漏浆;模板选材要经济适用,尽可能降低模板的施工费用。

采用先进的模板技术,对于提高工程质量、加快施工速度、提高劳动生产率、降低工程成本和实现文明施工,都具有十分重要的意义。我国的模板技术,自从 20 世纪 70 年代提出"以钢代木"的技术政策以来,目前除部分楼板支模还采用散支散拆外,已形成组合式、工具化、永久式三大系列工业化模板体系。

1) 组合钢模板

组合钢模板是一种工具式模板，用它可以拼出多种尺寸和几何形状，可适应多种类型建筑物的梁、柱、板、墙、基础和设备基础等。目前组合钢模板也是施工企业拥有量最大的一种钢模板。钢模板具有轻便灵活、装拆方便、存放、修理和运输便利，以及周转率高等优点。但也存在安装速度慢，模板拼缝多，易漏浆，拼成大块模板时重量大、较笨重等缺点。

图 5-11 钢模板

组合钢模板包括平面模板、阴角模板、阳角模板和连接角模板等几种，如图 5-11 所示。

2) 竹胶模板

竹胶模板是继木模板、钢模板之后的第三代建筑模板。竹胶模板以其优越的力学性能，可观的经济效益，正逐渐取代木、钢模板在模板产品中的主导地位。

竹胶模板系用毛竹蔑编织成席覆面，竹片编织作芯，经过蒸煮干燥处理后，采用酚醛树脂在高温高压下多层粘和而成。竹胶模板强度高，韧性好，板面平整光滑，可取消抹灰作业，缩短作业工期，表面对混凝土的吸附力小容易脱模，在混凝土养护过程中，遇水不变形，周转次数高，便于维护保养。竹胶模板保温性能好于钢模板，有利于冬期施工。

竹胶模板已被列入建筑业重点推广的 10 项新技术中，广泛应用于楼板模板、墙体模板、柱模板等大面积模板。

3) 大模板

大模板是一种大尺寸的工具式定型模板，一般一块墙面用一、二块模板。其重量大，装拆均需要起重机配合进行，可提高机械化程度，减少用工量和缩短工期。大模板是我国剪力墙和筒体体系的高层建筑、桥墩等施工用得较多的一种模板，已形成工业化模板体系。

大模板由面板、加劲肋、竖楞、支撑桁架、稳定机构及附件组成。大模板构造如图 5-12 所示。

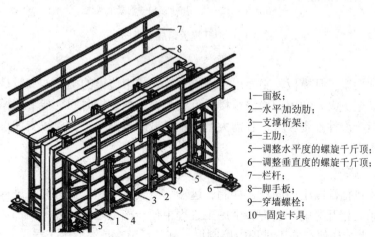

1—面板；
2—水平加劲肋；
3—支撑桁架；
4—主肋；
5—调整水平度的螺旋千斤顶；
6—调整垂直度的螺旋千斤顶；
7—栏杆；
8—脚手板；
9—穿墙螺栓；
10—固定卡具

图 5-12 大模板构造示意图

4) 滑升模板

滑升模板是一种工具式模板，施工时在建筑物或构筑物底部，沿其墙、柱、梁等构件的周边，一次装设 1 m 多高的模板，随着在模板内不断浇筑混凝土和不断向上绑扎钢筋的同时，利用一套提升设备，将模板装置不断向上提升，使混凝土连续成型，直到需要浇筑的高度为止。滑升模板最适于现场浇筑高耸的圆形、矩形、筒壁结构，如筒仓、储煤塔、竖井等。近年来，滑升模板施工技术有了进一步的发展，不但适用于浇筑高耸的变截载面结构，如烟囱、双曲线冷却塔，而且还应用于剪力墙、筒体结构等高层建筑的施工。

滑升模板由模板系统、操作平台系统和液压系统三部分组成。滑升模板组成如图 5-13 所示。

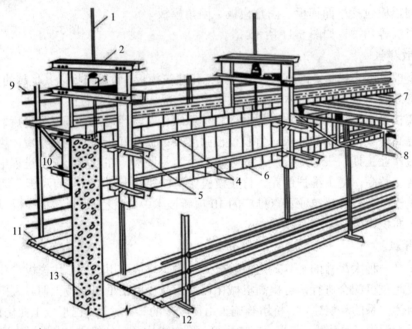

1—支承杆；2—提升架；3—液压千斤顶；4—围圈；5—围圈支托；
6—模板；7—操作平台；8—平台桁架；9—栏杆；10—外排三角架；
11—外吊脚手；12—内吊脚手；13—混凝土墙体

图 5-13　滑升模板组成示意图

5) 台模

台模是一种大型工具模板，主要用于浇筑平板式或带边梁的楼板，一般是一个房间一块台模，有时甚至更大。利用台模浇筑楼板可省去模板的装拆时间，能节约模板材料和降低劳动消耗，但一次性投资较大，且需大型起重机械配合施工。台模按支撑形式分为支腿式和无支腿式两类。

3. 混凝土工程

混凝土工程包括混凝土的配料、拌制、运输、浇筑捣实和养护等施工过程。各个施工过程既相互联系又相互影响，在混凝土施工过程中任一施工过程处理不当都会影响混凝土的最终质量。因此，如何在施工过程中控制每一施工环节，是混凝土工程需要研究的课题。随着科学技术的发展，近年来混凝土外加剂发展很快。它们的应用改进了混凝土的性能和施工工艺。此外，自动化、机械化的发展、纤维混凝土和碳素纤维片加固混凝土的应用、新的施工机械和施工工艺的应用，也大大改变了混凝土工程的施工面貌。

1) 混凝土的制备

混凝土的制备是指混凝土的配料和搅拌。

混凝土的配料，首先应严格控制水泥、粗细骨料、拌和水和外加剂的质量，并按设计规定的混凝土的强度等级和施工配合比，控制投料的数量。

混凝土的拌制就是水泥、水、粗细骨料和外加剂等原材料混合在一起进行均匀拌和的过程。拌和后的混凝土要求均质，且达到设计要求的和易性和强度。

混凝土的制备，除工程量很小且分散用人工拌制外，皆应采用机械搅拌。混凝土搅拌机按其搅拌原理分为自落式和强制式两类。双锥反转出料式搅拌机(如图 5-14 所示)是自落式搅拌机中较好的一种，适于搅拌塑性混凝土。它在生产率、能耗、噪声和搅拌质量等方面都较好。强制式搅拌机的搅拌作用比自落式搅拌机强烈，适于搅拌干硬性混凝土和轻骨料混凝土。

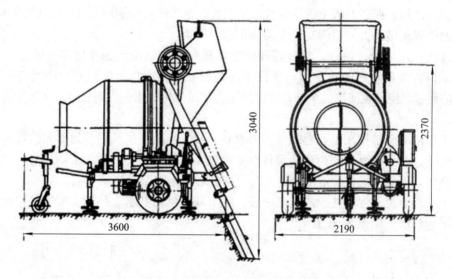

图 5-14　自落式锥形反转出料搅拌机

混凝土搅拌站是生产混凝土的场所，混凝土搅拌站分施工现场临时搅拌站和大型预拌混凝土搅拌站。临时搅拌站所用设备简单，安装方便，但工人劳动强度大，产量有限，噪声污染严重，一般适用于混凝土需求较少的工程中。在城市内建设的工程或大型工程中，一般都采用大型预拌混凝土搅拌站供应混凝土，其机械化及自动化水平一般较高，用混凝土运输汽车直接供应搅拌好的混凝土，然后直接浇筑入模。这种供应"商品混凝土"的生产方式，在改进混凝土的供应、提高混凝土的质量以及节约水泥、骨料等方面，有很多优点。

商品混凝土是今后的发展方向，在国内一些大中城市中发展很快，不少城市已有相当的规模，有的城市在一定范围内已规定必须采用商品混凝土，不得现场拌制。

2) 混凝土的运输

混凝土的运输是指将混凝土从搅拌站送到浇筑点的过程。

混凝土运输分为地面运输、垂直运输和楼面运输三种情况。

混凝土地面运输，如采用预拌(商品)混凝土运输距离较远时，我国多用混凝土搅拌运输车(如图 5-15 所示)。如混凝土来自工地搅拌站，则多用载重约 1 t 的小型机动翻斗车或双轮手推车，有时还用皮带运输机和窄轨翻斗车。

混凝土垂直运输，我国多用塔式起重机、混凝土泵、快速提升斗和井架。混凝土浇筑量大、浇筑速度快的工程，可以采用混凝土泵输送。

图 5-15　混凝土搅拌运输车

混凝土楼面运输，我国以双轮手推车为主，亦用机动灵活的小型机动翻斗车。如用混凝土泵则用布料机布料。

3) 混凝土的浇筑和捣实

混凝土浇筑要保证混凝土的均匀性和密实性，要保证结构的整体性、尺寸准确和钢筋、预埋件的位置正确，拆模后混凝土表面要平整、密实。

混凝土浇注应分层进行，以使混凝土能够成型密实。浇筑工作应尽可能连续，当必须有间歇时，其间歇时间宜缩短，并在下层混凝土初凝前将上层混凝土浇筑振捣完毕。混凝土的运输、浇筑及间歇的全部延续时间不得超过规定要求。当超过时，应按留置施工缝处理。

大体积混凝土结构在工业建筑中多为设备基础，在高层建筑中多为厚大的桩基承台或基础底板等，其上有巨大的荷载，整体性要求较高，往往不允许留施工缝，要求一次性连续浇筑完毕。因此，大体积混凝土施工时，应合理确定混凝土浇筑方案。

水下混凝土用于泥浆护壁成孔灌注桩、地下连续墙以及水工结构工程等结构施工。目前多采用导管法，如图 5-16 所示。

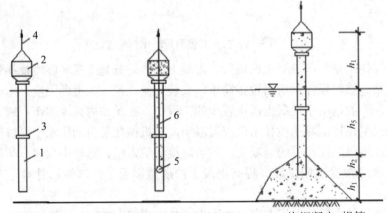

(a) 组装导管　　(b) 导管内悬吊隔水栓并浇筑混凝土　　(c) 浇混凝土，提管
1—钢导管；2—漏斗；3—接头；4—吊索；5—隔水塞；6—铁丝

图 5-16　水下浇筑混凝土

混凝土拌和物浇入模板后，呈疏松状态，其中含有占混凝土体积 5%～20%的空隙和气泡。而混凝土的强度、抗冻性、抗渗性以及耐久性等，都与混凝土的密实性有关。因此，混凝土拌和物必须经过振捣，才能使浇筑的混凝土达到设计要求。目前振捣混凝土有人工和机械振捣两种方式。目前工地大部分采用机械振捣。振动机械，按其工作方式可分为内部振动器、表面振动器、外部振动器和振动台四种(如图 5-17 所示)。

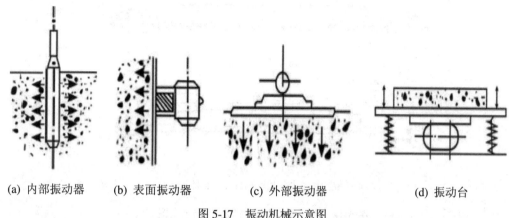

　　(a) 内部振动器　　　(b) 表面振动器　　　　(c) 外部振动器　　　　(d) 振动台

图 5-17　振动机械示意图

4) 混凝土的养护

为了保证混凝土有适宜的硬化条件，使其强度不断增长，必须对混凝土进行养护。

混凝土养护方法分人工养护和自然养护。人工养护就是用人工来控制混凝土的养护温度和湿度，使混凝土强度增长，如蒸汽养护、热水养护、太阳能养护等。人工养护主要用来养护预制构件，而施工现场现浇构件大多用自然养护；自然养护就是指在平均气温高于+5℃的自然条件下于一定时间内使混凝土保持湿润状态。自然养护分洒水养护和喷涂薄膜养生液养护两种。

5.3.3　预应力施工

预应力混凝土是近几十年发展起来的一门新技术，目前在世界各地都得到广泛的应用。近年来，随着预应力混凝土设计理论和施工工艺与设备不断完善和发展，高强材料性能不断改进，预应力混凝土得到进一步的推广应用。预应力混凝土与普通混凝土相比，具有抗裂性好、刚度大、材料省、自重轻、结构寿命长等优点，为建造大跨度结构创造了条件。预应力混凝土已由单个预应力混凝土构件发展到整体预应力混凝土结构，广泛用于土建、桥梁、管道、水塔、电杆和轨枕等领域。当前，预应力混凝土的使用范围和数量，已成为一个国家土木工程技术水平的重要标志之一。

预应力混凝土施工，按施加预应力的时间先后分为先张法、后张法。

1. 先张法施工

先张法施工工艺是先将预应力筋张拉到设计控制应力，用夹具临时固定在台座或钢模上，然后浇筑混凝土，待混凝土达到一定强度(一般不低于混凝土强度标准值的 75%)，放松预应力筋，预应力筋弹性回缩，借助于预应力筋与混凝土之间的粘结力对混凝土产生预压应力。先张法的工艺流程如图 5-18 所示。

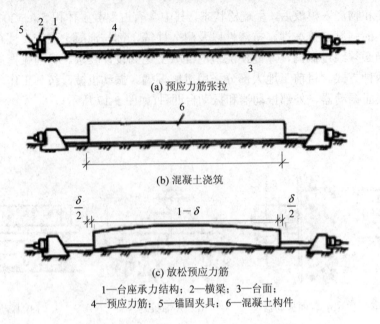

(a) 预应力筋张拉

(b) 混凝土浇筑

(c) 放松预应力筋

1—台座承力结构；2—横梁；3—台面；
4—预应力筋；5—锚固夹具；6—混凝土构件

图 5-18　预应力混凝土先张法生产示意图

先张法多用于预制构件厂生产定型的中小型构件。

2. 后张法施工

后张法施工工艺是先制作混凝土构件，并在预应力筋的位置预留出相应孔道，待混凝土强度达到设计规定的强度后，穿入预应力筋进行张拉，并利用锚具把预应力筋锚固在构件的端部，张拉力由锚具传给混凝土构件而使之产生预压应力，最后进行孔道灌浆。后张法的工艺流程如图 5-19 所示。

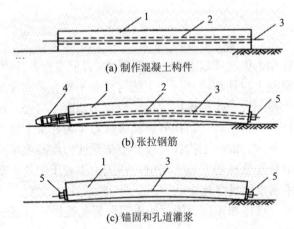

(a) 制作混凝土构件

(b) 张拉钢筋

(c) 锚固和孔道灌浆

1—混凝土构件；2—预留孔道；3—预应力筋；4—千斤顶；5—锚具

图 5-19　预应力混凝土后张法生产示意图

后张法适用于现场生产大型预应力构件、特种结构和构筑物，亦可作为一种预制构件的拼装手段。

3. 无粘结预应力混凝土施工

在后张法预应力混凝土构件中，预应力筋分为有粘结和无粘结两种。有粘结的预应力是后张法的常规做法，张拉后通过灌浆使预应力筋与混凝土粘结。无粘结预应力是近几年发展起来的新技术，其作法是在预应力筋表面刷涂油脂并包塑料带(管)后如同普通钢筋一样先铺设在支好的模板内，再浇筑混凝土，待混凝土达到规定的强度后，进行预应力筋张拉和锚固。这种预应力工艺是借助两端的锚具传递预应力，无需留孔灌浆，施工简便，摩擦损失小，预应力筋易弯成多跨曲线形状等，但对锚具锚固能力要求较高。适用于大柱网整体现浇楼盖结构，尤其在双向连续平板和密肋楼板中使用最为合理经济。

无粘结预应力混凝土技术在 20 世纪 50 年代起源于美国，我国于 70 年代开始研究，80 年代应用于工程实践。

5.3.4　结构安装工程施工

结构安装工程就是用起重机械将在现场(或预制厂)制作的钢构件或混凝土构件，按照设计图的要求，安装成一幢建筑物或构筑物。

装配式结构施工中，结构安装工程是主要工序，它直接影响着整个工程的施工进度、劳动生产率、工程质量、施工安全和工程成本。

1. 起重机械与吊具设备

结构安装施工常用的起重机械有桅杆式起重机、自行杆式起重机、塔式起重机等几大类。

桅杆式起重机制作简单、装拆方便、起重量大、受地形限制小，但是它的起重半径小、移动较困难，一般适用于工程量集中、结构重量大、安装高度大以及施工现场狭窄的多层装配式或单层工业厂房构件的安装。自行杆式起重机灵活性大，移动方便，能为整个建筑工地服务。起重机是一个独立的整体，一到现场即可投入使用，无需进行拼接等工作，施工起来更方便，只是稳定性稍差。它是结构安装施工最常用的起重机械。塔式起重机一般具有较大的起重高度和工作幅度，工作速度快、生产效率高，广泛用于多层和高层装配式及现浇式结构的施工。图 5-20 为塔式起重机的示意图。

索具设备有：钢丝绳、吊具(卡环、横吊梁)、滑轮组、卷扬机及锚碇等。

(1) 高空散装法。将网架的杆件和节点(或小拼单元)直接在高空设计位置总拼成整体的方法。

(2) 分条(分块)吊装法。将网架从平面分割成若干条状或块状单元，每个条(块)状在地面拼装后，再由起重机械吊装到设计位置总拼成整体。

(3) 高空滑移法。将网架条状单元在建筑物上由一端滑移到另一端，就位后总拼成整体的方法。

(4) 整体提升及整体顶升法。将网架在地面就位拼成整体，用起重设备垂直地将网架整体提(顶)升至设计标高并固定的方法。

(5) 整体吊装法。将网架在地面总拼成整体后，用起重设备将其吊装至设计位置的方法。

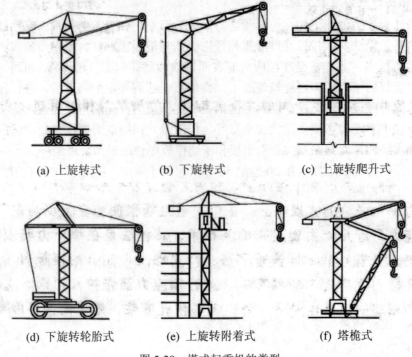

(a) 上旋转式　　　　　(b) 下旋转式　　　　　(c) 上旋转爬升式

(d) 下旋转轮胎式　　　(e) 上旋转附着式　　　(f) 塔桅式

图 5-20　塔式起重机的类型

2. 薄壳结构施工

(1) 薄壳结构有支架高空拼装法。其特点是首先在地面上将拼装支架搭至设计标高，然后将预制壳板吊到拼装支架上进行拼装。这种吊装方法无需用大型起重设备，但需一定数量的拼装支架。

(2) 薄壳结构无支架高空拼装法。其特点是利用已吊装好的结构本身来支持新吊装的部分，无须拼装架。球壳放射形分圈分块时，可用此法拼装。

5.4　土木工程施工组织设计

　　土木工程施工的根本目的在于多、快、好、省地把建设项目迅速建成，尽早投入生产。因此，做好施工组织设计，搞好施工组织管理是非常必要的，也是必需的。施工组织设计是在施工准备阶段对施工过程进行详细的施工计划，从施工技术、施工资源配备、施工进度计划、施工平面布置、质量安全保证体系等方面做好准备，确保人、财、物、环境达到施工要求。

5.4.1　土木工程产品及其特点

1. 土木工程产品在空间上的固定性及其生产的流动性

　　土木工程产品根据建设单位(土木工程产品的需要者)的要求，在满足城市规划的前提下，在指定地点进行建造。土木工程产品基本上是单个"定做"而非"批量"生产。这就要求其土木工程产品及其生产活动需要在该产品固定的地点进行生产，形成了土木工程产品在空间上的固定性。

由于土木工程产品的固定性，造成施工人员、材料和机械设备等随产品所在地点的不同而进行流动。每变更一次施工地点，就需要筹建一次必要的生产条件，即施工的准备工作。其生产需要适应当地的自然条件、环境条件，需要安排相应的施工队伍，选择相应的施工方法，安排合理的施工方案，还要考虑到技术问题，如冬季、雨季施工问题，人工、材料、机械的调配问题，以及地质、气象条件问题等。总之，其施工组织工作比一般工业产品的生产要复杂得多。

2．土木工程产品的多样性及其生产的单件性

由于使用功能的不同，产品所处地点、环境条件的不同，形成了产品的多样性。产品的不同，对施工单位来讲，其施工准备工作、施工工艺、施工方法、施工设备的选用也不尽相同。因而，导致其组织标准化生产难度大，形成了生产的单件性。

3．土木工程产品体形大，生产周期长

土木工程产品同一般工业产品比较，其形体庞大，建造时耗用的人工、材料、机械设备等资源众多，施工阶段允许在不同的空间施工，形成了多专业化工种、多道工序同时生产的综合性活动，这样就需要有组织地进行协调施工。

土木工程产品的露天作业，受季节、气候以及劳动条件影响，形成了施工周期长的特点。

综上所述，土木工程产品的固定性、流动性、多样性、单件性、体形庞大、周期长的特点，形成了施工组织的复杂性。针对这些特点，充分发挥人的主观能动性，随着工业化的发展，使土木工程产品工厂化、批量生产，从而简化施工现场。但每个建筑产品的基础工程、土方工程、安装工程等仍需要现场生产。

5.4.2　施工准备

1．技术准备

根据建设单位提供的初步设计(或扩大初步设计)，即可进行以下技术准备工作。

(1) 熟悉、审查设计图纸及有关资料。

① 审查设计是否符合国家有关方针、政策，设计图纸是否齐全，图纸本身及相互之间有无错误和矛盾，图纸和说明书是否一致。

② 掌握设计内容及技术条件。弄清工程规模，结构形式和特点，了解生产工艺流程及生产单位的要求，了解各个单位工程配套投产的先后次序和互相关系，掌握设备数量及其交付日期。

③ 熟悉土层、地质、水文等勘查资料，审查地基处理和基础设计、建筑物与地下构筑物、管线之间的关系，熟悉建设地区的规划资料等。

④ 明确建设期限、分批分期建设及投产的要求。

(2) 调查研究，搜集必要的资料。

除从已有的书面资料上了解建设要求和施工地区的情况外，还必须进行实地勘测调查，获得第一手资料，这样才可能编制出切合实际的施工组织设计，合理组织工程施工。

在进行勘测调查之前，应拟定详细的调查提纲，一般应包括以下两个方面。

① 建设地区自然条件的调查，包括建设地区的地形、地质、水文、气象和地震等方面的情况。

② 建设地区技术经济条件的调查，包括资源、材料、构配件及设备的情况，交通运输条件，水、电，劳动力和生活设施以及参加施工单位的技术情况等。

(3) 编制施工组织设计、施工图预算和施工预算。

2．施工现场准备

(1) 场地控制网的测量。

按建筑总平面图测出占地范围，并按一定的距离测设方格网。设置永久性的坐标桩，便于建筑物以及道桥的定位放线工作。

(2) 场地三通一平。

按设计要求进行场地平整工作，清理地上及地下的障碍物。修建施工临时道路，施工用水、电的管线。安排好排水防洪设施。

(3) 大型临时设施准备。

大型临时设施包括各种附属生产企业(如预制厂、搅拌站等)、施工用仓库及行政管理和生活福利设施等。

3．物质准备

物质包括施工所需要的材料、构配件的生产、加工订货，以及施工机械和机具的订货、租赁、安装调试等。

4．施工力量的调集和后勤的准备

根据任务计划要求，建立施工指挥机构，集结施工力量。与分包单位和地方劳务签订合同。在大批施工人员进入现场前，做好后勤工作的安排，保证正常的生活条件。

上述各项工作并不是孤立的，必须加强施工单位与建设单位、设计单位的配合协作。

施工准备工作，必须实行统一领导、分工负责的制度。凡属全场性的准备工作，由现场施工总包单位负责全面规划和日常管理。单位工程的准备工作，应由单位工程分包单位负责组织。队组作业准备由施工队组织进行。

必须坚持"没有做好施工准备不准开工"的原则。建立开工报告审批制度。

单位工程开工必须具备下列条件：

(1) 施工图纸经过会审，图纸中存在的问题和错误已经得到纠正；

(2) 施工组织设计或施工方案已经批准并进行交底；

(3) 施工图纸预算已经编制和审定，并已签定工作合同；

(4) 场地已经"三通一平"；

(5) 暂设工程已能满足连续施工要求；

(6) 施工机械已进场，经过试车；

(7) 材料、构配件均能满足连续施工；

(8) 劳动力已调集，并经过安全、消防教育培训；

(9) 已办理开工许可证。

5.4.3　施工组织设计文件

1. 施工组织设计的任务和作用

施工组织设计是为完成具体施工任务创造必要的生产条件，制订先进合理的施工工艺所作的规划设计，它是指导一个拟建工程进行施工准备和施工的基本技术经济文件。施工组织设计的根本任务是，使之在一定的时间和空间内，得以实现有组织、有计划、有秩序的施工，以期在整个工程施工上达到相对的最优效果。根据土木工程产品的特点，从人力、资金、材料、机械设备和施工方法五个方面进行科学合理地安排。

施工组织设计是对施工活动实行科学管理的重要手段，它具有战略部署和战术安排的双重作用。它体现了实现基本建设计划和设计的要求，提供了各阶段的施工准备工作内容，协调施工过程中各施工单位、各施工工种、各项资源之间的相互关系。通过施工组织设计，可以根据具体工程的特定条件、拟定施工方案、确定施工顺序、施工方法、技术组织措施，可以保证拟建工程按照预定的工期完成，可以在开工前了解到所需资源的数量及其使用的先后顺序，可以合理安排施工现场布置。因此，施工组织设计应从施工全局出发，充分反映客观实际，符合国家或合同要求，统筹安排施工活动有关的各个方面。据此，施工就可以有条不紊地进行，将能达到多、快、好、省的目的。

2. 施工组织设计的内容

施工组织设计的内容要结合工程对象的实际，一般包括以下基本内容。

1) 工程概况

工程概况包括本建设工程的性质、内容、建设地点、建设总期限、建设面积、分批交付生产或使用的期限、施工条件、地质气象条件、资源条件、建设单位的要求等。

2) 施工方案选择

根据工程情况，结合人力、材料、机械设备、资金、施工方法等条件，全面安排施工顺序，对拟建工程可能采用的几个施工方案，选择最佳方案。

3) 施工进度计划

施工进度计划反映了最佳施工方案在时间上的安排，采用先进的计划理论和计算方法，综合平衡进度计划，使工期、成本、资源等通过优化调整达到既定目标。在此基础上，编制相应的人力和时间安排计划、资源需要计划、施工准备计划。

4) 施工平面图

施工平面图是施工方案和进度在空间上的全面安排，它把投入的各项资源、材料、构件、机械、运输、工人的生产、生活活动场地及各种临时工程设施合理地布置在施工现场，使整个现场能有组织地进行文明施工。

5) 主要技术经济指标

技术经济指标用以衡量组织施工的水平，对施工组织设计文件的技术经济效益进行全面的评价。

3. 施工组织设计的分类

施工组织设计的各阶段是与工程设计的各阶段相对应的，根据设计阶段、编制广度、深度和具体作用的不同，可分为施工组织总设计、单位工程施工组织设计和分部(分项)工程作业设计。

一般情况下，一个大型工程项目，首先应编制包括整个建设工程的施工组织设计，作为对整个建设工程施工的指导性文件。然后，在此基础上对各单位工程，分别编制单位工程施工设计，若需要还须编制某些分部工程的作业设计，用以指导具体施工。

1) 施工组织总设计

施工组织总设计是以建设项目为对象编制的，如群体工程、一个工厂、建筑群、一条完整的道路(包括桥梁)、生产系统等，在有了批准的初步设计或扩大初步设计之后方可进行编制，目的是对整个工程施工进行通盘考虑，全面规划。一般应以主持该项目的总承建单位为主，由建设单位、设计单位和分包单位参加，共同编制。它是建设项目的总的战略部署，用以指导全现场性的施工准备和有计划地运用施工力量，开展施工活动。

2) 单位工程施工组织设计

它是以单位工程(如一幢工业厂房、构筑物、公共建筑、民用建筑、一段路、一座桥等)为对象进行编制的，用以直接指导单位工程施工。在施工组织总设计的指导下，由直接组织施工的单位根据施工图设计进行单位工程施工组织编制，并作为施工单位编制分部作业和月、旬施工计划的依据。

3) 分部(分项)工程作业设计

对于工程规模大、技术复杂或施工难度大的或者缺乏施工经验的分部(分项)工程，在编制单位工程施工组织设计之后，需要编制作业设计(如复杂的基础工程、大型构件吊装工程、有特殊要求的装修工程等)，用以指导施工。

施工组织设计的编制，对施工的指导是卓有成效的，必须坚决执行，在编制上必须符合客观实际。在施工过程中，由于某些因素的改变，必须及时调整，以求施工组织的科学性、合理性，减少不必要的浪费。

思 考 题

1. 什么是预制桩、灌注桩，其各自的特点是什么？
2. 预应力混凝土的特点有哪些，并说明先张法和后张法的异同？
3. 三通一平的含义是什么？
4. 施工组织的分类和内容是什么？
5. 施工组织的意义是什么？

第6章　桥梁工程

6.1　桥梁工程概况

桥梁工程是土木工程中重要的组成部分之一，它是采用石、砖、木、混凝土、钢筋混凝土和各种金属材料建造的跨越障碍物的结构工程。建立四通八达的现代化交通网，大力发展交通运输事业，对于发展国民经济，促进各地经济发展及文化交流和巩固国防，具有重要意义。在公路、铁路、城市和农村道路建设中，为了跨越各种障碍，必须修建各种类型的桥梁与涵洞，因此，桥涵是交通线中的重要组成部分。一般来讲，桥梁与涵洞的造价平均占公路总造价的 20%～30%，甚至更多，随着公路等级的进一步提高，其所占的比例将会增大，同时桥梁往往也是交通运输的咽喉要道，是保证全线早日通车的关键。

由于科技的进步与发展，工业水平的提高，人们对于桥梁建设提出了更高的要求。现代高速公路上迂回交叉的各式立交桥、城市内环线上的高架桥、长江、黄河等大江大河上的大跨度桥梁，蔓延几十公里的海湾、海峡大桥等，这些规模宏大的工程实体，构筑了现代交通靓丽的风景线。纵观世界各国的大城市，常常以规模宏大的大桥作为城市的标志与骄傲，例如美国的金门大桥，如图 6-1 所示。

图 6-1　金门大桥

经济的飞速发展，桥梁建设突飞猛进，为当地创造了良好的投资环境，对促进地域性经济的发展，起到了关键性的作用。广大桥梁工程技术人员正面临着不断设计和建造新颖、复杂桥梁结构的挑战。

6.2　桥梁工程的发展现状

1．古代、近代的建桥成就

桥梁是人类在生产生活中，为了克服天然障碍而建造的建筑物。古代桥梁所用的材料一般为木、石、藤、竹等天然材料。锻铁出现以后，开始建造铁链吊桥。由于当时材料的强度较低，人们对于力学知识认识的不足，当时的桥梁的跨径都很小。由于木、藤、竹类材料容易腐烂，因此保留至今的古代桥梁多为石桥。世界上现存最古老的石桥在今希腊的伯罗奔尼撒半岛，是一座用石块干砌的单孔石拱桥。

我国文化悠久，是世界上文明发达最早的国家之一，在世界桥梁建筑史上留下了许多光辉的篇章。我国幅员辽阔，江河众多，古代桥梁数量惊人，类型丰富。据史料记载，早在 3000 多年前的周文王时，就在渭河上架设过大型浮桥，汉唐以后浮桥的应用更为广泛。公元 35 年东汉光武帝时，在今宜昌和宜都之间建造了长江上第一座浮桥。在春秋战国时期多孔桩柱式桥梁已经遍布黄河流域。

近代的大跨径吊桥和斜拉桥也是由古代的藤、竹吊桥发展来的。全世界都承认我国是最早有吊桥的国家，距今有 3000 年的历史。在唐朝中期我国已经建造了铁链吊桥，西方国家在 16 世纪才开始建造铁链吊桥，比我国晚了近千年。我国保留至今的古代悬索桥是四川泸定县的跨径 100 m 的大渡河铁索桥(1706 年)和举世闻名的跨径 61 m，全长 340 余米的安澜竹索桥(1803 年)。

在秦汉时期我国广泛的修筑石梁桥，1053 至 1059 年在福建泉州建造的万安桥一度是世界上保存最长、工程量最艰巨的石梁桥，共 47 孔，全长 800 m。此桥以磐石铺遍江底，是近代筏形基础的开端，并使用养殖海生牡蛎的方法胶固桥基，使之成为整体，是世界上绝无仅有的建桥方法。1240 年建造的福建漳州虎渡桥，全长 335 m，某些石梁长达 23.7 m，重达 200 吨的石梁是利用潮水涨落浮运架设的。举世闻名的河北省赵县的赵州桥(安济桥)是我国古代石拱桥的杰出代表(如图 6-2 所示)，该桥净跨 37.02 m，宽 9 m，拱矢高 7.23 m，

图 6-2　赵州桥

在拱圈两肩各设有两个跨度不等的腹拱，既减轻了自重，节省了材料，又便于排洪，增加了美观，像这种敞肩拱桥在欧洲 19 世纪才出现，比我国晚了 1200 多年。公元 1169 年建造的广东潮安县横跨韩江的湘子桥(广济桥)，上部采用了石拱、木梁、石梁等多种形式，全长 517.95 m，共 19 孔，是世界上最早的开合式桥，使用 18 条浮船组成长达 97.30 m 的开合式浮梁，既适应了大型商船和上游木排的通过，又避免了过多的桥墩阻塞河道。

然而，封建制度在我国的长期统治，大大束缚了生产力的发展。进入 19 世纪以后，我国在综合国力、科学技术等方面，已远远落后于西方国家，至解放前，公路桥梁绝大多数为木桥，1934 年至 1937 年由茅以升先生主持修建的钱塘江大桥是解放前由我国技术人员完成的唯一一座大型桥梁工程。该桥为双层公、铁两用钢桁梁桥，正桥 16 孔，全长 1400 m。

2. 现代、当代的建桥成就

新中国成立后，在政治上取得了独立和解放的中国人民迅速医治了战争的创伤，恢复经济，桥梁建设也出现了突飞猛进的局面。特别是改革开放以来，我国交通事业得到了快速发展，尤其是 20 世纪 90 年代以来国家对高等级公路的大力投入，使得我国的桥梁事业得到了空前的大发展，在世界桥梁建设中异军突起，取得了举世瞩目的成就。目前我国在建设大跨径桥梁方面，已经跻身于世界先进行列。

(1) 梁式桥。

1957 年武汉长江大桥(如图 6-3 所示)的胜利建成结束了我国万里长江无桥的状况，正桥为三联 3×128 m 的连续钢桁架，上层为公路桥，下层为双线铁路桥，桥面宽 18 m，两侧各设 2.25 m 的人行道，全桥总长 1670.4 m。大型钢梁的制造和架设、深水管柱基础的施工为我国新一代桥梁技术开创了新路。1969 年我国自行设计、施工建设了举世瞩目的南京长江大桥，该桥是使用国产高强钢材建造的现代化大型桥梁。正桥除北岸第一孔为 128 m 简支钢桁梁外，其余为 9 孔 3 联，每联为 3×160 m 的连续钢桁梁。上层为公路桥面，下层为双线铁路，铁路桥部分全长 6772 m，公路桥部分为 4589 m。

图 6-3　武汉长江大桥

钢筋混凝土和预应力混凝土桥梁，在我国也得到了很大的发展。对于中小跨径桥梁广泛采用装配式钢筋混凝土及预应力混凝土板式和 T 梁形式，除了简支梁以外还修建了大跨度预应力混凝土 T 形刚构，连续梁桥和悬臂梁桥。各国也修建了许多大跨度混凝土梁桥，1998 年挪威建成了世界第一大跨斯托尔马桥(主跨 301 m)和世界第二大跨拉脱圣德桥(主跨 298 m)，两桥均为连续刚构桥。我国于 1988 年建成的广东洛溪大桥(主跨 180 m)开创了我国修建大跨径预应力混凝土连续刚构桥先河。1997 年建成的虎门大桥辅航道桥(主跨270 m)为当时预应力混凝土连续刚构桥世界第一大跨(如图 6-4 所示)。近几年又相继建成多座大跨径混凝土梁桥。我国大跨径混凝土梁式桥的建设技术已居世界先进水平。

图 6-4　虎门大桥辅助航道

(2) 拱桥。

新中国成立前，我国建的拱桥大多为石拱桥。2001 年建成的山西晋城的丹河大桥，跨径 146 m，是世界上最大跨度的石拱桥。由于拱桥造型优美，跨越能力大，长期以来一直是大跨桥梁的主要形式之一。1980 年，当时的南斯拉夫(位于现在的克罗地亚)建成了克尔克桥。该桥为混凝土拱桥，主跨 390 m，如图 6-5 所示。当时，在大跨混凝土拱桥修建技术上，我国与国外尚有不小差距。

图 6-5　克尔克桥

20 世纪 90 年代后，我国在拱桥施工方法上发展了劲性骨架法，它是将钢拱架分段吊装合拢，做成劲性骨架，再在其上挂模板和浇筑混凝土，使得大跨径拱桥的建造能力得到提高。1990 年，国内首先采用劲性骨架法建成宜宾南门金沙江大桥，主跨 240 m。1996 年建成的广西邕宁邕江大桥，主跨 312 m。1997 年建成的重庆万县长江公路大桥，采用钢管拱为劲性骨架，主跨 420 m，是当时世界最大跨度混凝土拱桥。1995 年，我国用悬臂施工法建成了贵州江界河大桥(如图 6-6 所示)，它以主跨 330 m 跨越乌江，桥下通航净空高达惊人的 270 m，是目前世界最大跨度的混凝土桁架拱桥。

图 6-6 贵州江界河大桥

  钢管混凝土拱桥是一种采用内注高强混凝土的钢管作为主拱圈的拱桥,它具有经济、省料、安装方便等特点,近年来在我国发展很快。2000 年建成的广州丫髻沙大桥(如图 6-7 所示)主跨 360 m,为当时世界最大跨度钢管混凝土拱桥。2005 年建成巫山长江大桥,主跨 460 m(如图 6-8 所示),是目前世界第一大跨径钢管混凝土拱桥。

图 6-7 广州丫髻沙大桥

图 6-8 巫山长江大桥

  (3) 斜拉桥。

  斜拉桥是一种拉索体系,它具有优美的外形、良好的力学性能和经济指标,比梁桥有更大的跨越能力,是大跨度桥梁的最主要桥型。1956 年瑞典建成的斯特伦松德桥(主跨 183 m)是第一座现代斜拉桥。半个多世纪以来,斜拉桥建造技术不断发展,桥梁跨度从 300 m 发展到 500 m 经历了近 30 年(1959—1991 年),而主跨从 500 m 跨越到 900 m 只用了不到 10 年时间(1991—1999 年)。在 20 世纪 90 年代,大跨度斜拉桥如雨后春笋般发展起来,著名的有挪威斯卡圣德脱混凝土斜拉桥(主跨 530 m)、法国诺曼底斜拉桥(主跨 856 m)、南京长江二桥(主跨 628 m)、日本多多罗大桥(主跨 890 m)。我国 1975 年在四川云阳建成第一座斜拉桥汤溪河桥(主跨 76 m)，至今已建成各种类型斜拉桥 100 多座。1991 年建成了上海南浦结合梁斜拉桥(主跨 423 m)，开创了我国修建 400 m 以上大跨度斜拉桥的先河，此后相继修建了许多斜拉桥，诸如香港昂船洲大桥(主跨 1018 m)、苏通长江大桥(主跨 1088 m)(如图 6-9 所示)等，表明我国的斜拉桥技术已经达到了世界先进水平。

图 6-9   苏通长江大桥

(4) 悬索桥。

悬索桥造型优美，规模宏大，是特大跨径桥梁的主要形式之一。当跨径大于 800 m 时，悬索桥具有很大的竞争力。现代悬索桥从 1883 年美国建成布鲁克林桥(主跨 486 m)开始，至今已有 120 多年历史。20 世纪 30 年代，相继建成的美国乔治华盛顿桥(主跨 1067 m)和旧金山金门大桥(主跨 1280 m)使悬索桥的跨度超过了 1000 m。从上世纪 80 年代起，世界上修建悬索桥到了鼎盛期，在此其间，世界建成的著名悬索桥有 80 年代英国建成的亨伯尔桥(主跨 1410 m)和 90 年代丹麦建成的大贝尔特东桥(主跨 1624 m)、瑞典建成的滨海高大桥(主跨 1210 m)、日本建成的南备赞濑户大桥(主跨 1100 m)及明石海峡大桥(主跨 1991 m，如图 6-10 所示)。我国修建现代大跨度悬索桥起步较晚，然而却已取得了巨大的建设成就，相继建成了多座悬索桥，著名的有汕头海湾大桥(主跨 452 m)、西陵长江大桥(主跨 900 m)、虎门大桥(主跨 888 m)、宜昌长江大桥(主跨 960 m)、香港青马大桥(主跨 1377 m)、江阴长江大桥(主跨 1385 m)、润阳长江大桥(主跨 1490 m，如图 6-11 所示)等，向世界展示了中国的建桥实力。

图 6-10   明石海峡大桥

图 6-11　润阳长江大桥

6.3　桥梁的基本组成及分类

道路路线遇到江河湖泊、山谷沟壑及其他障碍时，为保证道路的连续性，就需要建造专门的人工构造物——桥梁来跨越。桥梁是一种具有承载能力的架空建筑物，它的主要作用是供铁路、公路、渠道、管线和人群等跨越江河、山谷或其他障碍，它是交通线的重要组成部分。

6.3.1　桥梁的基本组成

桥梁一般由桥跨结构、桥墩桥台及墩台基础三部分组成，如图 6-12 所示。

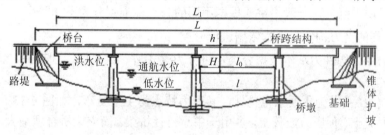

图 6-12　桥梁的基本组成

桥跨结构：在线路中断时跨越障碍时的结构物；

桥墩和桥台：支承桥跨结构并将车辆荷载传递到地基基础的建筑物。设在桥梁两端的称为桥台，与路堤衔接，抵抗路堤土压力，防止路堤填土的滑坡与塌落。设在桥台之间的称为桥墩，用于支承桥跨结构。

墩台基础：将桥上全部作用传到地基的底部，是奠基的结构部分。

桥跨结构为桥梁上部结构，桥墩和桥台(包括基础)为桥梁的下部基础。

支座：桥跨结构与桥台、桥墩的支承处所设置的传力装置，它不仅要传递很大的荷载，而且要保证桥跨结构能产生一定的变位。

在路堤和桥台衔接处一般还在桥台两侧设置石砌的锥形护坡，保证迎水路堤边坡的稳定。

河流中的水位是变动的，在枯水季节的最低水位称为低水位，洪峰季节河流中的最高水位，称为高水位。桥梁设计中按规定的设计洪水频率计算的高水位称为设计洪水位。

下面介绍一些与桥梁布置和结构有关的名称术语。

净跨径：设计洪水位上相邻两个桥墩(或桥台)之间的水平净距，用 l_0 表示。对于拱式桥即是指每孔拱跨两个拱脚截面最低点之间的水平距离为净跨径。

总跨径：多孔桥梁中，各孔净跨径的总和也称桥梁孔径，它反映了桥下宣泄洪水的能力。

计算跨径：对于具有支座的桥梁是指桥跨结构相邻两个支座中心之间的距离，用 l 表示。对于拱式桥是指两相邻拱脚截面形心之间的水平距离。

桥梁全长：简称桥长，是指桥梁两端，两个桥台或八字墙尾端之间的距离，用 L 表示。

桥梁高度：简称桥高，是指桥面与低水位之间的高差，或为桥面与桥下线路路面之间的距离。桥高在某种程度上反映了桥梁施工的难易性。

桥下净空：是指设计洪水位或计算通航水位至桥跨结构最下缘之间的距离。用 H 表示。它应能保证完全排洪，并不得小于该河流通航所规定的净空高度。

建筑高度：是指桥上行车路面高程至桥跨结构最下缘之间的距离。它不仅与桥梁结构的体系和跨径大小有关，而且还随行车部分在桥上布置的高度位置而异。公路定线中所规定的桥面高程对通航净空顶部高程之差又称为容许建筑高度，桥梁的建筑高度不得大于其容许建筑高度。

此外，桥梁还有一些附属设施包括桥面铺装、排水防水系统、栏杆(或防栏杆)、伸缩缝及灯光照明等。附属设施的主要作用是提高桥梁的服务功能。

6.3.2　桥梁的分类

无论是从外观、使用功能、服务对象还是从结构受力特点等来看，桥梁的种类都是非常多的，为了便于区分，一般将桥梁根据不同的分类标准划分为不同类型。

1. 按主要的受力构件为基本依据进行分类

按主要的受力构件为基本依据分类，可分为梁式桥、拱式桥、刚架桥、斜拉桥、悬索桥五大类。

(1) 梁式桥：主梁为主要承重构件，其受力特点为主梁受弯，如图 6-13 所示。其主要材料为钢筋混凝土、预应力混凝土，多用于中小跨径桥梁。简支梁桥合理最大跨径约 20 m，悬臂梁桥与连续梁桥合宜的最大跨径约 60～70 m。它的优点是采用钢筋砼建造的梁桥能就地取材、工业化施工、耐久性好、适应性强、整体性好且美观；设计理论及施工技术上都发展得比较成熟。其缺点是结构自重大，大大限制了其跨越能力。

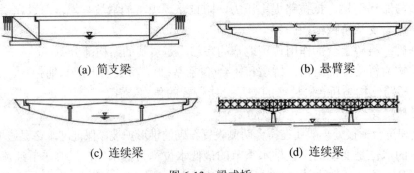

(a) 简支梁　　　　　　　　　　　　　(b) 悬臂梁

(c) 连续梁　　　　　　　　　　　　　(d) 连续梁

图 6-13　梁式桥

（2）拱式桥：拱式桥的主要承重结构是拱肋，以承压为主，如图 6-14 所示，可以采用抗压性能强的圬工材料修建。拱分为单铰拱，双铰拱和无铰拱。混凝土拱大都采用无铰拱。根据桥面与拱圈的位置关系分为上承式、中承式、下承式。拱是一种有推力体系，对地基要求较高，一般常建于地基基础良好的地区。拱桥的常用范围在 50～150 m。由于拱桥的造型优美、圬工材料价格便宜，因此在中小桥中应用很广，但其对地基基础的要求较高、施工较复杂。由于施工方法的改进，出现了无支架缆索吊装、转体施工、悬臂拼装施工和劲性骨架施工等方法使拱桥得到了较大的发展。

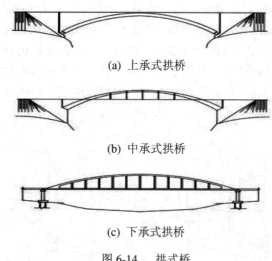

（a）上承式拱桥

（b）中承式拱桥

（c）下承式拱桥

图 6-14　拱式桥

（3）刚架桥：桥跨结构和墩台结构整体相连的桥梁，支柱与主梁共同受力，受力特点为支柱与主梁刚性连接，在主梁端部产生负弯矩，减少了跨中截面正弯矩，而支座不仅提供竖向力还承受弯矩，如图 6-15 所示。其主要材料为钢筋砼或预应力混凝土，适宜于中小跨度，常用于需要较大的桥下净空或建筑高度受到限制的情况，如立交桥、高架桥等。这类桥型外形尺寸小，桥下净空大，桥下视野开阔，混凝土用量少。但基础造价较高，钢筋的用量较大，由于是超静定结构，会产生结构次内力。

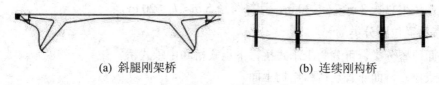

（a）斜腿刚架桥　　　　　　　　　　（b）连续刚构桥

图 6-15　刚架桥

（4）斜拉桥：梁、索、塔为其主要承重构件，利用索塔上伸出的若干斜拉索在梁跨内增加了弹性支承，减小了梁内弯矩而增大了跨径，如图 6-16 所示。其受力特点为外荷载从梁传递到索，再到索塔。它的主要材料为预应力钢索、混凝土、钢材，适用于中等及大跨径桥梁。其优点是主梁尺寸较小，跨越能力大；受桥下净空和桥面标高的限制小；抗风稳定性优于悬索桥；且不需要集中锚锭构造；便于无支架施工。但是索与梁或塔的连接构造比较复杂、施工中高空作业较多，其主要的缺点是技术要求严格。

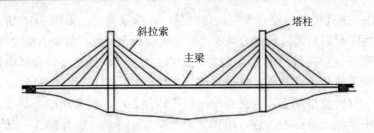

图 6-16 斜拉桥

(5) 悬索桥：又称吊桥，主要由缆索、桥塔、锚碇、吊杆和加劲梁等组成，如图 6-17 所示。主缆为其主要承重构件。其受力特点为外荷载从梁经过系杆传递到主缆，再到两端锚锭。它的主要材料为预应力钢索、混凝土、钢材。悬索桥的结构自重较轻，跨越能力比其他桥式大，适宜于大跨径桥梁，常用于建造跨越大江大河或跨海的特大桥。由于主缆采用高强钢材，受力均匀，具有很大的跨越能力。但整体刚度小，抗风稳定性差；需要极大的锚锭，费用高，施工难度大。

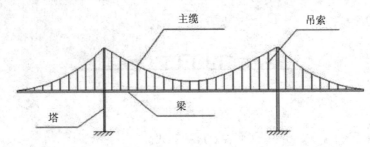

图 6-17 悬索桥

2. 按跨径分类

按跨径来分类，可分为特大桥、大桥、中桥和小桥。

特大桥：桥梁总长 $L \geqslant 500$ m，计算跨径 $l_0 \geqslant 100$ m。

大桥：桥梁总长 100 m$\leqslant L < 500$ m，计算跨径 40 m$\leqslant l_0 < 100$ m。

中桥：桥梁总长 30 m$< L < 100$ m，计算跨径 20 m$\leqslant l_0 < 40$ m。

小桥：桥梁总长 8 m$\leqslant L \leqslant 30$ m，计算跨径 5 m$\leqslant l_0 < 20$ m。

3. 按桥面位置分类

按桥面位置分类，可分为上承式桥，下承式桥和中承式桥。

上承式桥：桥面布置在桥跨结构上面。

下承式桥：桥面布置在桥跨结构下面。

中承式桥：桥面布置在桥跨结构中间。

4. 按主要承重结构所用的材料分类

按主要承重结构所用的材料来划分，可分为木桥、钢桥、圬工桥(包括砖、石、混凝土桥)、钢筋混凝土桥和预应力钢筋混凝土桥。

木桥：用木料建造的桥梁。它的优点是可就地取材，构造简单，制造方便，其缺点是容易腐朽、养护费用大、消耗木材、且易引起火灾。木桥多用于临时性桥梁或林区桥梁。

钢桥：桥跨结构用钢材建造的桥梁。其钢材强度高，跨越能力较大。其构件制造最合适工业化。它的优点是运输和安装为方便，架设工期较短，破坏后易修复和更换。但钢材易锈蚀，养护困难。

圬工桥：用砖、石或素混凝土建造的桥。这种桥常作成以抗压为主的拱式结构，有砖拱桥、石拱桥和素混凝土拱桥等。由于石料抗压强度高，可就地取材，以石拱桥用的较多。

钢筋混凝土桥：又称普通钢筋混凝土桥，是桥跨结构采用钢筋混凝土建造的桥梁。它的优点是可以就地取材，维修简便，行车噪音小，使用寿命长，并可采用工业化和机械化施工，与钢桥相比，钢材用量与养护费用均较少。但其自重大，在跨越能力与施工难易度和速度方面，常不及钢桥优越。

预应力钢筋混凝土桥：桥跨结构采用预应力混凝土建造的桥梁。利用钢筋或钢丝(索)预张力的反力，可使混凝土在受载前预先受压，在运营阶段不出现拉应力(称全预应力混凝土)，或有拉应力而未出现裂缝或控制裂缝在容许宽度内(称部分预应力混凝土)。这种结构的优点是能充分利用材料的性能，从而可节约钢材，减轻结构自重，增大桥梁的跨越能力；能改善结构受拉区的工作状态，提高结构的抗裂性，提高结构的刚度和耐久性；在使用荷载阶段，具有较高的承载能力和疲劳强度；可采用悬臂浇筑法或悬臂拼装法施工，不影响桥下通航或交通；便于装配式混凝土结构的推广。但其施工工艺较复杂、质量要求较高和需要专门的施工设备。由于预应力技术和设备的日臻完善和工厂化生产的普及，在当今的道路建设中，预应力钢筋混凝土在桥梁工程中已被广泛使用。

5. 按跨越方式分类

按跨越方式分类，可分为固定式桥梁、开启桥、浮桥、漫水桥等。

固定式桥：指一经建成后各部分构件不再拆装或移动位置的桥梁。

开启桥：指上部结构可以移动或转动的桥梁。

浮桥：指用浮箱或船只等作为水中的浮动支墩，在其上架设贯通的桥面系统以沟通两岸交通的架空建筑物。

漫水桥：又称过水桥，指洪水期间容许桥面漫水的桥梁。

6. 按施工方法分类

按施工方法分类，混凝土桥梁可分为整体式施工桥梁的和节段式施工桥梁。

整体式施工桥梁：整体式是在桥位上搭脚手架、立模板，然后现浇成为整体式的结构。

节段式施工桥梁：节段式是在工厂(或工场、桥头)预制成各种构件，然后运输、吊装就位、拼装成整体结构；或在桥位上采用现代先进施工方法逐段现浇而成整体结构。常用于大跨径预应力混凝土悬臂梁桥、T 型刚构桥连续梁桥、拱桥以及斜拉桥、悬索桥的施工。

7. 按用途分类

按用途分类，可分为公路桥、铁路桥、公铁两用桥、农用桥、人行桥、水运桥(渡槽)和管线桥等。

6.4　桥梁的规划设计

6.4.1　桥梁设计原则

我国的桥梁设计必须遵守适用、经济、安全和美观的基本原则。

(1) 安全。所设计的桥梁结构，在制造、运输、安装和使用过程中应有足够的强度、刚度、稳定和耐久性，并有安全储备。根据桥上交通和行人情况，桥面应考虑设置人行道(或安全带)、石护栏、栏杆等设备，以保证行人和行车安全。桥上还应设有照明设施，引桥纵坡不宜陡，地震区桥梁，应按抗震要求采取防震措施。

(2) 适用。桥梁宽度应能满足车辆和人群的交通流量要求，并应满足今后规划年限内交通量增长的需要。桥下应满足泄洪、通航(跨河桥)或通车(旱桥)等要求。桥梁两端方便车辆进出防止出现交通堵塞。此外，还要便于今后检查和维修。既满足交通运输本身的需要也要考虑到支援农业，满足农田排灌的需要；通航河流上的桥梁，应满足航运的要求；靠近城市、村镇、铁路及水利设施的桥梁还应结合各有关方面的要求，考虑综合利用。还应考虑在战时适应国防的要求。在特定地区，桥梁还应满足特定条件下的特殊要求(如地震等)。

(3) 经济。在桥梁设计中，经济性一般是首要考虑的因素。在保证工程质量和运用安全可靠的前提下总造价要最经济。应遵循因地制宜、就地取材和便于施工的原则，综合考虑发展远景和将来的养护维修，使其造价和养护费用综合最省。

(4) 美观。一座桥梁，尤其是城市桥梁和游览地区的桥梁，应具有优美的外形，结构布置合理，空间比例和谐，与周围环境相协调。因此，合理的结构布局和轮廓，良好的施工质量是美观的主要因素。

此外，桥梁设计应积极采用新结构、新材料、新工艺和新设备，学习和利用国际上最新技术成就，以利于提高我国桥梁建设水平，赶上和超过世界先进水平。

6.4.2　桥梁设计程序

1. 前期工作

(1) 工程必要性论证：评估桥梁建设在国民经济中的作用。

铁路桥梁一般从属于路网规划，本身不作单独的研究。公路桥梁有的从属于国家规划干线，该不该修建，则是时机问题，两者都是以车辆流量为研究对象。为此要对距准备建桥地点最近及附近的渡口车辆流量，包括通过的车数、车型、流向进行调查。从发展的观点以及桥梁修通以后可能引入的车流，进行科学地分析，得出每日车流量，作为立论的依据。超过一定的日流量修建桥梁才是必要的。根据车辆流向研究，桥梁应该修在有利于解决流向最大的地区。城市桥梁则从属于城市规划，也必需确定通过桥梁的可能日流量。无论是铁路运量指标或是公路的车辆流量指标，都是确定桥梁建设标准的重要指标。

(2) 工程可行性论证：根据前面调查的运量或流量先要确定线路等级，并确定车道数、桥面宽及荷载标准、允许车速、桥梁坡度和曲线半径、抗震标准、航运标准、航运水位、航道净空、船舶吨位及航道数量及位置等。初测自然条件及了解周围环境问题进行纸上定线，在实地桥位两岸设点，用测距仪测得跨河距加以校正，并进行现场核查。本阶段的地质工作以收集资料为主，辅以在两岸适当布置钻孔进行验证。要探明覆盖层的性质、岩面高低、岩性及构造，有无大的构造、断层，并从地质角度对各桥位作出初步评价。要求对各桥位周围环境进行调查。

本阶段的水文工作一般要求提供设计流量，历史最高、最低水位，百年一遇洪水位，常水位情况及流速资料。考虑上游是否有水库及拟建水库的影响。要通过资料或试验，论证河道是否稳定，主槽的摆动范围，以及桥梁建成后本河段上、下游是否会产生不利影响。譬如建桥后形成的壅水是否影响上游防汛水位；上下游流速减速所形成的淤积，对下游沙洲进退有何影响；对下游分叉河道(有沙州的河道分为左、右二支，称为分叉河道)的分流比有何影响，对河道形状可能产生的改变。还有对船舶在桥梁中轴线上、下游的走行轨迹进行测定。这些问题在预可行性研究报告阶段可以只提供分析成果；而在可行性研究报告阶段则必须通过水工模型试验加以论证。

至少应该选择两个以上的桥位进行比选。遇到某些特殊情况时，还需要在大范围内提出多个桥位进行比选。桥位与路网的关系、工程造价、城市规划、航运条件、自然条件、地质条件、施工难度以及工程规模、对周围设施影响程度、对环境保护的评估，经综合比较，根据每个桥位的不同着眼点，选定一个桥位作为推荐桥位。

(3) 经济可行性论证：公路桥梁一般通过收取车辆过桥费取得回报，回报率一般偏低，尤其是特大桥，由于投资大，取得全部回报的时间长。要分析桥梁建设对全社会的经济发展和社会效益的作用。铁路干线上的特大桥的经济、社会效益则更是全国性的，其回报很难由直接投资者收回。因此一些大桥、特大桥的投资只能是国家或地方政府的行为。对资金来源，可行研究报告阶段要有所设想，可行性研究报告则必须予以落实。通过国外贷款、发行债券、民间集资等渠道筹措资金则必须得到有关部门的批准。

2. 初步设计

在初步设计阶段还要通过进一步的水文工作提供基础设计、施工所需要的水文资料，施工期间各月可能的高、低水位和相应的流速(各个墩位处同一时期流速有所不同)，以及河床可能的最大冲刷和施工时可能的冲刷等。在初勘中要求一般在桥轴线上的陆地及水上布置必要的钻孔，控制岩层构造情况及其变化。确定岩性、强度及基岩风化程度，覆盖层的物理、力学指标，以及地下水位情况等。

桥梁方案比选是初步设计阶段的工作重点。一般均要进行多个方案比较。方案比选时要贯彻"适用、经济、安全、美观"的原则。各方案均要求提供桥式布置图。图上必须标明桥跨布置、高程、上下部结构型式及工程数量。对推荐方案，还要提供上、下部结构的结构布置图，以及一些主要的及特殊部位的细节处理图。对推荐桥式方案要编制施工组织设计，包括主要结构的施工方案。施工设备清单、砂、石料源、施工安排及工期等。根据工程量、施工组织设计以及标准定额编列概算。各个桥式方案都要编列相应的概算，以便进行不同方案工程费用这一项目的比较。初步设计概算不能大于前期工作已批准的"估算"的 10%，否则方案应重新编制。根据具体情况，对概算适当调整，可以作为招标时的"标底"。在主管部门审批初步设计文件时如对推荐方案提出必需修改的意见时，则需根据审批意见，另外编制"修改初步设计"报送上级审批。

在初步设计阶段要提出设计、施工中需要进一步通过试验寻求解决的技术难题的科研项目及经费计划，待主管部门审批初步设计文件时一起审批。批准后才能实施。

3．技术设计

技术设计阶段要进行补充勘探，在进行补充勘探时，水中基础必须每墩布置必要的钻孔。岸上基础的钻孔也要有一定的密度，基础下到岩层的钻孔应加密，还要通过勘探充分判断土层的变化。

技术设计阶段的主要内容是对选定的桥式方案中的各个结构总体、细部的技术问题作进一步研究解决。在初步设计中批准的科研项目也要在这一阶段中予以实施，得出结果。技术设计阶段要对结构各部分的设计提出详尽的设计图纸，包括结构断面、配筋、细节处理、材料清单及工程量等。技术设计的最后工作是调整概算(修正概算)。

4．施工设计

在施工设计阶段还要进一步根据施工需要进行补充钻探，特别是对于重要的基础，支承在岩层内的基础要探明岩面高层的变化。根据批准的技术设计绘制让施工人员能按图施工的施工详图提供给施工用。绘制施工详图过程中对断面不宜作大的变动，但对细节处理及配筋，特别是钢筋布置则允许作适当改进性的变动。根据施工设计资料，施工单位编制工程预算。施工单位在编制施工设计时，如对技术设计有所变更，则要对变更部分负责，并要得到监理的认可。施工设计文件必须符合施工实际，满足施工条件及施工环境，能够直接施工。

以上介绍的是大型桥梁工程项目的设计程序及其内容。中、小桥梁的设计程序一般没有大型桥梁复杂，视各部门的具体情况而定，但建设必须考虑它的必要性与可行性，必须严格按建设程序办事，才能避免和减少盲目性。

6.4.3　桥梁纵横断面和平面设计

1．野外勘测与调查研究

调查研究桥梁的具体任务是：桥上的交通种类和它的要求，如车辆的荷载等级、实际交通量和增长率、需要的车道数目或行车道的宽度以及人行道的要求等。

选择桥位一般地说，大、中桥一般选择2～5个桥位，进行各方面的综合比较，然后选择出最合理的桥位。大、中桥桥位的选择原则上应服从路线的总方向，路桥综合考虑。一方面从既要力求降低桥梁的建筑和养护费用，另一方面从桥梁本身的经济性和稳定性出发，应尽量选择在河道顺直、水流稳定、河面较窄、地质良好、冲刷较少的河段上，并防止因冲刷过大而发生桥梁倒塌的危险，一般应尽量避免桥梁与河流斜交，以免增加桥梁长度而提高造价。对于小桥涵的位置则应服从路线走向，当遇到不利的地形、地质和水文条件时，应采取适当技术措施，不应因此而改变线路。测量桥位附近的地形，并绘制地形图，供设计和施工应用。

通过钻探调查桥位的地质情况，并将钻探资料制成地质剖面图，作为基础设计的重要依据。为使地质资料更接近实际，可以根据初步拟定的桥梁分孔方案将钻孔布置在墩台附近。

调查和测量河流的水文情况，为确定桥梁的桥面标高、跨径和基础埋置深度提供依据，其内容包括：了解河道性质，了解河道是静水河还是流水河，有无潮水，河床及两岸的冲刷和淤积，以及河道的自然变迁和人工规划的情况。北方地区还要了解季节河的具体性质；测量桥位处河床断面；调查了解洪水位的多年历史资料，通过分析推算设计洪水位；测量河床比降，调查河槽各部分的形态标高和粗糙率等，计算流速、流量等有关的资料，通过计算确定设计水位下的平均流速和流量，结合河道性质可以确定桥梁所需要的最小总跨径；选择通航孔的位置和墩台基础型式及埋置深度；向航运部门了解和协商确定设计通航水位和通航净空，根据通航要求与设计洪水位，确定桥梁的分孔跨径与桥跨底缘设计标高。

对大桥工程，应调查桥址附近风向、风速，以及桥址附近有关地震的资料。

调查了解其他与建桥有关的情况，例如，当地建筑材料(砂、石料等)的来源；水泥、钢材的供应情况。调查附近旧桥的使用情况，有关部门和当地群众对新桥有无特殊要求，例如，桥上是否需要铺设电缆或输水、输气管道等。施工场地的情况，是否需要占用农田，桥头有无需拆除或迁移的建筑物。这些都要尽可能注意避免或减少损失至最低限度。当时及附近的运输条件，这些情况对施工起着重要的作用。桥梁施工机械、动力设备与电力供应的了解，这些还影响设计与施工方案的确定。

上述各项野外勘测与调查研究工作，有的可同时进行，有的则需相互交错，例如，为进行桥位地形测量、地质钻探和水文调查需要先有桥位或比较桥位；为选择桥位又必须一定的地形、地质和水文资料等。因此各项工作必须互相渗透，交错进行。根据调查，勘测所得的资料，可以拟出几个不同的桥梁比较方案。方案比较可以包括不同的桥位、不同的材料、不同的结构体系和构造、不同的跨径和分孔、不同的墩台和基础型式等。从中选出最合理的方案。

2. 纵断面设计

1) 总跨径的确定

桥梁的总跨径一般根据水文计算确定。由于桥梁墩台和桥头路堤压缩了河床，使桥下过水断面减少，流速加大，引起河床冲刷。因此桥梁总跨径必须保证桥下有足够的排洪面积，使河床不产生过大的冲刷，平面宽滩河流(流速较小)虽然可允许压缩，但必须注意壅水对河滩路堤以及附近农田和建筑物可能发生的危害。

2) 桥梁分孔

桥梁总跨径确定后，还需进一步进行分孔布置，桥梁分孔是个非常复杂的问题。对于一座较大的桥梁，根据通航要求，地形和地质情况，水文情况以及技术经济和美观的条件来加以确定应当分成几孔，各孔的跨径应当多大。桥梁的分孔关系到桥梁的造价。跨径和孔数不同时，上部结构和墩台的总造价是不同的。跨径愈大，孔数愈少，上部结构的造价就愈大，而墩台的造价就愈小。最经济的跨径就是要使上部结构和墩台的总造价最低，因此当桥墩较高或地质不良，基础工程较复杂而造价较高时，桥梁跨径就选得大一些；反之，当桥墩较矮或地基较好时，跨径就可选得小一些。在实际工作中，可对不同的跨径布置进行粗略的方案比较，来选择最经济的跨径和孔数。在通航河流，当通航净宽大于按经济造价所确定的跨径时，一般将通航桥孔的跨径按通航净宽来确定，其余的桥孔跨径则选用经济跨径，但对于变迁性河流，考虑航道可能发生变化，则需多设几个通航孔。从备战要求出发，需要将全桥各孔的跨径做成一样，并且跨径不要太大，以便于抢修和互换。在有些体系中，为了结构受力合理和用材经济，分跨布置时要考虑合理的跨径比例。例如，边跨与中跨的比例。在有些情况下，为了避免在河中搭脚手架和临时墩，可以特别加大跨径，采用悬臂施工法。跨径选择还与施工能力有关，有时选用较大的跨径虽然在技术上和经济上是合理的，但由于缺乏足够的施工技术能力和机械设备，也不得不放弃而改用较小跨径。

　　总之，对于大、中型桥梁来说，分孔问题是设计中最基本、最复杂的问题，必须进行深入全面的分析，才能定出比较完美的方案。

　　3) 确定桥面标高及桥下净空

　　桥面的标高或在路线纵断面设计中已经规定，或根据设计洪水位、桥下通航需要的净空来确定。　对于非通航河流，梁底一般应高出设计洪水位(包括壅水和浪高)不小于 0.5 m，高出最高流冰水位 0.75 m，支座底面高出设计洪水位不小于 0.25 m，高出最高流冰水位不小于 0.5 m。对于无铰拱桥，拱脚允许被设计洪水位淹没，但一般不超过拱圈矢高的 2/3，拱顶底面至设计洪水位的净高不小于 1.0 m。对于有漂流物和流冰阻塞以及易淤积的河床，桥下净空应分别情况适当加高。在通航及通行木筏的河流上，桥跨结构之下，自设计通航水位算起，应能满足通航净空的要求。

　　4) 确定纵坡

　　桥梁当受到两岸地形限制时，允许修建坡桥，但大、中桥桥面纵坡不宜大于 4%，位于市镇混合交通繁忙处桥面纵坡不得大于 3%。

　　3. 横断面设计

　　桥梁横断面设计，主要是决定桥面的宽度和桥跨结构横截面的布置。桥面宽度取决与行人和车辆的交通要求。我国公路桥面行车道净宽标准分为五种：2×净-7.5、 2 ×净-7.0、净-9、净-7 和净-4.5，数字的大小代表行车道的净宽度，以米计算。桥上人行道的宽度为0.75 m 或 1.0 m，大于 1 m 时按 0.5 m 的倍数增加。不设人行道的桥梁，可以根据具体情况设置栏杆和安全带。与路基同宽的小桥和涵洞可以设缘石或栏杆。漫水桥可以不设人行道，但要设置护栏。

　　城市桥梁以及大、中城市近郊的公路桥梁的桥面净空尺寸，应结合城市实际交通量和今后发展的要求确定。在弯道上的桥梁应按路线要求予以加宽。

　　人行道及安全带应高出行车道面至少 20~25 cm，对于具有 2%以上纵坡并高速行车的桥梁，最好应高出行车道面 30~35 cm，当采用平设的人行道时，应设置可靠的隔离栅，以确保行人和行车的安全。

　　公路和城市桥梁，为了利于桥面排水，应根据不同类型的桥面铺装，设置从桥面中央倾向两侧的横向坡度，坡度一般为 1.5%~3%。

　　4. 平面布置

　　桥梁的线型及桥头的引道要保持平顺，使车辆能平稳地通过。高速公路和一级公路上的大、中桥以及各级公路上的小桥的线形与公路的衔接，应符合路线布设的规定。大、中桥梁的线型，一般为直线，当桥面受到两岸地形限制时，允许修建曲线桥。曲线的各项指标应符合路线的要求。从桥梁本身的经济性和施工方便来说，尽可能避免桥梁与河流或与桥下路线斜交，但对于中小桥为了改善线形，或城市桥梁受原有街道的制约，也可以修建斜桥，但其斜度一般不大于 45°，通航河流上不宜大于 5°。

6.4.4　桥梁设计的方案比选

根据桥梁分孔的原则可对所设计的桥梁拟定可能实现的图示，尽可能多的给定桥型和布置形式，每一个图示可在跨度、高度、矢度等方面大致按比例画在同样大小的桥址断面图上。经过综合分析和判断，剔除在经济技术上明显不足的图示，将剩余图示进行进一步研究比较。

提供所选图示的技术经济指标，主要包括：主要材料(钢、木、水泥)用量、劳动力数量、全桥总造价、工期、养护费用、运营条件、施工难度等。对于各个图示的指标进行进一步的比较，详细分析每一个方案的优缺点，综合考虑安全、适用、经济、美观等原则，选定符合当前条件的最佳方案。

6.5　桥梁施工技术

6.5.1　桥梁上部结构的施工方法

1. 固定支架就地浇筑法

有支架就地浇筑施工是桥梁施工中应用较早的一种施工方法，多用于桥墩较低的简支梁桥和中、小跨连续梁桥。

就地浇筑法是在桥位处搭设支架，在支架上浇筑桥体混凝土，达到强度后拆除模板、支架。就地浇筑法施工无需预制场地，而且不需要大型起吊、运输设备，梁体的主筋可不中断，桥梁的整体性好。它的缺点主要是工期长，施工质量不容易控制；对预应力混凝土梁由于混凝土的收缩、徐变引起的应力损失比较大；施工中的支架模板耗用量大，施工费用高；搭设支架影响排洪、通航，施工期间可能受到洪水和漂流物的威胁。

近年来，随着钢脚手架的应用和支架构件趋于常备化以及桥梁结构的多样化发展，如变宽桥、弯桥和强大预应力系统的应用，在长大跨桥梁中，采用有支架就地浇筑施工可能是经济的，因此扩大了应用范围。在近些年的公路建设中大量的应用了这种施工方法。

2. 悬臂施工法

悬臂施工法是从桥墩开始，两侧对称进行现浇梁段或将预制节段对称进行拼装。前者称悬臂浇筑施工，后者称悬臂拼装施工，有时也将两种方法结合使用。

悬臂施工的主要特点是：桥梁在施工过程中产生负弯矩，桥墩也要求承受由施工产生的弯矩，因此悬臂施工宜在营运状态的结构受力与施工状态的受力状态比较接近的桥梁中选用，如预应力混凝土 T 型刚构桥、变截面连续梁桥和斜拉桥等；非墩桥固接的预应力混凝土梁桥，采用悬臂施工时应采取措施，使墩、梁临时固结，在施工过程中有结构体系的转换存在；采用悬臂施工的机具设备种类很多，就挂篮而言，也有桁架式、斜拉式等多种类型，可根据实际情况选用；悬臂浇筑施工简便，结构整体性好，施工中可不断调整位置，常在跨径大于 100 m 的桥梁上选用；悬臂拼装法施工速度快，桥梁上、下部结构可平行作业，但施工精度要求比较高，可在跨径 100 m 以下的大桥中选用；悬臂施工法可不用或少用支架，施工不影响通航或桥下交通。

3．转体施工法

转体施工法是将桥梁构件先在桥位处岸边(或路边及适当位置)进行预制，待混凝土达到设计强度后旋转构件就位的施工方法。转体施工其静力组合不变，它的支座位置就是施工时的旋转支承和旋转轴，桥梁完工后，按设计要求改变支撑情况。转体施工可分为平转、竖转和平竖结合的转体施工。

转体施工的主要特点是：可以利用地形，方便预制构件；施工期间不断航，不影响桥下交通，并可在跨越通车线路上进行桥梁施工；施工设备少，装置简单，容易制作并便于掌握；节省木材，节省施工用料。采用转体施工与缆索无支架施工比较，可节省木材 80%，节省施工用钢 60%；减少高空作业，施工工序简单，施工迅速；当主要构件先期合拢后，给以后施工带来方便；转体施工适合于单跨和三跨桥梁，可在深水、峡谷中建桥采用，同时也适应在平原区以及用于城市跨线桥；大跨径桥梁采用转体施工将会取得较好的技术经济效益，转体重量轻型化、多种工艺综合利用，是大跨径及特大跨径桥梁施工有利的竞争方案。

4．顶推施工法

顶推施工法是在沿桥纵轴方向的台后设置预制场地，分节段预制，并用纵向预应力筋将预制节段与施工完成的梁体连成整体，然后通过水平千斤顶施力，将梁体向前顶推出预制场地。之后继续在预制场地进行下一节段梁的预制，循环操作直至施工完成.

顶推施工法的特点是：顶推法可以使用简单的设备建造长大桥梁，施工费用低，施工平稳无噪声，可在水深、山谷和高桥墩上采用，也可在曲率相同的弯桥和坡桥上采用；主梁分段预制，连续作业，结构整体性好；由于不需要大型起重设备，所以施工节段的长度一般可取用 10～20 m，桥梁节段固定在一个场地预制，便于施工管理改善施工条件，避免高空作业。同时，模板、设备可多次周转使用，在正常情况下，节段的预制周期 7～10 d；顶推施工时，梁的受力状态变化很大，施工阶段的梁的受力状态与运营时期的受力状态差别较大，因此在梁截面设计和布索时要同时满足施工与运营的要求，由此而造成的用钢量较高；在施工时也可采取加设临时墩，设置前导梁和其他措施，用以减少施工内力；顶推法宜在等截面梁上使用，当桥梁跨径较大时，选用等截面梁会造成材料用量的不经济，也增加施工难度，因此以中等跨径的桥梁为宜，桥梁的总长也以 500～600 m 为宜。

5．逐孔施工法

逐孔施工法是中等跨径预应力混凝土连续梁中的一种施工方法，它使用一套设备从桥梁的一端逐孔施工，直到对岸。有用临时支承组拼预制节段的逐孔施工法、移动支架逐孔现浇施工法、以及整孔吊装或分段节段施工法等。

逐孔施工的主要特点是：不需要设置地面支架，不影响通航和桥下交通，施工安全、可靠；有良好的施工环境，保证施工质量，一套模架可多次周转使用，具有在预制场生产的优点；机械化、自动化程度高，节省劳力，降低劳动强度，上下部结构可以平行作业，缩短工期；通常每一施工梁段的的长度取用一孔梁长，接头位置一般可选在桥梁受力较小的部位；移动模架设备投资大，施工准备和操作都较复杂；宜在桥梁跨径小于 50m 的多跨长桥上使用。

6. 横移施工法

横移施工法是在拟待安置结构的位置旁预制该结构，并横向移运该结构物，将它安置在规定的位置上。

横移施工的主要特点是：在整个操作期间，与该结构有关的支座位置保持不变，即没有改变梁的结构体系；在横向移动期间，临时支座需要支承该结构的施工重量。

7. 提升与浮运施工法

提升施工法是在未来安置结构物以下的地面上预制该结构并把它提升就位。浮运施工法是将桥梁在岸上预制，通过大型浮运至桥位，利用船的上下起落安装就位的方法。

使用该方法的要求是：在该结构下面需要有一个适宜的地面；被提升结构下的地面要有一定的承载力；拥有一台支撑在一定基础上的提升设备；该结构应该是平衡的，至少在提升操作期间是平衡的；采用浮运法要有一系列的大型浮运设备。

6.5.2　桥梁下部结构的施工

1. 桥梁墩台

(1) 砌筑墩台。石砌墩台是用片石、块石及粗料石以水泥砂浆砌筑的，具有就地取材和经久耐用等优点，在石料丰富的地区建造墩台时，在施工期限允许的条件下，为节约水泥，应优先考虑石砌墩台方案。

砌筑质量应符合以下规定：砌体所用各项材料类别、规格及质量符合要求；砌缝砂浆或小石子混凝土铺填饱满、强度符合要求；砌缝宽度、错缝距离符合规定，勾缝坚固、整齐，深度和形式符合要求；砌筑方法正确；砌体位置、尺寸不超过允许偏差。

(2) 装配式墩(柱式墩、后张法预应力墩)台。装配式墩台施工适用于山谷架桥、跨越平缓无漂流物的河沟、河滩等的桥梁，特别是在工地干扰多、施工场地狭窄，缺水与沙石供应困难地区，其效果更为显著。

装配式墩台的优点是：结构形式轻便，建桥速度快，预制构件质量有保证等。装配式柱式墩系将桥墩分解成若干轻型部件，在工厂或工地集中预制，再运送到现场装配成桥梁墩台。

(3) 现场浇筑墩台(V 形墩等)。

2. 桥梁基础

(1) 扩大基础。

扩大基础或称明挖基础，属直接基础，是将基础底板设在直接承载地基上，来自上部结构的荷载通过基础底板直接传递给承载地基。通常是采用明挖的方式进行的。

(2) 桩及管柱基础。

当地基浅层土质较差，持力土层埋藏较深，需要采用深基础才能满足结构物对地基强度、变形和稳定性要求时，可采用桩基础。基桩按材料分类有木桩、钢筋混凝土桩、预应力混凝土桩与钢桩。桥梁基础中用的较多的是中间两种。按制作方法分为预制桩和钻(挖)孔灌注桩；按施工方法分为锤击沉桩、振动沉桩、射水沉桩、静力压桩、就地灌注桩与钻孔埋置桩等，前四种又统称沉入桩。应根据地质条件、设计荷载、施工设备、工期限制及对附近建筑物产生的影响等来选择桩基的施工方法。由钢筋混凝土、预应力混凝土或钢制成的单根或多根管柱上连钢筋混凝土承台、支撑并传递桥梁上部结构和墩台全部荷载于地基的结构物。柱底一般落在坚实土层或嵌入岩层中。适用于深水、岩面不平整、覆盖土层厚薄不限的大型桥梁基础。按荷载传递形式可分为端承式和摩擦式两种，在结构形式上与桩基相似，但多为垂直状。

(3) 沉井基础。

沉井基础又称开口沉箱基础，由开口的井筒构成的地下承重结构物。一般为深基础，适用于持力层较深或河床冲刷严重等水文地质条件，具有很高的承载力和抗震性能。这种基础系由井筒、封底混凝土和预盖等组成，其平面形状可以是圆形、矩形或圆端形，立面多为垂直边，井孔为单孔或多孔，井壁为钢筋、木筋或竹筋混凝土，甚至由刚壳中填充混凝土等建成。若为陆地基础，它在地表建造，由取土井排土以减少刃脚土的阻力，一般借自重下沉；若为水中基础，可用筑岛法，或浮运法建造。在下沉过程中，如侧摩阻力过大，可采用高压射水法、泥浆套法或井壁后压气法等加速下沉。

(4) 地下连续墙基础。

地下连续墙基础是用槽壁法施工筑成的地下连续墙体作为土中支撑单元的桥梁基础。它的形式大致可分为两种：一种是采用分散的板墙，平面上根据墩台外形和荷载状态将它们排列成适当形式，墙顶接筑钢筋混凝土承台；另一种是用板墙围成闭合结构，其平面呈四边形或多边形，墙顶接筑钢筋混凝土盖板。后者在大型桥基中使用较多，与其他形式的深基相比，它的用材省，施工速度快，而且具有较大的刚度，目前是发展较快的一种新型基础。连续墙的建造是通过专门的挖掘机泥浆护壁法挖成长条形深槽，再下钢筋笼和灌注水下混凝土，形成单元墙段，它们相互连接而成连续墙，其厚度一般为 0.3～2.0 m，随深度而异，最大深度已达 100 m。

(5) 锁口钢管桩基础。

锁口钢管桩基础是由锁口相连的管柱围成的闭合式管柱基础。锁口缝隙灌以水泥沙浆，使管柱围墙形成整体，管内充混凝土，围墙内可填以沙石、混凝土或部分填充混凝土，必要时顶部可连接钢筋混凝土承台。

6.5.3 施工控制

1. 施工控制的重要性

桥梁施工自开工到竣工过程中，将受到许许多多确定和不确定因素(误差)的影响，包括设计计算、材料性能、施工精度、荷载、大气温度等诸多方面在理想状态与实际状态之间存在的差异，施工中如何从各种受误差影响而失真的参数中找出相对真实之值，对施工状态进行实时识别(监测)、调整(纠偏)、预测，对设计目标的实现是至关重要的。上述工作一般需以现代控制论为理论基础来进行，所以称之为施工控制。

桥梁施工控制不仅是桥梁施工技术的重要组成部分，而且也是实施难度相对较大的部

分。桥梁施工控制是确保桥梁施工宏观质量的关键。桥梁施工控制又是桥梁建设的安全保证。施工控制在桥梁施工起着非常重要的作用

对桥梁施工过程实施控制，确保在施工过程中桥梁结构的内力和变形始终处于容许的安全范围内，确保成桥状态(包括成桥线型与成桥结构内力)符合设计要求。

2．桥梁施工控制的内容

桥梁施工控制的内容主要有：几何(变形)控制、应力控制、稳定控制、安全控制。

(1) 几何(变形)控制。桥梁结构在施工过程中要产生变形，且结构的变形将受到诸多因素的影响，极易使桥梁结构在施工过程中的实际位置偏离预期状态，使桥梁难以顺利合拢，或成桥线形形状与设计要求不符，所以必须对桥梁实施控制，使其结构在施工中的实际位置与预期状态之间的误差在容许范围内和成桥线形状态符合设计要求。

(2) 应力控制。桥梁结构在施工过程中以及成桥状态的受力情况是否与设计相符合，是施工控制要明确的重要问题。通常通过结构应力的监测来了解实际应力状态，若发现实际应力状态与理论应力状态的差别超限就要进行原因查找和调控，使之在允许范围内变化。

(3) 稳定控制。桥梁结构的稳定性关系到桥梁结构的安全。因此在桥梁施工中不仅要严格控制变形和应力，还要严格控制施工各阶段构件的局部和整体稳定。目前主要是通过稳定分析计算(稳定安全系数)，并结合结构应力、变形情况来综合控制其稳定性。

(4) 安全控制。桥梁施工安全控制是上述变形控制、应力控制、稳定控制的综合体现，上述各项得到了控制，安全也就得到了控制。由于结构形式不同，直接影响施工安全的各个因素也不一样，在施工控制中需根据实际情况，确定其安全控制重点。

6.6　桥梁工程的前景

随着世界经济的发展，桥梁建设必将迎来更大规模的建设高潮。21 世纪桥梁界的梦想是沟通全球交通。国外计划修建多个海峡桥梁工程，如意大利与西西里岛之间墨西拿海峡大桥，主跨 3300 m，最大水深 300 m；日本计划在 21 世纪兴建五大海峡工程。我国在 21 世纪初拟建五个跨海工程：渤海海峡工程、长江口越江工程、杭州湾跨海工程、珠江口伶仃洋跨海工程和琼州海峡工程。此外，我国将在长江、珠江和黄河等河流上修建更多的桥梁工程。在桥梁载重、跨长不断增加的前提下要求桥梁结构更加轻巧、纤细。桥梁向高强、轻型、大跨方向发展的同时要求结构理论更加符合实际的受力状态，充分利用建筑材料的强度，在设计中更加重视空气动力学、振动、稳定、疲劳、非线性等的应用，广泛的使用计算机辅助设计，在施工中力求高度机械化、工厂化、自动化。可以预见，大跨度桥梁将向更长、更大、更柔的方向发展。

从现代桥梁发展趋势来看，21 世纪桥梁技术的发展主要集中在下面几个方向：

(1) 在结构上，研究适合应用于更大跨度的结构型式；

(2) 研究大跨度桥梁在气动、地震和行车动力作用下，结构的安全和稳定性；

(3) 海峡大桥中的抗风、抗震、抗海浪的技术措施

(4) 研究更符合实际状态的力学分析方法与新的设计理论；

(5) 结构安全耐久性的问题和可靠性研究的新课题；

(6) 开发和应用具有高强、高弹模、轻质特点的新材料及结构材料防腐的措施;

(7) 进行 100～300 m 深海大型基础工程的实践;

(8) 开发和应用桥梁自动监测和管理系统;

(9) 重视桥梁美学和环境保护。

中国桥梁工程建设迅猛发展,桥梁建设者要在与国外同行的竞争中寻找差距,以智慧和能力为 21 世纪桥梁建设贡献创造力。

思 考 题

1. 什么称为桥梁结构? 桥梁结构由哪几部分组成?

2. 桥墩和桥台的作用是什么? 两者的区别是什么?

3. 支座的作用是什么?

4. 什么是低水位、高水位、设计洪水位?

5. 什么是净跨径、总跨径、计算跨径?

6. 什么是桥梁高度、桥梁建筑高度?

7. 桥梁按照主要受力构件分为哪几类? 各自的特点是什么?

8. 简述桥梁结构设计的基本原则。

9. 桥梁结构设计的基本程序是什么?

10. 如何确定桥梁的总跨径?

11. 如何对桥梁进行合理的分孔?

12. 桥梁平面线形确定的过程中应该考虑哪些因素?

13. 桥梁结构上部施工的主要施工方法有哪些?

14. 什么是桥梁施工控制? 桥梁施工控制包括哪些内容?

第 7 章　隧道工程与城市轨道交通工程

7.1　隧道工程概况

隧道是修筑在岩体、土体和水底，两端有出入口，供车辆、行人、水流及管线等通行的工程建筑物，包括交通运输方面的铁路、道路、水(海)底隧道和各种水工隧道等(如图 7-1 所示)。

图 7-1　隧道工程

地下人工建筑的结构形式，根据其不同用途有多种多样。当地下结构为空间封闭结构形式，宽度在 10 m 内时，通常称为"洞室"；宽度在 10～35 m 之间时，称为"地下厅"；宽度大于 35 m 时，称为"地下广场"。当地下结构垂直地层表面时($\alpha = 90°$)，称为"竖井"；当倾斜角 $\alpha > 45°$ 时，称为"井道"，如图 7-2 所示。当人工建筑处于地表下，结构沿长度方向的尺寸大于宽度和高度并具有联通 A、B 两点的功能时，称为"地道"，如图 7-3 所示；当地道的横截面积较小，通常认为截面积在 30 m² 以内时，称为"坑道"；当截面积较大时，称为"隧道"。1970 年，OECD(世界经济合作与发展组织)隧道会议从技术方面将隧道定义为：以任何方式修建，最终使用于地表以下的条形建筑物，其空洞内部净空断面在 2 m² 以上者均为隧道。隧道工程包含两方面的含义，一方面是指从事研究和建造各种隧道及地下工程的规划、勘测、设计、施工和养护的一门应用科学和工程技术，是土木工程的一个分支；另一方面是指在岩体或土层中修建的通道和各种类型的地下建筑物。

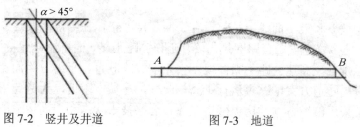

图 7-2　竖井及井道　　　　　　图 7-3　地道

以交通为用途的隧道，其两端自地面引入。隧道端部外露面，一般都修筑为保护洞口和排放流水的挡土墙式结构，称为"洞门"。此外，为了保证隧道的正常使用，还需设置一些附属建筑物：如为工作人员在隧道内进行维修或检查时，能及时避让驶来的列车而在隧道两侧开辟的"避车洞"；为了保证车辆正常运行而设置的照明设施；为了排除隧道内渗入的地下水而设置的防水设备及排水设备；为了净化隧道内车辆所排出的烟尘和有害气体而设置的通风系统；为防止车辆在隧道内发生火灾而设置的消防与报警设备等。

7.2　隧道工程分类与特点

隧道是铁路、道路、水渠、各类管道等遇到岩、土、水体障碍时开凿的穿过山体或水底的内部通道，是"生命线"工程。铁路隧道、公路隧道和地铁隧道属交通隧道，是主要的隧道类型。以交通为目的的隧道，可根据其用途、所处地理位置及隧道的横截面的形状等进行分类。

1. 按隧道用途分类

按隧道用途可分为：交通隧道、水工隧道、市政隧道、矿山隧道等。

1) 交通隧道

交通隧道是隧道中数量最多的一种。它的作用是提供交通运输和人行的通道，以满足交通线路畅通的要求。一般包括以下几种：铁路隧道、公路隧道、水底隧道、地下铁道、航运隧道和人行隧道。人行隧道常被称为"人行通道"。

(1) 铁路隧道。

从 1888 年我国台湾省修建第一条狮球岭铁路隧道至今，隧道建设有近 130 年的历史。20 世纪 50 年代初，限于当时技术水平，采用迂回展线来克服地形障碍，宝成铁路翻越秦岭的一段线路采用短小隧道群，在该段路上有 34 座隧道，最长的秦岭隧道长仅 2363 m。我国修建 10 km 以上长度的隧道是从 14.295 km 长的双线隧道——大瑶山隧道开始的，施工中采用凿岩台车、衬砌模板台车和高效能的装运工具等机具配套作业，实现全断面开挖。20 世纪 90 年代末，在西(安)(安)康铁路上采用全断面掘进机(即盾构机)等现代化高科技隧道施工机械修建了 18.456 km 长的秦岭隧道。该隧道的建成标志着我国已经掌握现代隧道修建技术。

近 10 年来我国修建了大量的铁路工程，南昆铁路全长 898.7 km，隧道 263 座，总长 195.363 km，占线路总长的 21.7%；渝怀铁路全长 625 km，桥隧 562 座，其中隧道长 241 km，占线路总长的 38.56%。

(2) 公路隧道。

公路的限制坡度和最小曲线半径都没有铁路那样严格，在经济不发达年代，为节省工程造价，山区公路多修建盘山公路穿越山岭，延长公路距离，而不愿修建费用高昂的隧道。随着经济的高速发展，高速公路不断涌现。它要求线路顺直、平缓、路面宽敞，因此在穿越山区时，常采用隧道方案，缩短运行距离。此外，在城市附近，为避免平面交叉，利于高速行车，也常采用隧道方案。这类隧道在改善公路技术状态和提高运输能力方面起到了很好的作用。

(3) 地下铁道。

自 1863 年伦敦建成世界上第一条地下铁道以来, 世界各大城市的地下铁道有了很大发展, 特别是近 40 年来, 地下铁道已经成为城市交通的重要组成部分。地下铁道是大量快速输送乘客的一种城市轨道交通运输设施, 能缓解和解决大城市中交通拥挤、车辆堵塞问题。它可以使很大一部分地面客流转入地下而不占用地面面积。地下铁道是现代化的交通工具, 具有运送能力大, 运行速度快、准点、安全、成本低和环境污染小等优点, 节省了乘车时间, 便利了乘客的活动。地下铁道在地下构成独立的线路图, 不受地面交通干扰。在战争时期, 地下铁道还可兼做防空掩护的作用, 因此许多大城市都在大力的推进地铁的建设。1965 年 7 月 1 日, 北京市开始修建第一条地铁, 截止到目前北京共有 17 条线路, 地铁线路总里程突破 456 公里; 而天津市于 1970 年 4 月 7 日开始修建第一条地铁线路, 截止到 2012 年 10 月 1 日, 天津市地铁线路总里程达 131 公里; 上海是中国大陆第三个修建地铁的城市, 截止 2012 年年底, 上海轨道交通总里程超过 400 公里; 广州市于 1997 年 6 月 28 日第一条地铁线路正式开通运营, 截止 2012 年底地铁线路总里程达 236 公里。除了上述四个城市外, 国内已经建成并投入运营使用的地铁城市有很多, 诸如深圳、南京、佛山、重庆、武汉、西安、沈阳、杭州、大连、成都、哈尔滨、太原、郑州、南宁、福州、厦门、南昌、乌鲁木齐等城市正在积极兴建或计划修建地铁。它们为改善城市交通状况、减少交通事故起了重要作用。

(4) 水底隧道。

交通线路横跨江、河道时, 可以采用架桥、轮渡或修建海底隧道通过。但架桥受净空、战争的限制和约束, 轮渡又受天气影响和通行量限制, 采用水底隧道可以较好地解决上述问题。它不但避免了风暴天气轮渡中断的情况, 而且在战争时代不致暴露交通设施的目标, 是国防上的较好选择。我国自 20 世纪 60 年代开始研究用盾构法修建黄浦江水底隧道, 并于 80 年代建成通车。1993 年建成的广州珠江水底隧道, 是我国第一条采用沉埋法修建的隧道(地铁与公交、市政管道共用, 长 1.23 km); 1995 年又在宁波甬江建成了第二条沉管水底隧道(高速公路, 长 1.019 km)。2011 年 6 月 30 日, 中国最长海底隧道——全长 7.8 公里的胶州湾隧道竣工通车。

(5) 航运隧道。

当运河需要越过分水岭时, 克服高程障碍成为十分困难的问题。修建航运隧道, 可以把分水岭两边的河道沟通起来, 减少绕行距离, 既可以缩短航程, 又可以节省修建多级船闸的费用, 河道顺直, 大大改善了航运条件。

(6) 人行隧道。

在城市闹市区中, 需要穿越车辆密集的街道、高速公路、高速铁路以及交通事故易发路段, 通常采用修建人行隧道的办法缓解地面交通压力, 尽量避免或减少交通事故。

2) 水工隧道

水工隧道是水利工程和水力发电枢纽的一个重要组成部分。水工隧道包括以下几种: 引水隧道、尾水隧道、导流隧道或泄洪隧道、排沙隧道。

(1) 引水隧道。

引水隧道是将河流或水库中的水引入带动水电站的发电机组运转产生动力资源的孔

道。引水隧道有内壁承压的称有压隧道；有的只是部分过水，内部水压小只受大气压力的称无压隧道。

(2) 尾水隧道。

尾水隧道是水电站把发电机组排出的废水送出去的孔道。

(3) 排沙隧道。

排沙隧道是用来冲刷水库中淤积的泥沙，把泥沙裹带送出水库大坝的孔道。有时也用来放空水库里的水，以便进行库身检查或修理建筑物。

(4) 导流隧道或泄洪隧道。

导流隧道或泄洪隧道是水利工程中的一个重要组成部分。由它疏导水流并补充溢洪道流量超限后的泄洪作用，如举世瞩目的三峡工程即建有导流隧道。

3) 矿山隧道(巷道)

在矿山开采中，从山体以外修建一些隧道(巷道)通向矿床而进行开采活动，达到采矿作业的目的。

(1) 运输巷道。

向山体开凿隧道通到矿床，并逐步开辟巷道，通往各个开采面。前者称为主巷道，为地下矿区的主要出入口和主要的运输干道。后者分布如树枝状，分向各个采掘面。此种巷道多用临时支撑，仅供作业人员进行开采工作的需要。

(2) 给水隧道。

给水隧道指送入清洁水为采掘机械使用，并通过泵及时将废水及积水排出洞外的通道。

(3) 通风隧道。

矿山地下巷道穿过各种地层，将会有多种地下气体涌入巷道中来，再加上采掘机械不断排出废气，还有工作人员呼出气体，使得巷道内空气变得污浊。如果地下气体含有瓦斯或其他可燃气体，在达到一定数值含量后，将会发生很大危险，轻者致人窒息，重则引起爆炸、燃烧。因此，必须及时把有害气体排除出去。通常采用通风机把矿山下巷道中污浊空气抽排出去，并把新鲜空气补送进来的通道称为通风隧道。通风隧道既可以利用原有巷道，也可以单独修建。

4) 市政隧道

在城市中为规划安置的各种不同市政设施而在地面以下修建的各种地下孔道称为市政隧道。它与城镇居民的工作、生产和生活有着密切联系，是城市的生命线工程。它既可以充分利用地下空间，又不致扰乱高空位置和破坏市容的整齐。市政隧道包括以下几种：给水隧道、污水隧道、管路隧道、线路隧道、人防隧道等。

(1) 给水隧道。

为满足城市自来水管网系统需要而修建的隧道，它既不占用地面，也避免遭受人为的损坏。

(2) 污水隧道。

城市中有大量的人口和工厂，每天需要排放大量的生活污水和工业废水，这些污废水需要排放到污水处理中心进行集中处理，这就需要有地下的排污隧道。这种隧道可能是本身导流排送，此时隧道的形状多采用卵形；也可能是在孔道中安放排污管，由管道排污。

(3) 管路、线路隧道。

城市中的煤气、暖气、热水等都是通过埋在地下的管路隧道,经过防漏及保温措施处理,把这些能源送到城市居民家中去,确保居民生活正常进行。输送电力的电缆以及通信的电缆,都安置在地下孔道中,称为线路隧道,这样既可以保证电缆不为人们的活动所损伤或破坏,又免得高空悬挂,有碍市容市貌。线路多半是沿着街道两侧附设的。

在当今现代化的城市中,把上述四种具有共性的地下管道(隧道),按城市规划总体要求,建成一个共用地下孔道,简称"城市共同管沟"。

(4) 人防隧道。

为了战时的防空目的,城市中需要建造人防隧道,即在受到空袭威胁时,市民可以进入的安全庇护所。人防隧道除应设有排水、通风、照明和通信设备以外,在洞口处还需设置各种防爆装置,以阻止冲击波的侵入。

同时,要做到多口联通、互相贯穿,在紧急时刻,可以随时找到出口。

2．按隧道周围介质的不同分类

按隧道周围介质的不同可分为:岩石隧道和土层隧道。岩石隧道通常修建在山体中间,因而也将其称为山岭隧道;而土层隧道常常修筑在距地面较浅的软土层中,如城市中的交通隧道和穿越河流或库区的水底隧道。

3．按截面形状不同分类

按截面形状不同可分为:圆形截面隧道、椭圆形截面隧道、马蹄形隧道、矩形截面隧道、双孔隧道、孪生隧道、双层隧道等。

4．公路隧道按其长度不同分类

公路隧道按其长度可分为四类,如表 7-1 所示。隧道长度是指进出口洞门端墙墙面之间的距离,即两端洞门墙面与路面的交线同路线中线交点的距离。

表 7-1　公路隧道长度分类

隧道分类	特长隧道	长隧道	中隧道	短隧道
直线形隧道长度/m	L>3000	3000≥L>1000	1000≥L>500	L≤500
曲线形隧道长度/m	L>1500	1500≥L>500	500≥L>250	L≤250

注:曲线形隧道是指全部洞身或部分洞身为平曲线的隧道。

公路隧道是交通隧道的一个重要分支,是指用于穿越公路路线障碍物(山体、河流等)的交通隧道,常见的连接山体两侧公路的山岭隧道、连接水体两侧公路的水底隧道以及城市中心的人行通道都属于公路隧道。

与铁路隧道、水工隧道相比,公路隧道有其自身的特点,主要表现为:

(1) 断面形状复杂。

公路隧道与铁路隧道、水工隧道相比,断面宽而扁,这主要是由于公路车辆的行驶要求决定的。另外公路隧道中还常有岔洞、紧急停车带、回转区以及双连拱隧道、小间距隧道、双层隧道等,这些在铁路隧道、水工隧洞中是很少见的。

(2) 荷载形式单一。

公路隧道所承受的主要荷载来自于隧道周围的围岩压力,汽车的行车荷载对隧道的影响与围岩压力相比,完全可以忽略。通常围岩压力方向一般不会改变,不存在水工隧道中那种双向受压情况。另外由于汽车的行驶速度一般不超过 120 km/h，所以公路隧道也不会像高速铁路隧道那样在洞口及洞中受到复杂的空气压力变化的影响。

(3) 附属设施多。

和铁路隧道、水工隧道相比，为了满足行车的要求，公路隧道中有许多附属设施，主要包括通风设施、照明设施、交通信息设施、通信设施、消防设施以及监控设施等。

7.3　隧道的结构、通风、照明和防水与排水

隧道分为主体建筑物和附属建筑物两部分。主体建筑物是为了保持隧道的稳定，保证隧道正常使用而修建的，由洞身衬砌和洞门建筑两部分组成，如图 7-4 所示。在隧道洞口附近容易坍塌或有落石危险时则需加筑明洞。附属建筑物是指保证隧道正常使用所需的各种辅助措施，例如铁路隧道中供过往行人及维修人员避让列车而设的避车洞、长大隧道中为加强内外空气更换而设的机械通风设施以及必要的消防、报警装置等。

(a) 洞身　　　　　　　　　　　(b) 洞门

图 7-4　隧道的组成

7.3.1　隧道的结构

1. 隧道衬砌材料

隧道衬砌的作用是承受围岩压力、地下水压力和支护结构自身重力，阻止围岩向隧道内变形和防止隧道围岩的风化，有时还要承受化学物质的侵蚀，地处高寒地区的隧道还要承受冻害的影响等。因此，隧道衬砌材料应具有足够的强度、耐久性、抗渗性、耐腐蚀性、抗风化性及抗冻性等；此外，还要满足经济、就地取材、易于机械化施工等要求。隧道衬砌材料主要有以下几种：

(1) 混凝土与钢筋混凝土。

混凝土的优点是整体性和抗渗性较好，既能在现场浇筑，也可以在加工场预制，而且能采用机械化施工。若在水泥中掺入密实性的附加剂，可以提高混凝土的强度，从而提高混凝土的抗渗性和防水性能等。此外，混凝土根据使用和施工上的需要可加入其他外加剂，如低温早强剂、常温早强剂、速凝剂、缓凝剂、塑化剂、加气剂和减水剂等。现浇混凝土的缺点是：混凝土浇筑后需要养生而不能立即承受何载，需要达到一定强度才能拆模，占用和耗用较多的拱架及模板、化学稳定性(耐侵蚀性能)较差，但其优点是主要的，所以目前混凝土仍然是隧道衬砌的主要建筑材料。钢筋混凝土主要在明洞衬砌及地震区、偏压、

通过断层破碎带或淤泥、流砂等不良地质地段的隧道衬砌中使用，隧道衬砌所用的混凝土强度等级，对于直墙式衬砌不低于 C20，曲墙式衬砌及Ⅳ级围岩直墙式衬砌不低于 C20。

(2) 喷射混凝土。

采用混凝土喷射机，将掺有速凝剂的混凝土干拌混合料和水高速喷射到清洗干净的岩石表面上并充填围岩裂隙而凝结成的混凝土保护层，能很快起到支护围岩的作用。喷射混凝土早期强度和密实性较高，其施工过程可以全部机械化，且不需要拱架和模板。在石质较软的围岩，还可以与锚杆、钢丝网等配合使用，是一种理想的衬砌材料。喷混凝土的水泥标号不得低于 325 号，并优先选用普通硅酸盐水泥。集料级配宜采用连续级配，细集料应采用坚硬耐久的中、粗砂，细度模数宜大于 2.5，砂的含水率宜控制在 5%~7%。粗骨料采用坚硬耐久的卵石或砾石，不得使用碱活性集料。喷射混凝土中的石子粒径不宜大于16 mm，喷射钢纤维混凝土中的石子粒径不宜大于 10 mm。混凝土强度等级不低于 C20。

(3) 锚杆和钢架。

锚杆是用专门机械施工加固围岩的一种材料，种类很多，通常可分为机械型锚杆和粘结型锚杆，或分为非预应力锚杆和预应力锚杆。锚杆的主要类型有：缝、胀壳式锚杆、爆固式锚杆、树脂式锚杆、开缝式锚杆和自钻式锚杆等。锚杆的杆体直径宜为 20~32 mm。锚杆用的各种水泥砂浆强度不应低于 M20。钢架是为了加强支护刚度而在初期支护或二次衬砌中放置的型钢(如 H 形、工字形、U 形型钢等)支撑或格栅钢支撑，也可用钢管和钢轨制成。钢筋网材料可采用 HPB235 钢，直径宜为 6~12 mm。

(4) 片石混凝土。

在岩层较好地段的边墙衬砌，为了节省水泥，可采用片石混凝土(片石的掺量不应超过总体积的 30%)。此外，当起拱线以上 1 m 以外部位有超挖时，其超挖部分也可用片石混凝土进行回填。选用的石料要坚硬，其抗压强度不应低于 30 MPa，严禁使用风化和有裂隙的片石，以保证其质量。

(5) 块石或混凝土块。

块石强度等级不低于 MU60，混凝土块强度等级不低于 MU20。其优点是：能就地取材，大量节约水泥和模板，可保证衬砌厚度并能较早地承受荷载；缺点是：整体性和防水性差，施工进度慢，要求砌筑技术高。

(6) 装配式材料。

对于软土地区的地铁隧道，常用盾构法施工，衬砌可采用装配式材料，如钢筋混凝土大型预制块、加筋肋铸铁预制块等。另外，为了提高洞内照明、防水、通风、美观、视线诱导或减少噪声等，可在衬砌内表面粘贴各种各样的装修材料。

2. 隧道洞身衬砌结构

隧道开挖后，为了保证围岩的稳定性，需适时建造支护(衬砌)结构，以稳定岩石，防止塌落，保证孔洞的稳定。以往的支护结构，常为木材或型钢构成的临时支撑。在矿山中开挖的坑道，常为临时性的，其截面根据不同的情况而变化。因此，木框架或钢管架常被用来作为临时性支撑结构，通常被称为"安全支撑"。

在隧道建造中，开挖面形式，通常变化不大，但要求安全支撑有较大刚度和建造速度快。近年来，人们认识到，临时性安全支撑可在后建的永远性结构中起到很好的承载效果，可作为承载结构的一部分。

在隧道建造中，根据不同的情况，支护结构可采用临时性的支撑，也可采用永久性的支护。同时支护结构的构成材料及构成形式也多种多样。

隧道支护的方式有：外部支护、内部支护及混合支护三种。外部支护是从外部支撑坑道的围岩，如整体式混凝土、砌石衬砌、拼装式衬砌、喷射混凝土支护等；内部支护是对围岩进行加固以提高其稳定性，如锚杆支护、锚喷支护、压入浆液等；混合支护是内部与外部支护混合在一起构成的衬砌。

衬砌结构类型大致可分为四类，即整体式混凝土衬砌、装配式衬砌、锚喷支护衬砌、复合式衬砌和连拱衬砌。

1) 整体式混凝土衬砌

整体式混凝土是指就地灌注混凝土衬砌，也称模筑混凝土衬砌，其施工工艺流程为：立模—浇筑—养护—拆模。模筑衬砌的特点是：对各种地质条件的适应性较强，易于按需要成型，整体性好，抗渗性好，并适用于各种施工条件，可用木模板、钢模板或衬砌台车等，在我国隧道工程中广泛采用。

隧道衬砌按照不同的围岩类别，有直墙式衬砌和曲墙式衬砌两种形式。隧道衬砌断面根据工程地质及水文地质情况，并考虑施工条件，尽量采用标准设计图。当有较大的偏压、冻胀力、倾斜的滑动力或施工中出现大量的坍方以及在地震基本烈度为七度以上地震区等情况时，则应根据荷载特点进行个别设计。

整体式混凝土衬砌，又可根据隧道围岩地质的特点，分为半衬砌、厚拱薄墙衬砌、直墙拱形衬砌和曲墙拱形衬砌。

(1) 半衬砌。所谓半衬砌，就是根据围岩的压力情况，有时只对拱顶部分进行衬砌，而对边墙不进行衬砌；有时正好反过来，即只对边墙进行衬砌，而对拱顶只作喷浆处理。这种衬砌形式适用于岩层较坚硬并且整体稳定或基本稳定的围岩。而对于一些侧压力很大的较软的岩层或土层，为了避免直墙承受较大的压应力，可采用落地拱形结构形式。

(2) 厚拱薄墙衬砌。厚拱薄墙衬砌结构形式，拱脚较厚，而边墙较薄，适用于水平压力很小的状况。

(3) 直墙式衬砌。

直墙式衬砌适用于地质条件较好，围岩压力以竖向为主，几乎没有或仅有很小的水平侧向压力的情况。该衬砌主要适用于Ⅰ、Ⅱ、Ⅲ级围岩，有时也可用于Ⅳ级围岩。衬砌由上部拱圈、两侧直墙和下部铺底三部分组合而成，如图 7-5 所示，拱部内轮廓线是由三心圆曲线组成的。即拱圈以大小两种不同半径分别做成三心圆弧线，中间左右 45°内用较小的半径，两边用较大的半径。拱圈是等厚的，所以外弧的半径是各自增加了一个拱圈厚度的尺寸。由于它们是同心圆弧，所以内外半径的圆心是重合的。两侧边墙是与拱圈等厚的竖直墙，与拱圈平齐衔接。洞内一侧设有排出洞内积水的排水沟，所以有水沟一侧的边墙深度要大一些。整个结构是敞口的，并不闭合，只是以贫混凝土作成平槽，称之为铺底，以便安放线路的道碴。

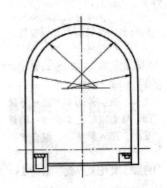

图 7-5　直墙式衬砌断面图

(4) 曲墙式衬砌。

曲墙式衬砌适用于地质条件较差，岩体松散破碎，强度不高，又有地下水，且有较大水平围岩压力的情况。该衬砌主要适用于Ⅳ级围岩及Ⅳ级以上的围岩。它由顶部拱圈、侧面曲边墙和底部仰拱(或铺底)组成，如图 7-6 所示，其内部轮廓线由五心圆曲线组成。顶部拱圈的内轮廓与直边墙衬砌的拱部一样，但它的拱圈截面是变厚度的，拱顶处薄而拱脚处厚。因而不但拱部的外弧与内弧的半径不同，而且它们各自的圆心位置也是相互不重合的。侧墙内轮廓也是一段圆弧，圆心在水平直径的高度上，半径是另一个较大的尺度。侧墙外侧，在水平直径以上的部分，也是一个圆弧，圆心也在水平直径高度上，但半径不同。水平直径以下部分为直线

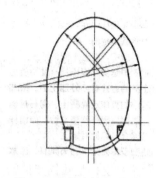

图 7-6　曲墙式衬砌断面图

形，稍稍向内偏斜。对于Ⅳ级围岩，有地下水，可能会产生基础下沉的情况，则曲墙应予加宽，且必须设置仰拱，以抵抗上鼓力，也防止了整个结构的下沉。仰拱是用另一个半径做出的弧段。对于Ⅴ级或Ⅵ级围岩，压力很大，则侧墙外轮廓自水平直径以下的部分，做成竖直直线形状，不再向内倾斜，使侧墙底宽度更大，以阻止受压下沉。仰拱虽然是圆弧形，但由于洞内一侧需设排水沟，因而仰拱对中轴线也不是对称的，而是偏向有水沟的一边。

2) 装配式衬砌

就地模筑的整体式混凝土衬砌虽然在我国被广泛地采用，但是，它在灌注以后不能立即承受荷载，必须经过一个养生的时期，因而施工进度受到一定的限制。随着社会不断地向着工业化和机械化发展，隧道施工也提出向工业化和机械化改进。于是出现了装配式的隧道衬砌。装配式衬砌不影响施工进度。这种衬砌由工厂或现场预先成批生产运入坑道内，用机械将它们拼装成一环接着一环的衬砌。这种衬砌具备下列优点：

(1) 一经装配成环，不需养生时间，即可承受围岩压力；

(2) 预制的构件可以在工厂成批生产，在洞内可以机械化拼装，从而改善了劳动条件；

(3) 拼装时，不需要临时支撑如拱架、模板等，从而节省大量的支撑材料及劳力；

(4) 拼装速度因机械化而提高，缩短了工期，还有可能降低造价。

但装配式衬砌需要坑道内有足够的拼装空间，制备构件尺寸上要求一定的精度，它的接缝多，防水较困难等。所以拼装式衬砌的构造应满足下列条件：

(1) 强度足够而且耐久；

(2) 能立即承受荷载；

(3) 装配简便，构件类型少，形式简单，尺寸统一，便于工业化制作和机械化拼装；

(4) 构件尺寸大小和重量适合拼装机械的能力；

(5) 有防水的设施。

这种衬砌形式可提高施工速度，通常用于盾构法施工、沉埋法施工和 TBM 施工。国外早在 19 世纪就已开始试用，尤其在地下铁道工程中采用较多。在我国宝兰铁路线上曾试用过半圆形拱部的装配式衬砌。在黔贵线上试用过 "T" 字形镶嵌式拼装衬砌。但它们还存在着一些缺点，如需要坑道内有足够的拼装空间；制备构件尺寸上要求一定的精度；它的接缝多，防水较困难等。由于以上的原因，目前多在使用盾构法施工的城市地下铁道和水

底隧道中应用，在我国铁路和公路隧道中由于装配式衬砌要求有一定的机械化设备，施工工艺复杂，衬砌的整体性及防渗性差而未能推广使用。相信在科学技术发展的将来，克服了上述的缺点后，装配式衬砌将是一个有前途的衬砌形式。

3) 喷锚支护

喷锚支护是喷射混凝土加锚杆两种支护方式的统称，是目前常用的一种围岩支护手段。喷射混凝土是利用空压机的高压空气作动力，将拌和好并加有速凝剂的混凝土料直接喷射到隧道围岩表面上的支护方法。喷射混凝土支护可以起到封闭岩面，防止风化松动，填充坑凹及裂隙，维护和提高围岩的整体性，发挥围岩自身的承载作用和调整围岩应力分布，防止应力集中，控制围岩变形，防止掉块、坍塌的作用。

锚杆支护是喷锚支护的主要组成部分。锚杆是一种锚固在岩体内部的杆状体钢筋，与岩体融为一体，以实现加固围岩、维护围岩稳定的目的。根据大量试验和工程实践表明，锚杆对保持隧道围岩稳定、抑制围岩变形发挥很好的作用。利用锚杆的悬吊作用、组合拱作用、减跨作用、挤压加固作用，将围岩中的节理、裂隙串成一体，提高围岩的整体性，改善围岩的力学性能，从而发挥围岩的自承能力。锚杆支护不仅对硬质围岩，而且对软质围岩也能起到良好的支护效果。

采用喷锚支护可充分发挥围岩的自承能力，并有效地利用净空，提高作业安全性和作业效率，并能适应软弱和膨胀性地层中的隧道开挖，还能用于整治坍方和隧道衬砌的裂损。

喷锚支护包括锚杆支护、喷射混凝土支护、喷射混凝土锚杆联合支护、喷射混凝土网联合支护、喷射混凝土与锚杆及钢筋网联合支护、喷射钢纤维混凝土支护、喷射钢纤维混凝土锚杆联合支护，以及上述几种类型加设型钢支撑(或格栅支撑)而成的联合支护等。

4) 复合式衬砌

复合式衬砌是由初期支护和二次衬砌及中间防水层组合而成的衬砌形式。复合式衬砌不同于单层厚壁的模筑混凝土衬砌，它是把衬砌结构分成不止一层，在不同的时间上先后施作的。顾名思义，它可以是两层、三层或更多的层，但是目前实践的都是外衬和内衬两层，所以也有人叫它为"双层衬砌"。我国高速公路、一级公路、二级公路隧道已全部采用复合式衬砌，三级公路隧道也大量采用。其结构稳定，防水和衬砌外观均能满足公路隧道使用的基本要求，适合多种地质条件，技术较为成熟，是目前公路隧道最好的衬砌结构形式。复合式衬砌已成为公路隧道衬砌的标准结构形式。因此，一般情况下，应采用复合式衬砌。图 7-7 为目前在公路隧道Ⅳ级围岩中比较常见的复合式衬砌结构。

按内、外衬的组合情况可分为：喷锚支护与混凝土衬砌；喷锚支护与喷射混凝土衬砌；格栅钢构拱架喷射混凝土与混凝土衬砌；装配式衬砌与混凝土衬砌等多种组合形式。最通用的是外衬喷锚支护，内衬为整体式混凝土衬砌。

复合式衬砌是先在开挖好的洞壁表面喷射一层早强的混凝土(有时也同时施作锚杆)，凝固后形成薄层柔性支护结构(称初期支护)。它既能容许围岩有一定变形，又能限制围岩产生有害变形。其厚度多在 5～20 cm 之间。一般待初期支护与围岩变形基本稳定后再施作内衬，通常为就地灌注混凝土衬砌(称二次衬砌)。为了防止地下水流入或渗入隧道内，可以在外衬和内衬之间设防水层，其材料可采用软聚氯乙烯薄膜、聚异丁稀片、聚乙烯等防水卷材，或用喷涂乳化沥青等防水剂。

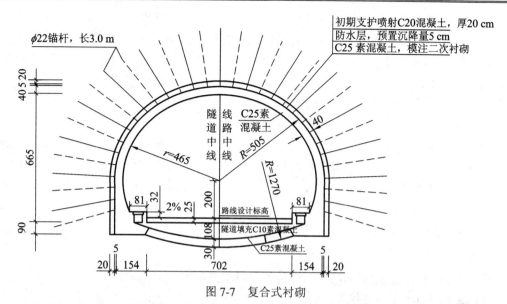

图 7-7　复合式衬砌

关于复合式衬砌内外层结构的受力状态，一种看法认为：围岩具有自承能力，它与初期支护组合能起到永久建筑物的作用，故二次衬砌只是用来提高安全度的；另一种看法认为：二次衬砌的承载是主要的，它不仅稳定围岩的变形且在整个衬砌结构中占主导地位；还有一种看法认为内、外衬砌是共同承载受力的。根据模型试验和理论分析的结果表明：复合式衬砌的极限承载能力比同等厚度的单层模筑混凝土衬砌可提高 20%～30%，如能调整好内衬的施作时间，还可以改善结构的受力条件。

总之，复合式衬砌可以满足初期支护施作及时、刚度小、易变形的要求，且与围岩密贴，从而保护和加固围岩，充分发挥围岩的作用。二次衬砌后，衬砌内表面光滑平整，可以防止外层风化，装饰内壁，增强安全感，是一种合理的结构形式，有其广阔的发展前途。

5) 连拱式衬砌

连拱隧道就是将两隧道之间的岩体用混凝土代替，或者说是将两隧道相邻的边墙连成一个整体，形成双洞拱墙相连的一种结构形式，如图 7-8 所示。

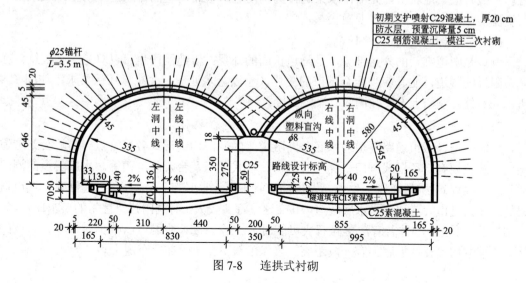

图 7-8　连拱式衬砌

　　按照公路隧道设计规范规定，高速公路、一级公路一般应设计为上、下行分离的两座独立隧道。两相邻隧道最小净距视围岩类别、断面尺寸、施工方法、爆破震动影响等因素确定，一般在 30 m 以上。从理论上讲，是要将两相邻隧道分别置于围岩压力相互影响及施工影响范围之外。这对降低工程造价是有益的，在条件许可的情况下，可以采用这种上、下行分别布设的分离式隧道，但在某些特定条件下，如路线分离困难或洞外地形条件复杂、土地紧张、拆迁数量大或采用上下行分离双孔隧道，其中一孔的隧道长度需要过分加长或造成路基工程数量急剧增加时，将使执行这一净距非常困难，尤其是桥隧相连更是如此。在这种情况下，采用连拱隧道衬砌结构，可以很好地解决这个问题。此外，在山区铁路中，许多中小车站的(三线或四线)股道不得不延伸至隧道内时，也多采用连拱隧道的结构型式。

3. 隧道洞门结构

1) 洞门的作用

隧道两端洞口处应设置洞门。洞门是各类隧道的咽喉，洞门的作用有以下几方面：

(1) 减少洞口土石方开挖量。

洞口段范围内的路堑是依照地形与地质条件以一定的边坡来开挖的。当隧道埋深较大时，开挖量就很大。设置隧道洞门，起到挡土墙的作用，可以减少土石开挖量。

(2) 稳定边坡。

由于边坡上的岩体不断受到风化，坡面松石极易脱落滚下。边坡太高，难于自身稳定。仰坡上的石块也会沿着坡面向下滚落。有时会堵塞洞口，甚至破坏线路轨道，对行车造成威胁。设置了洞门就可以减少引线路堑的边坡高度，缩小正面仰坡的坡面长度，从而使边坡及仰坡得以稳定。另外洞门附近的岩土体通常都比较破碎松散，易于失稳，产生滑坡或崩塌现象。为了保护岩土体的稳定性和使车辆不受崩塌、落石等威胁，确保行车安全，应根据实际情况，选择恰当合理的洞门形式。

(3) 引离地表流水。

地表流水往往汇集在洞口，如不予以排除，将会浸及线路，妨碍行车安全。修建洞门，可以拦截、汇集地表水，并沿排水渠道排离洞门进入道路两侧的排水沟，防止地表水沿洞门漫流，保证了洞口的正常干燥状态。

(4) 装饰洞口。

洞口是隧道唯一的外露部分，是隧道正面的外观。修建洞门也可以算是一种装饰。在城市附近的隧道，尤其应当配合城市的美化，予以艺术处理，并注意环保要求，如图 7-9 所示。另外，洞门上方女儿墙应有一定高度。

2) 洞门的形式

山岭隧道、城市道路隧道与水底公路隧道等的洞门构造形式各有特点。山岭公路隧道洞门形式主要有：环框式洞门、翼墙式洞口、柱式洞门及台阶式洞门等。水底隧道的洞门通常与附属建筑物(如通风、供电、发电间、管理所、监控室等)结合在一起修建。城市道路隧道无论是山岭隧道还是水底隧道，其交通量都比较大，对洞门建筑艺术的要求比较高。当洞口的山体岩(土)体若有滚落碎石块可能时，一般应接长明洞，以减少对仰坡、边坡的扰动，使洞门离开仰坡底部有一段距离，确保落石不会滚落在行车道上。

图 7-9　人文景观型隧道洞门设计

(1) 环框式洞门。

当洞口是岩层坚硬而稳定的 I 级围岩，地形陡峻而又无排水要求时，可以设置一种不承载的简单洞口环框。它能起到加固洞口和减少雨后洞口滴水的作用。环框微向后倾，其倾斜度与顶上的仰坡一致。环框的宽度与洞口外观相匹配，一般不小于 70 cm，突出仰坡坡面不少于 30 cm，使仰坡上流下的水从洞口正面淌下，如图 7-10 所示。环框式洞门可用混凝土整体灌筑。

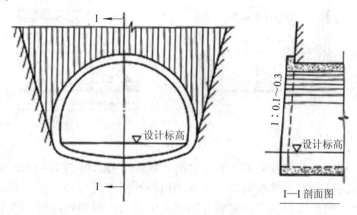

图 7-10　环框式洞门

(2) 端墙式(一字墙式)洞门。

在地形开阔、石质较稳定的 I ～Ⅲ级围岩地区，边坡仰坡不高时，常采用端墙式洞门，如图 7-11 所示。端墙式洞门由端墙和洞门顶排水沟组成。边墙的作用是抵抗纵向推力及支持洞口正面上的仰坡，保持其稳定，洞门顶水沟用来将仰坡流下来的地表水汇集后，向两侧排走。端墙构造一般是采用等厚的直墙，直墙圬工体积比其他形式都小，且施工方便。墙身略向后倾斜，斜度约为 1：0.1。

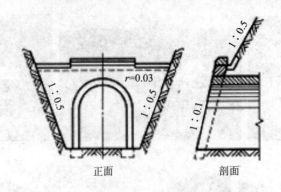

图 7-11　端墙式洞门

(3) 翼墙式洞门。

当洞口地质较差，山体水平推力较大时，可以在端墙式洞门以外，增加单侧或双侧的翼墙，称为翼墙式洞门，如图 7-12 所示，翼墙与端墙共同作用，以抵抗山体水平向推力，增加洞门的抗滑动和抗倾覆的能力，翼墙式洞门适用于Ⅳ级及以下的围岩。翼墙的正面端墙一般采用等厚的直墙，向后方倾斜，斜度为 1：0.1。翼墙前面与端墙垂直，顶面斜度与仰坡坡度一致。墙顶上设有流水凹槽，将洞顶上的水从凹槽引至路堑边沟内。翼墙基础应设在稳固的地基上，其埋深与端墙基础相同。

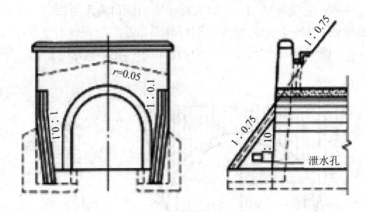

图 7-12　翼墙式洞门

洞门顶上，端墙与仰坡坡脚之间的排水沟一般采用 60 cm 宽、40 cm 深的槽形，沟底应有不小于 3‰ 的排水坡。排水沟的形式视洞口的地形和洞门构造型式而定。较多使用的是单向顺坡排水，把水引到洞门一侧以外的低洼山体处，或引到路堑侧沟中。当地形不容许向一侧排水时，则可采用双向排水，把水引到端墙两侧，水从端墙后面沿预留的泄水孔流出墙外，俗称"龙嘴"或"吊沟"。也可以引到翼墙顶上，沿着倾斜的凹槽流入路堑边沟。

(4) 柱式洞门。

当地形较陡，地质条件较差，仰坡有下滑的可能性，而又受地形或地质条件限制，不能设置翼墙时，可以在端墙中部设置两个断面较大的柱墩，以增加端墙的稳定性，如图 7-13 所示。这种洞门墙面有凸出线条，较为美观，适宜在城市附近或风景区内采用。对于较长大的隧道，采用柱式洞门比较壮观。

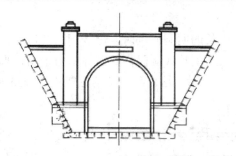

图 7-13　柱式洞门

(5) 台阶式洞门。

当洞门处于傍山侧坡地区，洞门一侧边坡较高时，为减小仰坡高度及外露坡长，可以将端墙一侧顶部改为逐步升级的台阶形式，以适应地形的特点，减少仰坡土石方开挖量，这种洞门也有一定的美化作用，如图 7-14 所示。

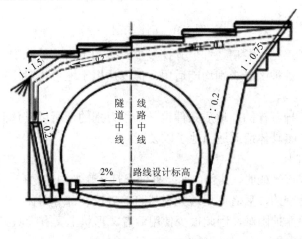

图 7-14　台阶式洞门

(6) 斜交式洞门。

当线路方向与地形等高线斜交时，也可将洞门做成与地形等高线一致，使洞门左右可以仍保持近似对称，但如此将使衬砌洞口段和洞门相对于线路呈斜交形式，如图 7-15 所示。斜洞门与线路中线的交角不应小于 45°，一般斜洞门与衬砌斜口段是整体砌筑的。由于斜洞门及衬砌斜口段的受力情况复杂，施工也不方便，所以，只有在十分必要时才采用它。

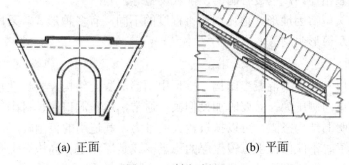

(a) 正面　　　　　　　(b) 平面

图 7-15　斜交式洞门

(7) 削竹式洞门。

当隧道洞口段有一节较长的明洞衬砌时，由于洞门背后一定范围内是以回填土为主，山体的推滑力不大时，可采用削竹式洞门，其名称是由于结构形式类似竹筒被斜向削断的样子，故得其名，如图 7-16 所示。这种洞门结构近些年在公路隧道的建造中被普遍使用。

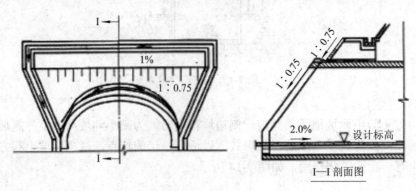

图 7-16　削竹式洞门

削竹式洞门的特点是：洞口边仰坡开挖量少，有利于山体的稳定，减少对植被的破坏和有利于保护环境；各种围岩类别均能适用，但仅适用于地形相对比较对称和不太陡峻的情况下。

洞口的地形是各种各样的，地质条件也是千差万别的，所以具体洞门的形式多在上述基本形式基础上，按照具体情况适当地予以设置。

(8) 遮光棚式洞门。

当洞外需要设置遮光棚时，其入口通常外伸很远。遮光构造物有开放式和封闭式之分，前者遮光板之间是透空的，后者则用透光材料将前者透空部分封闭。但由于透光材料上面容易沾染尘垢油污，养护困难，因此很少使用后者。形状上又有喇叭式与棚式之分。

4．隧道明洞结构

当隧道顶部覆盖层较薄难以用暗挖法修建时，或隧道洞口、路堑地段受塌方、落石、泥石流、雪害等危害时，或道路之间、公路与铁路之间形成立体交叉，但又不宜修建立交桥或涵渠时，通常修建明洞。它是隧道洞口或线路上起防护作用的重要建筑物，使用较多。明洞是隧道的一种变化形式，它用明挖法修筑。明挖是指把岩体挖开，在露天修筑衬匀，然后回填土石。这样修筑的构筑物，外形几乎与隧道无异，有拱圈、边墙和底板，净空与隧道相同，和地表相连处，也设有洞门、排水设施等。

明洞的结构类型常因地形、地质和危害程度的不同，有多种形式，采用最多的有拱式明洞、棚式明洞及箱形明洞等。

1）拱式明洞

拱式明洞的内外墙身用混凝土结构，拱顶用钢筋混凝土结构，整体性较好，能承受较大的垂直压力和单向侧压力。必要时加设仰拱。通常，用作洞口接长衬砌的明洞，多选用拱式明洞。拱式明洞结构坚固，可以抵抗较大的推力，其适用的范围较广。例如，洞口附近埋深很浅，施工时不能保证上方覆盖层的稳定，或是深路堑、高边坡上有较多的崩塌落石对行车有威胁时，常常修筑拱式明洞来防护。按其所在的位置可以分为：

(1) 路堑式拱形明洞。

它位于两侧都有高边坡的路堑中。在挖出路堑的基面上，先修建与隧道衬砌相似的结构，两侧墙外填以浆砌片石，使其密实。上面填以土石，夯紧并覆盖防水粘土层，层上留有排水的沟槽，以防止地面水的渗入，它又可分为对称式(见图 7-17)和偏压式(见图 7-18)两种。路堑式对称型明洞适用于对称或接近对称的路堑边坡，边坡岩层基本稳定，仅防止边坡有少量坍塌、落石，或用于隧道洞口岩层破碎，覆盖层较薄而难以用暗挖法修建隧道时。此种明洞承受对称荷载，拱、墙均为等截面，边墙为直墙式。洞顶作防水层，上面夯填土石后，覆盖防水黏土层，并在其上做纵向排水沟，以排除地表流水。路堑式偏压型明洞承受不对称荷载，拱圈为等截面，边墙为直墙式，外侧边墙厚度大于内侧边墙的厚度。

图 7-17　路堑式对称式拱形明洞

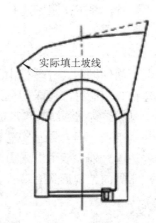

图 7-18　路堑式偏压式拱形明洞

(2) 半路堑式拱形明洞。

在傍山隧道的洞口或傍山线路上，一侧边坡陡立且有塌方、落石的可能，对行车安全有威胁时，或隧道必须通过不良地质地段急需提前进洞时，都宜修建半路堑式拱形明洞。由于它受到单侧的压力，虽然它的结构内轮廓与隧道一致，仍是左右对称的，但结构截面却是左右不同的，外墙需要相对地加大，而且必须把基础放在稳固的基岩上。这类明洞又可分为偏压斜墙式(见图 7-19)和单压耳墙式(见图 7-20)两种。

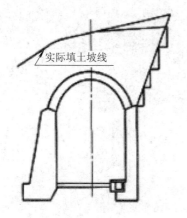

图 7-19　半路堑式偏压斜墙型拱形明洞

图 7-20　半路堑式单压耳墙型拱形明洞

半路堑式单压耳墙型拱形明洞适用于傍山隧道洞口或傍山线路上半路堑地段，因外侧地形狭小，地面陡峻，无法回填土石，以平衡内侧压力。此种明洞荷载不对称，承受偏侧压力，拱圈等截面(有时也可能采用变截面)，内侧边墙为等厚直墙，外侧边墙为设有耳墙的不等厚斜墙。因外墙尺寸大，为节省污工，可做成连拱墙式。同时注意处理好外墙基础，以防因外墙下沉而使结构开裂。

半路堑式偏压偏压斜墙型拱形明洞主要承受回填土石和坍方落石的单侧压力作用，适用于倾斜地形，低侧处路堑外侧有较宽敞的地面供回填土石，以增加明洞抵抗侧向压力的能力。此种明洞承受偏压荷载，因受力不对称，其结构亦不对称。拱圈等厚、常采用钢筋混凝土结构，内侧边墙为等厚直墙式，外侧边墙为不等厚斜墙式，尺寸较厚，可达 3.5 m。为了节约圬工数量，通常在浆砌片石外墙上每隔 3～4 m，开设一个洞孔。明洞采用外贴式防水层，确保防水质量。

2) 棚式明洞

棚式明洞，简称棚洞。有些傍山隧道，当线路外侧地基承载力不足，且受地形条件限制，难以修建拱式明洞时，可采用棚式明洞。棚式明洞由顶盖和内外边墙组成。顶盖通常为钢筋混凝土梁式结构(板梁或 T 形横梁)，内边墙一般采用重力式结构，并应置于基岩或稳固的地基与基础上。当岩层坚实完整，干燥无水或少水时，为减少开挖和节约圬工，可采用锚杆式内边墙。外边墙可以采用墙式、刚架式、柱式结构，但钢筋耗用较多。

棚式明洞常见的结构形式有墙式、柱式、刚架式和悬臂式四种，如图 7-21 所示。

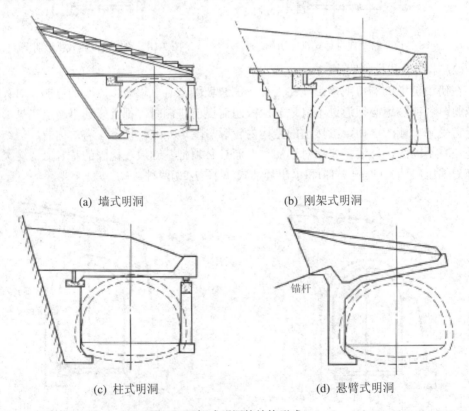

(a) 墙式明洞　　　　　　　　　(b) 刚架式明洞

(c) 柱式明洞　　　　　　　　　(d) 悬臂式明洞

图 7-21　棚式明洞的结构形式

(1) 墙式、柱式明洞。

如图 7-21(a)、(c)所示，墙式或柱式明洞由内墙、外墙(或柱子)及钢筋混凝土盖板组成的简支结构，其上回填土石，以保护盖板受山体落石的冲击。这种明洞的内侧应置于基岩或稳定的地基上，一般为重力式墩台结构，厚度较大，以抵抗山体的侧向压力。当基岩层完整，坡面较陡，地面水不多，采用重力式内墙开挖量较大时，可采用钢筋混凝土锚杆式内墙。外墙只承受由盖板传来的垂直压力，厚度较薄，要求的地基承载力较小。外墙也可做成梁式(即中间留有侧洞)以适应地形和节省圬工。

(2) 刚架式明洞。

如图 7-21(b)所示，刚架式明洞主要由外侧刚架、内侧重力式墩台结构、横顶梁、底横撑及钢筋混凝土盖板组成，并做防水层及回填土石处理。

当地形较窄，山坡陡峻，基岩埋置较深，且上部地基稳定性较差时，为了使基础置于基岩上且减小基础工程，可采用刚架式外墙，此时的明洞为刚架式明洞(有时也采用长腿式明洞)。

(3) 悬臂式明洞。

对稳定而陡峻的山坡，外侧地形难以满足一般明洞的地基要求，且落石不太严重的情况，可修建悬臂式明洞。如图 7-21(d)所示，悬臂式明洞的内墙为重力式，上端接悬臂式横梁，其上铺以盖板，在盖板的内端设平衡重来维持结构受外荷载作用下的稳定性，同时为了保证明洞的稳定性，要求悬臂必须伸入稳定的基岩内。

3) 箱形明洞

箱形结构建筑高度较小，对地基要求较低。所以在明洞净高、建筑高度受到限制，地基软弱的地方，可采用箱形明洞。图 7-22 为一方形刚构明洞，全部用钢筋混凝土制成。若右侧岩层顺层滑动，利用上部回填土石的压力及底层的弹性抗力，平衡侧向岩层滑动的推力，并传于左侧岩层上。

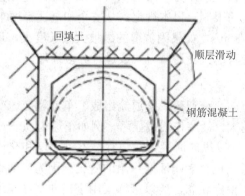

图 7-22　箱形明洞

回填土高度根据两侧岩层滑动力的大小决定。需要分段施工，两侧紧贴岩层，保持原岩层不致因施工开挖而产生滑动，超挖回填片石的强度不低于该处岩石的抗压强度等。

7.3.2　隧道的通风

隧道通风是一项环境保护工程，包括隧道内环境的保护和隧道外环境的保护，公路一般地处野外，故以隧道内的环境保护为重点。通风主要是对一氧化碳(CO)、烟雾和异味进行稀释。对 CO 进行稀释的目的是保证卫生条件；对烟雾进行稀释的目的是保证行车安全；对异味进行稀释的目的是提高隧道内行车的舒适性。

公路隧道通风设计应综合考虑交通条件、地形、地物、地质条件、通风要求、环境保护要求，火灾时的通风控制、维护与管理水平、分期实施的可能性、建设与运营费用等。

1. 通风方式

隧道通风系统分为运营过程中的通风系统和施工过程中的通风系统，施工过程中的通风系统为临时性的通风系统，运营通风系统与隧道的承重结构一样，是隧道整体设计中的一个不可缺少的部分。

隧道通风方式的种类很多，选择时主要考虑隧道长度和交通条件，同时还要考虑气象、环境、地形及地质条件等因素，选择既有效又经济的通风方式。运营通风系统主要有自然通风和机械通风两种通风方式。

水底隧道的要求比较高，从重要性和安全上都希望用可靠性高的全横向式通风方式。水底隧道采用圆形断面，尤为适宜。可以利用车道板下面的空间送风，利用顶棚以上的空间排风，其可靠性相当于两套半横向式通风系统。

城市隧道，一般交通量较大，交通流也不稳定。全横向式通风及半横向式通风不受交通状况的影响，可以考虑这两种方式。如果在隧道内设置人行道和自行车道时，从安全和舒适的角度来考虑，全横向式通风最为理想。全横向式通风的送风口通常设在两侧距车道面约 1 m 高的位置上，行人能最先呼吸到新鲜空气。另外，这种通风方式，沿隧道纵向几乎没有风流动，可保证自行车的稳定和安全。

山岭隧道的通风方式要更多的考虑经济性，多半采用半横向式通风和纵向通风。

车道空间因纵向通风或半横向通风而引起的沿隧道纵向流动的风速过大时，对车辆和行人均有影响，使人有不快之感。万一发生火灾，烟火迅速蔓延，危及下风方向的行人和车辆。所以风速应有一定的限制。日本规定，从安全和舒适上要求，风速应限制在 12 m/s 以下，而 PIARC 推荐为 8 m/s。如果因隧道的纵坡大或长度大，通风量很大时，风速可能超过风速极限值，此时应考虑改变通风方式或进行分段通风。

2. 交通条件

交通条件是指交通方向、交通量、交通流组成、车速及交通密度等。

单向交通时，车速越大，活塞作用越显著，例如车速为 50~60 km/h，大约有 6 m/s 的交通风(活塞风)，这种情况以纵向通风方式为宜，不过速度和交通量有密切关系，随着交通量的增大，车速会降低，也会影响活塞作用的效果。因为交通量大，往往容易发生交通阻滞，这时交通风处于不稳定状态，所以最好采用全横向式或半横向式通风，活塞作用相对较大。对向交通的隧道没有活塞作用。

良好的地质条件给开挖大断面提供了可能性，此时可以把通风道修得足够大，可选择全横向或半横向式通风方案。竖井和斜井在长大隧道中有特殊作用，它可以把隧道分割成小的通风区段。为了减轻竖井和斜井的埋置深度，往往将其坑口设置在鞍部或低洼处，所以对地质条件要特别注意。

从运营通风来看，要求尽量节省费用，如果能获得全年稳定的自然风供通风使用，是最为理想的。不过片段通风往往是不稳定的，通风应当从最不利的气象因素去考虑。

对于通风方式的选择，应从不同方案的工程费用、维持管理费用上进行经济比较。进行方案比较时，不应局限于成本的比较，而是包括通风质量在内的综合性比较。

在选择通风方式时，首先需要决定隧道内所需通风量，然后讨论自然通风和交通风能否满足需要，如果不能满足需要或者缺乏可靠性(自然风和交通风是否稳定)，就应当采用机械通风。

7.3.3　隧道的照明

1．隧道照明的必要性

公路隧道的照明是为了把必要的视觉信息传递给司机，防止因视觉信息不足而出现交通事故，提高驾驶上的安全性和增加舒适感。隧道照明与道路照明的显著不同是白天也需要照明，而且白天照明问题比夜间更加复杂。从理论上讲隧道照明与道路照明一样，也需要考虑路面应具有一定的亮度水平，同时还应进一步考虑设计速度、交通量、线性等影响因素，并从驾驶上的安全性和舒适性等方面综合确定照明水平，特别是在隧道入口及其相应区段需要考虑人的视觉适应过程。

汽车司机在白天从明亮的环境接近、进入和通过隧道过程中，将产生种种视觉问题：

(1) 进入隧道前的视觉问题(白天)。由于隧道内外的亮度差别极大，所以从隧道外部去看照明很不充分的隧道入口，会看到黑洞(长隧道)及黑框(短隧道)现象。

(2) 进入隧道立即出现的视觉问题(白天)。汽车由明亮的外部进入即使是不太暗的隧道以后，要经过一定时间才能看清楚隧道内部的情况，这称为"适应的滞后现象"，这是因为急剧的亮度变化，使人的视觉不能迅速适应所致。

(3) 隧道内部的视觉问题(白天、夜间)。隧道内部与一般道路不同，主要在于隧道内部汽车排出的废气无法迅速消散，形成烟雾，它可以将汽车头灯和道路照明器发出的光吸收和散射，降低能见度。

(4) 隧道出口处的视觉问题。白天汽车穿过较长的隧道接近出口时，由于通过出口看到的外部亮度极高，出口看上去是个亮洞，出现极强的眩光，司机在这种极强的眩光效应下会感到十分不舒服；夜间与白天正好相反，隧道出口看到的不是亮洞而是黑洞，这样就看不出外部道路的线型及路上的障碍物。

解决上述视觉问题的方法是设置合理的灯光照明，以利行车安全。规范规定：长度大于 100 m 的隧道应设置照明。

2．照明区段的划分

长隧道的照明可以分为洞口接近段、入口段、过渡段、中间段以及出口段五个区段。

(1) 接近段。

公路隧道各照明区段中，在洞口(设有光过渡建筑时，则为其入口)前，从注视点到适应点之间的一段道路，在照明上称为接近段。通常情况下，当汽车驶近隧道时，司机的注意力会自然地集中在观察洞口附近情况上，开始注视之点称为注视点。继续接近洞口时，司机视野中外界景物会逐渐减少，当行驶至某位置时，外界景物会全部消失，在司机眼前看到的就是洞口，这时距洞口的距离约为 10 m，这点称为适应点。在注视点至适应点之间的距离就称为接近段。

(2) 入口段。

入口段指进入隧道洞口的第一段，如设置了遮阳棚等光过渡建筑，则其入口为该段的开始点。设置此段的目的是使司机的视力开始适应隧道内的照明光线。

(3) 过渡段。

介于入口段和中间段之间的照明区段为过渡段，可解决从入口段的高亮度到中间段的低亮度之间的的剧烈变化(可差数十倍)给司机造成的不适应现象，使之有充分的适应时间。

(4) 中间段。

过了过渡段，司机已基本适应洞内的照明光线，中间段的基本任务就是保证行车照明，使司机能保证停车视距。

(5) 出口段。

在单向交通隧道中，应设置出口段照明，以便缓和白洞效应带来的不利影响。出口段长度宜取 60 m。在双向交通隧道中，隧道的两端均为入口，同时也均为出口，照明情况完全相同，可不设出口段照明，都可采用入口段的照明标准设计。

7.3.4　隧道的防水与排水

保持隧道干燥是使其能够正常运营的重要条件之一，但隧道内经常有一些地下水渗漏进来，且维修工作也会带来一些废水。隧道漏水将使隧道和各种附属设施霉烂、锈蚀、变质、失效。公路隧道内路面积水将改变路面反光条件，引起眩光，使车辆打滑，影响正常行驶；在严寒地区，冬季渗入洞内的水结成冰凌，倒挂在衬砌拱顶上，侵入净空限界，危及行车安全。因此，隧道的防排水设计是隧道设计、施工和运营中的一个重要问题。

为确保公路隧道的行车安全和洞内设备正常运转，等级较高的公路隧道各部位均不得渗水，三级及以下公路隧道要求相对低一些。

对于高速公路、一级公路、二级公路隧道防排水应满足下列要求：拱部、边墙、路面、设备箱洞不渗水；有冻害地段的隧道衬砌背后不积水，排水沟不冻结；车行横道、人行横道等服务通道不滴水，边墙不淌水。

对于三级、四级公路则应做到：拱部边墙不滴水；路面不积水；设备箱洞不渗水；有冻害地段的隧道衬砌背后不积水，排水沟不冻结。

"不渗水"是指隧道衬砌、路面、设备箱洞等结构表面无湿润痕迹。

"不滴水"是指水滴间断地脱离拱部、边墙向下滴落，有时连续出水，也称做滴水成线。

"不积水"是指路面结构底部和衬砌背后不产生积水。在冻害地区，积水会造成衬砌背后和路面底部冻胀，影响隧道结构和行车安全。

"不冻结"是指排水沟不出现结冰冻胀。在冻害地区，排水沟冻结将会影响隧道内排水系统的通畅，甚至造成整个隧道的冻胀病害。

1. 隧道防排水原则

水对隧道的危害是多方面的，漏水的长期作用，可能造成隧道侵蚀破坏，危害隧道结构的耐久性；寒冷地区，尤其是严寒地区，隧道衬砌渗水反复的冻融循环，在衬砌内部造成衬砌混凝土冻胀开裂破坏；隧道漏水还使隧道拱部和侧墙产生冰凌侵入净空；隧道滴水使路面结冰，降低轮胎与路面的附着力，恶化隧道的营运条件，危及行车安全；隧道渗漏水还将极大地降低隧道内各种设施的使用功能和寿命。地表水与地下水经常存在联系。因此，隧道防排水设计应对地表水、地下水进行要善处理，结合隧道支护衬砌采取可靠的防水、排水措施，使洞内外形成一个完整的通畅的防排水系统。

隧道主要防水设施为防水层(含无纺布)、防水衬砌、止水带等；主要排水设施为中心水管(沟)、纵向盲管、竖向盲管、环向盲管、路侧边沟等；主要堵水措施有围岩体内压注水泥浆或其他化学浆液、设止水墙等。

隧道的水害是由洞内、洞外的多种因素引起的，所以不可能靠单一的办法就能得到很好的解决。根据多年来隧道治水的经验，防排水应遵循"防、排、截、堵相结合，因地制宜，综合治理"的原则。

(1) "防"。即在隧道衬砌结构本身上下工夫，使其具有一定的防水能力。如采用防水混凝土使衬砌本身达到一定的抗渗强度，采用止水带封闭衬砌变形缝，设置防水层等。在所有防水措施中，防水层的作用最为突出。用于隧道的防水层大致可分为两类：一类为外贴式防水层，如将防水卷材粘贴在衬砌的外表面(适用于明挖修建的地下结构)；另一类为内贴式防水层，如复合式衬砌在初期支护与二次模筑衬砌之间设置防水板。还有喷涂式防水层，如各种涂膜防水胶等，内、外喷涂均可。

从效果来看，以外贴式防水层最好，但只限于有实施可能性的明挖结构。其次是在复合式衬砌中采用的防水板(EVA、PVC 等塑料防水卷材)，从简单的防水板，到与土工布一起使用，再到具有凹凸状排水槽的板形材料，一直在进行着工艺上的改革。而喷涂式防水层，尽管有着施工简单的优势，但从防水的长期效果来看，尚不太理想。

(2) "排"。采用弹塑软式透水管、打孔波纹管等暗管在衬砌与围岩之间组成纵横交错的排水管网，然后将水经由暗管引入隧道内，再从洞内水沟排走。通过排水可以减少渗水压力和渗水量。但大量排水也可能引起负面效果，如将衬砌背后的砂砾淘空，形成空洞，还可能造成当地农田灌溉和生活用水困难等。因此在落实过程中，务必对可能产生的负面影响调查清楚。

(3) "截"。截是指截断地表水和地下水流入隧道的通路。为了防止地表水渗入地层内，主要措施有：

① 在洞口边、仰坡开挖线 5 m 以外，设置排水沟(称为"截水天沟")，并加以铺砌，将地表水拦截在边、仰坡范围之外。

② 对洞顶地表的陷穴、深坑加以回填，对裂缝进行堵塞。处理隧道地表水时，要有全局观点，不应妨害当地农田水利规划，做到因地制宜，一改多利，各方满意。

(4) "堵"。堵是指将地下水堵在围岩层中，不使其渗入隧道。普遍采用的方法是压浆，即向衬砌背后压注止水材料(水泥浆液、化学浆液等)，用以充填衬砌与围岩之间的空隙，以堵住地下水的通路，并使衬砌与围岩形成整体，改善衬砌受力条件。还可采用压浆分段堵水，使地下水集中在一处或几处后再引入隧道内排出。

2. 隧道防水措施

常用的防水措施有喷射混凝土防水、塑料防水板防水、模筑混凝土衬砌防水、防水涂料防水。当水量大、压力大时，则可采用注浆堵水，注浆既可以堵水也可以起到加固围岩的作用。

(1) 喷射混凝土防水。当围岩有大面积裂隙渗水，且水量、压力较小时，可结合初期支护采用喷射混凝土堵水。但应注意此时需加大速凝剂用量，进行连续喷射，且在主裂隙处不喷射混凝土，使水流能集中于主裂隙流入盲沟，通过盲沟排出。

(2) 塑料防水板防水。当围岩有大面积裂隙滴水、流水，且水量压力不太大时，可于喷射混凝土等初期支护施作完毕后，二次衬砌施作前，在岩壁全断面铺设塑料防水板防水。塑料板防水层具有优良的防水，耐腐蚀性能，目前在隧道及地下工程中得到了广泛的应用。

(3) 模筑混凝土衬砌防水。模筑混凝土本身就具有一定的抗渗阻水性能，但普通混凝土的抗渗性较差，尤其是在施工质量不高的情况下，如振捣不密实、施工缝、沉降缝、伸缩缝处理不好、配比不当等，则更易形成水的渗漏、漫流。当地下水有侵蚀性时，对混凝土的腐蚀就更为严重。如果能保证混凝土衬砌的抗渗防水性能，则不需要另外增加其他防水、堵水措施。因此，充分利用混凝土衬砌的防水性能，是经济合算的和最基本的防水措施。

(4) 涂料防水。涂料防水是在隧道内表面喷涂或涂刷防水涂料，如乳化沥青、环氧焦油等，使在隧道内表面形成不透水的薄膜。涂料的粘结力要强、抗渗性要好、无毒、施工方便。涂料防水目前在地下工程结构中已得到应用，但在一般山岭隧道中，应用还不是很广泛。

(5) 防水砂浆抹面。防水砂浆是在普通水泥砂浆中掺加各种防水剂，以提高抹面的防水性能。目前使用的防水砂浆种类较多，效果较好的有氯化铁防水砂浆和氯化钙防水砂浆。氯化铁防水砂浆的配合比可采用 $1:(2\sim2.5):0.3:(0.5\sim0.55)$(水泥:砂:防水剂:水)。氯化钙防水砂浆中的防水剂掺量为水泥用量的 $12\%\sim16\%$。两种砂浆在硬化过程中的收缩量都较大，应注意保持潮湿养生。防水砂浆是一种刚性防水层，在隧道内产生较大变形的部位，不能使用。

(6) 注浆堵水。围岩破碎、含水、易坍塌地段，宜采用注浆加固围岩和防水措施。注浆堵水有化学注浆和压注水泥砂浆两类。压注水泥砂浆防水消耗水泥过多，而防水效果不高。向围岩进行化学压浆，是一种有效的堵水措施。化学压浆材料种类也颇多，比较有效的材料为丙凝浆液、聚氨脂浆液、水泥-水玻璃浆液等。

(7) 防止地表水的下渗。当隧道地表的沟谷、坑洼积水对隧道有影响时，采取疏导、勾补、铺砌和填平等措施，对废弃的坑穴、钻孔等应填实封闭，防止地表水下渗。隧道附近水库、池沼、溪流、井泉的水，当有可能渗入隧道，影响农田灌溉及生活用水时，应采取措施处理。

(8) 有侵蚀性地下水时，应针对侵蚀类型，采用抗侵蚀性混凝土以及压注抗侵蚀浆液，敷设防水、防蚀层等措施。

(9) 最冷月平均气温低于 $-15℃$ 的地区和高海拔地区，对地下水的处理应以堵为主。

隧道防水工作，应结合水文地质条件、施工技术水平、材料来源和成本等，因地制宜，选择适宜的方法，以满足保证使用期内结构和设备的"正常使用和行车安全"的目的。

3. 隧道的防水系统

密封防水又可称为阻水，即阻止地下水进入隧道内，以防止隧道结构被地下水侵蚀，使其强度降低、寿命缩短，同时保证洞内的货物、仪器不被水侵蚀。人们已逐步认识到，隧道的密封对提高隧道的经济效益具有重大意义。

在隧道建造中，一般均需采取密封措施，只是密封程度不一，主要视隧道的用处而定。如通行有轨车辆的隧道，密封的目的是保护隧道结构物本身；而对于通行行人、放置货物和仪器的隧道，则密封要求较高；对于排废水、饮用水的过水隧道则需绝对密封。

密封通过建造不透水层来实现，根据不透水层所处的位置，又可分为外层密封、中层密封和内层密封三种形式。这里所指的密封系统为隧道结构的组成部分，为永久性的结构。有时在施工作业过程中，需要建造防排水措施。

4．排水措施

排水与防水是紧密结合的，只防不排很难达到治水的效果。因此，给水一个通道或出路是必要的，当然这种通道和出路应当是有组织的。

(1) 隧道内纵向应设排水沟。

(2) 遇围岩地下水出露处所，在衬砌背后设竖向盲沟或排水管(槽)、集水钻孔等予以引排，对于颗粒易流失的围岩，不宜采用集中疏导排水。

(3) 根据工程地质和水文地质条件，应在衬砌外设环向盲沟、纵向盲沟和隧道排水盲沟、组成完整的排水系统，保证路基不积水。

(4) 当地下水发育，含水层明显，又有长期补给来源，洞内水量较大时，可利用辅助坑道或设置泄水洞等作为截、排水设施。

(5) 采用盲沟-泄水孔-排水沟排水。其排水过程是：水从围岩裂隙进入衬砌背后的盲沟，盲沟下接泄水孔(泄水孔穿过衬砌边墙下部)，水从泄水孔泄出后，进入隧道内的纵向排水沟，并经纵向排水沟排出洞外。

(6) 在洞口仰坡外缘 5 m 以外，设置天沟，并加以铺砌。当岩石外露，地面坡度较陡时可不设天沟。仰坡上可种植草皮、喷抹灰浆或加以铺砌。

(7) 对洞顶天然沟槽加以整治，使山洪宣泄畅通。

(8) 对洞顶地表的陷穴、深坑加以回填，对裂缝进行堵塞。处理隧道地表水时，要有全局观点，不应妨害当地农田水利规划，做到因地制宜，一改多利，各方满意。

(9) 在地表水上游设截水导流沟，地下水上游设泄水洞，洞外井点降水或洞内井点降水。

5．隧道的排水系统

隧道排水系统的设置，应结合隧道具体情况，既要有利于隧道上部的疏水、截水、引水，将地面水引排于隧道以外，减少对隧道的影响，同时要考虑当地农田灌溉、水利设施及人民生活上的需要，要因地制宜，采用行之有效的排水系统。

排水系统的功能包括两个方面：

(1) 排走进入隧道的地下水；

(2) 排走洞内运营的内部水。

1) 排水沟

除常年干燥无水的隧道以外，一般的隧道都应设置纵向排水沟，以便将渗漏到洞内的地下水和公路路基内的积水，顺着线路方向排出洞外。排水沟的断面按排水量计算确定，但一般沟底宽不应小于 40 cm，沟深不应小于 35 cm。水沟应用预制的钢筋混凝土盖板遮盖。排水沟在一定长度上应设检查井，以便随时清理淤渣。水沟边墙上应预留足够的泄水孔。

2) 盲沟

在衬砌背后砌筑片石盲沟或埋置弹簧软管盲沟。盲沟沿隧道环向设置，间距视水量大小而定，一般为 4～10 m。环向盲沟之间用纵向盲沟相连，汇集衬砌周围的地下水，引入隧道侧沟排出。

盲沟的作用是在衬砌与围岩之间提供过水通道，并使之汇入泄水孔。它主要用于引导较为集中的局部渗流水。

柔性盲沟通常由工厂加工制造。它具有现场安装方便，布置灵活，连接容易，接头不易被混凝土堵塞，过水效果良好，成本也不太高等优点。

由上可知，防排水措施应当充分考虑实际的渗流水情形来选择，不求一次解决。喷射混凝土时要尽量将渗漏范围压缩为局部出水，然后再结合模筑混凝土衬砌施作有组织的排水设施，实现彻底治水。

3) 泄水孔

泄水孔是设于衬砌边墙下部的出水孔道，它是将盲沟流出的水直接泄入隧道内的纵向排水沟。

(1) 在立边墙模板时，安设泄水管，并特别注意使其里端与盲沟接通，外端穿过模板。泄水管可用钢管、竹管、塑料管等。这种方法主要用于水量较大的排水情况。

(2) 当水量较小时，则可以待模筑边墙混凝土拆模后，再根据记录的盲沟位置钻泄水孔。

7.4　隧道工程的发展趋势

城市是现代文明的标志和社会进步的标志，是经济和社会发展的主要载体。伴随着我国城市化的加快，城市建设快速发展，城市规模不断的扩大，城市人口急剧膨胀，许多城市不同程度地出现了用地紧张、生存空间拥挤、交通堵塞、基础设施落后、生态失衡、环境恶化等问题，被称之为"城市病"，给人类居住条件带来很大影响，也制约了经济和社会的进一步发展，成为现代城市可持续发展的障碍。如何治理"城市病"，提高居民的生活质量，达到经济与社会、环境的协调发展，成为函待解决的重要社会课题。改革开放以后，中国经济高速发展，促进了城市化水平的迅速提高。据国家土地管理局检测数据分析，已建城区规模扩展都在 60%以上，其中有的城市成倍增长。其结果是占用了大量的耕地。我国人多地少，人均耕地占有面积只有世界平均水平的 1/4。城市不能无限制地蔓延扩张，只能着眼于走内涵式集约发展的道路。城市地下空间作为一种新型的国土资源利用，使有限的城市土地发挥更大的效用，这是必然的趋势。

隧道工程是一门古老的学科，几千年前人类就掌握了开挖隧道的技术。现代隧道开挖技术的产生是在火药的发明和 19 世纪的产业革命后出现的，尤其是铁路的出现对隧道建造起到了很大的推动作用。第一座隧道是用蒸汽机车牵引的铁路隧道，建于 1826—1830 年，在英国利物浦至曼彻斯特的铁路线上，全长 1190 m。之后又陆续修建了更多的铁路隧道。火药的改进和钻眼工具的创制，促使隧道的修建技术有了显著的提高，其中比较有影响的是 1898 年建成的穿越阿尔卑斯山的辛普朗隧道。在这座隧道中，第一次应用了 TNT 炸药(硝化甘油)和凿岩机。1857—1871 年间，建成了连接法国和意大利的仙尼斯山隧道，长为 12850 m；1989 年，意大利又修建了辛普伦隧道，长达 19700 m；1971 年，日本新干线上修建了大清水隧道，全长 22230 m，是目前世界上最长的铁路山岭隧道。

隧道工程又是一门快速发展中年轻的科学，因为近 40 多年来随着长大隧道和特殊地质状况隧道的增多、综合化机械化施工技术的采用和相关学科的发展，现代隧道设计、施工理念和方法发生了重大变化和改观。如新奥法施工理念的提出和应用，以可靠度理论为基础的概率极限状态设计法引入隧道结构计算，使得隧道设计施工理论不断得到补充和完善。

在克服不良地质的困难条件方面，已经取得了修建各种隧道的丰富经验。如已经通车的海拔 4600～4900 m 的高原多年冻土地带的青藏线上修建昆仑山、风火山隧道；在零下 40℃的严寒地区修建了枫叶岭隧道；在渝怀线上，克服了 2000 m^3/h 大量涌水的困难，修建了园梁山隧道(11068 m)；在南昆线上，防止了瓦斯量达 60 m^3/h 的威胁，修成了家竹箐隧道。实践证明，我国已经能够在各种不良地质条件下修建隧道。

进一步提高隧道机械化施工水平。20 世纪 80 年代在大瑶山隧道施工中开始应用大型全液压的钻孔台车。修建衬砌已由砖石垒砌，进而用混凝土就地模筑，混凝土泵送，又进而采用喷射混凝土的柔性衬砌，目前已普遍推广使用双层复合式衬砌。开挖程序已由小导坑超前，进而采用少分块的大断面开挖；从木支撑、钢木支撑，进而采用锚杆支撑。施工方法上，从矿山法逐步过渡到新奥法，以量测信息指导并调整施工。20 世纪 90 年代中期，又引进全断面掘进机(Tunnel Boring Machine，TBM)用于西康线的秦岭隧道(长 18.5 km)施工中。而在广州、上海、南京、深圳等城市的地下铁道建造中，已普遍开始使用机械化盾构。

完善和提高隧道工程的理论分析和计算水平，分析隧道结构内力的方法，已经从结构力学计算转到以矩阵分析的方式用计算机计算，并进一步应用有限元、数值流形等方法进行分析；从把地层压力视为外力荷载，到把围岩和支护结构组成受力统一体系的共同作用理论；从过去认为地层岩体为松散介质，进而考虑岩体的弹性、塑性和粘性，以及各种性质的转变，拟出各种能进一步体现岩性的模型，进行受力的分析。

隧道工程还要进一步做好地质勘测和发展完善地质超前预报技术。由于隧道工程穿越的地质条件复杂，有许多不可预见的因素，其建筑风险比地面工程大，使得地质勘测对隧道预算、选线极为重要。超前投入地质勘测资金是为了减少隧道工程建设阶段的资金投入和施工中的风险。地质雷达和 TSP 超前探测技术取得了良好的工程效果，今后不仅要完善超前探测仪器的性能，而且要进一步提高超前预报地质条件的判释水平。

应当指出，尽管近年来隧道工程建设取得了一定的成就，但是还存在着许多问题和不足。从总体来看，隧道结构还比较粗大厚实，施工环境还很恶劣，工人劳动强度还很大，环境保护意识不强，工程进度不快和工程造价较高。具体说，截至到目前，我们对围岩的性质还没有深入地了解，计算模型的选用和计算的理论还不完全符合实际，施工技术水平和管理方法还比较落后，大量的隧道工程仍旧依靠经验设计和施工，人力和物力的消耗和浪费较大。今后应当加强隧道环境和地质的现场量测及实验室的试验，以便对各种不同性质的围岩能拟出较为符合实际的计算模型和计算理论；施工方面要进一步提高开挖技术和支护方法，配备完善的施工机械，从目前的半机械化程度，提高到全机械化，再进一步达到洞内无人，洞外遥控的高度安全化；要提倡采用科学的管理方法，用调查的信息，制订施工计划，又用实测信息反馈，不断调整计划达到最优方案，使之实现质量高、速度快、浪费少，造价低的目的。

7.5 城市轨道交通工程

1. 基本概况

城市中使用车辆在固定导轨上运行并主要用于城市客运的交通系统称为城市轨道交通，如图 7-23 所示。在中国国家标准《城市公共交通常用名词术语》中，将城市轨道交通定义为"通常以电能为动力，采取轮轨运输方式的快速大运量公共交通的总称"。城市轨道交通是具有固定线路，铺设固定轨道，配备运输车辆及服务设施等的公共交通设施。"城市轨道交通"是一个包含范围较大的概念，在国际上没有统一的定义。一般而言，广义的城市轨道交通是指以轨道运输方式为主要技术特征，是城市公共客运交通系统中具有中等以上运量的轨道交通系统(有别于道路交通)，主要为城市内(有别于城际铁路，但可涵盖郊区及城市圈范围)公共客运服务，是一种在城市公共客运交通中起骨干作用的现代化立体交通系统。常见的主要类型有有轨电车、市郊铁路、地铁、轻轨、悬浮列车等。

图 7-23 城市轨道交通

城市轨道交通具有运量大、速度快、安全、准点、保护环境、节约能源和用地等特点。世界各国普遍认识到：解决城市的交通问题的根本出路在于优先发展以轨道交通为骨干的城市公共交通系统。

根据中国城市轨道交通协会统计，2013 年末，中国累计有 19 个城市建成投运城轨线路 87 条，运营里程 2539 公里。2013 年实际新增 2 个运营城市、16 条运营线路、395 公里运营里程。在 2539 公里运营里程中，地铁 2074 公里，占总里程的 81.7%；轻轨 192 公里，占总里程的 7.6%；单轨 75 公里，占总里程的 3.0%；现代有轨电车 100 公里，占总里程的 3.9%；磁浮交通 30 公里，占总里程的 1.2%；市域快轨 67 公里，占总里程的 2.6%。

根据城市轨道交通的功能、使用要求及设置位置的不同，整条线路可划可分为：车站、区间、车辆段三部分。从工程分类角度上，按照区间与地面的相对关系位置不同，区间可分为：地下区间(隧道)、路基和高架区间。按照车站与地面的相对关系位置不同，车站可分为：地下车站、地面车站和高架车站。

2. 城市轨道交通在城市公共交通的地位与作用

(1) 城市轨道交通是城市公共交通的主干线，客流运送的大动脉，是城市的生命线工程。建成运营后，将直接关系到城市居民的出行、工作、购物和生活。

(2) 城市轨道交通是世界公认的低能耗、少污染的"绿色交通"，是解决"城市病"的一把金钥匙，对于实现城市的可持续发展具有非常重要的意义。

(3) 城市轨道交通是城市建设史上最大的公益性基础设施，对城市的全局和发展模式将产生深远的影响。为了建设生态城市，应把摊大饼式的城市发展模式改变为伸开的手掌形模式，而手掌状城市发展的骨架就是城市轨道交通。城市轨道交通的建设可以带动城市沿轨道交通廊道的发展，促进城市繁荣，形成郊区卫星城和多个副部中心，从而缓解城市中心人口密集、住房紧张、绿化面积小、空气污染严重等城市通病。

(4) 城市轨道交通的建设与发展有利于提高市民出行的效率，节省时间，改善生活质量。国际知名的大都市由于轨道交通事业十分发达方便，人们出行很少乘私人车辆，主要依靠地铁轻轨等轨道交通，故城市交通秩序井然，市民出行方便、省时。

3. 技术特性

(1) 城市轨道交通有较大的运输能力。

城市轨道交通由于高密度运转，列车行车时间间隔短，行车速度高，列车编组辆数多而具有较大的运输能力。单向高峰每小时的运输能力最大可达到 6 万～8 万人次(市郊铁道)；地铁达到 3 万～6 万人次，甚至达到 8 万人次；轻轨达到 1 万～3 万人次，有轨电车能达到 1 万人次，城市轨道交通的运输能力远远超过公共汽车。据文献统计，地下铁道每公里线路年客运量可达 100 万人次以上，最高达到 1200 万人次，如莫斯科地铁、东京地铁、北京地铁等。城市轨道交通能在短时间内输送较大的客流，据统计，地铁在早高峰时 1 h 能通过全日客流的 17%～20%，3 h 能通过全日客流的 31%。

(2) 城市轨道交通具有较高的准时性。

城市轨道交通由于在专用行车道上运行，不受其他交通工具干扰，不产生线路堵塞现象并且不受气候影响，是全天候的交通工具，列车能按运行图运行，具有可信赖的准时性。

(3) 城市轨道交通具有较高的速达性。

与常规公共交通相比，城市轨道交通由于运行在专用行车道上，不受其他交通工具干扰，车辆有较高的运行速度，有较高的启、制动加速度，多数采用高站台，列车停站时间短，上下车迅速方便，而且换乘方便，从而可以使乘客较快地到达目的地，缩短了出行时间。

(4) 城市轨道交通具有较高的舒适性。

与常规公共交通相比，城市轨道交通由于运行在不受其他交通工具干扰的线路上，城市轨道车辆具有较好的运行特性，车辆、车站等装有空调、引导装置、自动售票等直接为乘客服务的设备，城市轨道交通具有较好的乘车条件，其舒适性优于公共电车、公共汽车。

(5) 城市轨道交通具有较高的安全性。

城市轨道交通由于运行在专用轨道上，没有平交道口，不受其他交通工具干扰，并且有先进的通讯信号设备，极少发生交通事故。

(6) 城市轨道交通能充分利用地下和地上空间。

大城市地面拥挤、土地费用昂贵。城市轨道交通由于充分利用了地下和地上空间的开发，不占用地面街道，能有效缓解由于汽车大量发展而造成道路拥挤、堵塞，有利于城市空间合理利用，特别有利于缓解大城市中心区过于拥挤的状态，提高了土地利用价值，并能改善城市景观。

(7) 城市轨道交通的系统运营费用较低。

城市轨道交通由于主要采用电气牵引，而且轮轨摩擦阻力较小，与公共电车、公共汽车相比节省能源，运营费用较低。

(8) 城市轨道交通对环境低污染。

城市轨道交通由于采用电气牵引，与公共汽车相比不产生废气污染。由于城市轨道交通的发展，还能减少公共汽车的数量，进一步减少了汽车的废气污染。由于在线路和车辆上采用了各种降噪措施，一般不会对城市环境产生严重的噪声污染。

4. 施工方法

车站的施工方法常见的有明挖法、暗挖法和盖挖法(车站)。在选择施工方法时，应遵循的第一个原则就是按照明挖法→盖挖顺作法→盖挖逆作法→暗挖法的先后顺序进行选择。

1) 明挖法

明挖是指先将车站、隧道部位的岩(土)体全部挖除，然后修建主体结构，再进行防水处理、土方回填的施工方法。早期的地铁施工方法一般都采用明挖法施工。目前仅适用于开阔地段或者不太影响交通的地段。其优点是施工简单、快捷、经济、安全；缺点是对周围环境的影响较大。

明挖法施工顺序是：围护结构、主体结构、防水施工、覆盖回填。

各地区采用明挖车站结构，最大的不同之处在于其围护结构，围护结构的选定主要取决于：该地区的工程地质、水文地质以及该车站所处城市的位置。

2) 盖挖法

盖挖法是由地面向下开挖至一定深度后，将顶部封闭，其余的下部工程在封闭的顶盖下进行施工。主体结构可以顺作，也可以逆作。

盖挖法按主体施工顺序可分为：盖挖顺作/盖挖逆作；按顶盖封闭方式可为：临时封闭、永久封闭(半盖挖法：一半覆盖、一半明挖)。

3) 暗挖法

非地面开挖的施工方法，先施作导洞，再逐步车站结构框架的施工方法。

区间隧道可按照开挖及施工方法分为：新奥法施工、浅埋暗挖法施工和盾构法施工。

(1) 新奥法是新奥地利隧道施工方法的简称。采用锚杆和喷射混凝土为主要支护手段，对围岩进行加固，约束围岩的松弛和变形，并通过对围岩和支护的量测、监控，指导地下工程的设计施工。新奥法机理是充分利用围岩的自承能力和开挖面的空间约束作用。一般采用机械开挖和爆破开挖方式。

(2) 浅埋暗挖法又称矿山法，起源于 1986 年北京地铁复兴门折返线工程，是中国人自己创造的适合中国国情的一种隧道修建方法，是城市地铁施工较为常用的方法之一。该法是在借鉴新奥法的某些理论基础上，针对中国的具体工程条件开发出来的一整套完善的地铁隧道修建理论和操作方法。

(3) 盾构法施工是以盾构机在地面以下暗挖隧道的一种施工方法。盾构机(见图 7-24 所示)是一个既可以支承地层压力又可以在地层中推进的活动钢筒结构。盾构机，全名叫盾构隧道掘进机，是一种隧道掘进的专用工程机械，现代盾构掘进机集光、机、电、液、传感、信息技术于一体，具有开挖切削土体、输送土碴、拼装隧道衬砌、测量导向纠偏等功能。盾构机钢筒的前端设置有支撑和开挖土体的装置，钢筒的中段安装有顶进所需的千斤顶；钢筒的尾部可以拼装预制或现浇隧道衬砌环。盾构每推进一环距离，就在盾尾支护下拼装一环衬砌，并向衬砌环外围的空隙中压注水泥砂浆，以防止隧道及地面下沉。

图 7-24   S-261 盾构机

思 考 题

1. 隧道衬砌有哪些种类？各有什么特点？
2. 常见的洞门形式有哪些？它们的适用条件是什么？
3. 什么是明洞？它有哪几种类型？各自适合哪种场合？
4. 隧道内通风有哪几种形式？各有什么特点？
5. 隧道照明区段如何划分？
6. 隧道防排水的原则是什么？
7. 隧道衬砌材料有哪些？
8. 隧道排水系统有哪些？

第8章　给排水工程

8.1　给排水工程概述

给排水工程是城市基础设施的一个组成部分。城市的人均耗水量和排水处理比例，往往反映出一个城市的发展水平。为了保障人民生活和工业生产，城市必须具有完善的给水和排水系统。给排水工程大致可分为室外给水工程、室内给排水工程、室外排水工程。如图 8-1 所示室内外给排水工程流程图。

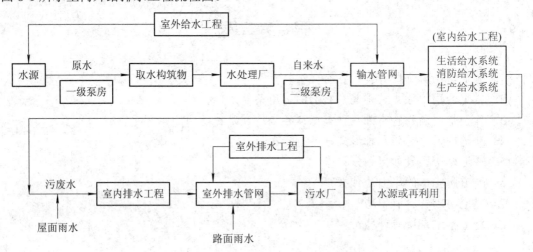

图 8-1　室内外给排水工程流程图

室外给排水工程的主要任务是：为城镇提供足够数量并符合一定水质标准的水，同时把使用后的水(污、废水)汇集并输送到适当地点净化处理，在达到无害化要求后，或排放水体，或灌溉农田，或重复使用。

室内给排水工程的主要任务是：将室外给水系统输配的清水供到室内各用水点，并将污水排泄到室外排水系统中去。

8.2　水源与取水工程

用于城镇生活用水的供水水源分为地面水和地下水。

1．地面水

地面水包括江河湖泊和水库水。其优点是水量一般比较大；缺点是水质不如地下水。

2．地下水

地下水包括浅层地下水、深层地下水、泉水等。以地下水作水源，优点是安全，水温较低而且稳定，有利于作冷却水用，水质好，供水成本低。但是地下水毕竟储存和补给有限，过量开采会造成水位下降，地层下沉，水质变差，甚至造成水源枯竭。

3．水源地的选择

水源地应该设在水量、水质有保障，易于实施水源保护的地段；选用地表水作水源时，水源地应在城镇和工业区上游；地下水水源地应该选在不易受污染的蓄水地段。

4．水源的卫生防护

对于地面水而言，取水点周围半径 100 m 的水域内，严禁停靠船只、游泳、捕捞和从事可能污染水源的任何活动，应设有明显的范围标志和严禁事项的告示牌；河流取水点上游 1000 m 至下游 100 m 的水域内，不得排入工业废水和生活污水，不得堆放废渣，不得设立有害化学物品的仓库、堆栈、装卸垃圾、粪便和有毒物品的码头，不得使用工业废水或生活污水灌溉及施用持久性或剧毒的农药，不得从事放牧等有可能污染该段水域水质的活动；以河流为给水水源的集中式给水，水源保护区为取水点上游 1000 m 以外的一定范围河段；单独设立的泵站、沉淀池和清水池的外围 10 m 的区域内，其卫生要求与水厂生产区相同。

对于地下水而言，取水构筑物的防护范围，应根据水文地质条件、取水构筑物的形式和附近地区的卫生状况进行确定，其防护措施与地面水水厂生产区要求相同；在单井或井群的影响半径范围内，不得使用工业废水或生活污水灌溉和施用持久性或剧毒的农药，不得修建厕所、渗水坑、堆放废渣或铺设污水渠道，不得从事破坏深层土层的活动；如取水层在水井影响半径内不露出地面或取水层与地面水没有互相补充关系时，可根据具体情况设置较小的防护范围；地下水回灌时，回灌水质应严加控制，其水质应保证不使当地地下水质变坏，并不得低于饮用水的水质标准。

8.3　给排水管道系统

8.3.1　管材

建筑给排水系统常用管材按用途可分为给水管道和排水管道；按材质可分为金属管材和非金属管材。

1．管材表达方式

管径应以 mm 为单位，其表达方式规定如下：

(1) 水煤气钢管(镀锌或非镀锌)、铸铁管、工程塑料管(如 PP-R 管)等管材，以公称直径 DN 表示，如 DN15。公称直径是一种名义直径，并不是管道的内径和外径，如 DN100 的非镀锌普通钢管，其外径为 114.00 mm，管道壁厚为 4.00 mm。

(2) 无缝钢管、焊接钢管(直缝或螺旋缝)、铜管、不锈钢管等，宜以"d×壁厚"表示，如 d108×4 表示外径为 108 mm，管道壁厚为 4 mm。

(3) 塑料管宜按产品标准的方法表示。常见如 PP-R 管用 De 表示，如 De25，相当于用公称直径 DN20 表示；塑料排水管用 DN 表示，如 DN50。

2. 常用管材

建筑给排水管道有金属管、塑料管、复合管三大类。其中的聚乙烯管、聚丙烯管、铝塑复合管是目前推荐使用的管材。

1) 金属管

金属管主要有镀锌钢管、不锈钢管、铜管等。

(1) 镀锌钢管。

镀锌钢管(如图 8-2 所示)分为冷镀锌管和热镀锌管，前者已被禁用，后者还被国家提倡暂时能使用。六七十年代，国际上发达国家开始开发新型管材，并陆续禁用镀锌管。建设部等四部委也发文明确从 2000 年起禁用镀锌管作为供水管，目前新建小区的冷水管已经很少使用镀锌管了，有些小区的热水管使用的仍是镀锌管。

图 8-2　镀锌钢管

(2) 不锈钢管。

不锈钢管按生产方式分为无缝钢管和焊管两大类，无缝钢管又可分为热轧管、冷轧管、冷拔管和挤压管等，冷拔、冷轧是钢管的二次加工；焊管分为直缝焊管和螺旋焊管等。随着中国改革开放政策的实施，国民经济获得快速增长，城镇住宅、公共建筑和旅游设施大量兴建，对热水供应和生活用水供给提出了新的要求。特别是水质问题，人们越来越重视，要求也不断提高。不锈钢管更有优越性，特别是壁厚仅为 0.6～1.2 mm 的薄壁不锈钢管在优质饮用水系统、热水系统及将安全、卫生放在首位的给水系统，具有安全可靠、卫生环保、经济适用等特点。已被国内外工程实践证明，不锈钢管是给水系统综合性能最好的、新型节能和环保型的管材之一，也是一种很有竞争力的给水管材，必将对改善水质、提高人们生活水平发挥无可比拟的作用。

(3) 铜管。

铜管又称紫铜管，如图 8-3 所示。铜管具有坚固、耐腐蚀的特性，是现代承包商在所有住宅商品房的自来

图 8-3　铜质管材

水管道、供热、制冷管道安装的首选。铜管是最佳的供水管道，其优点如下：

① 由于铜管容易加工和连接，使其在安装时，可以节省材料和总费用，具有很好的稳定性以及可靠性，可省去维修。

② 铜是轻便的。对相同内径的绞螺纹管而言，铜管不需要黑色金属的厚度。当安装时，铜管的输送费用更小，维护更容易，占用空间更小。

③ 铜是可以改变形状的。因为铜管可以弯曲、变形，它常常可以做成弯头和接头，光滑的弯曲允许铜管以任何角度折弯。

④ 铜是易连接的。

⑤ 铜是安全的。铜具有不渗漏、不助燃、不产生有毒气体、耐腐蚀等性质。

⑥ 铜管质地坚硬，不易腐蚀，且耐高温、耐高压，可在多种环境中使用。

⑦ 铜管的耐压能力是塑料管和铝塑管的几倍乃至几十倍，它可以承受当今建筑中最高水压。在热水环境下，随着使用年限的延长，塑料管材的承压能力显著下降，而铜管的机械性能在所有的热温范围内保持不变，故其耐压能力不会降低，也不会出现老化的现象。

⑧ 铜管的线性膨胀系数很小，是塑料管的 1/10，不会因为过度的热胀冷缩而导致应力疲劳破裂。

2) 塑料管

塑料管包括硬聚氯乙烯管(PVC-U)、聚乙烯管(PE)、交联聚乙烯(PEX)、聚丙烯管(PP-R)、聚丁烯管(PB)、丙烯腈-丁二烯-苯乙烯管(ABS)等。

(1) 硬聚氯乙烯管(PVC-U)，如图 8-4 所示。其特点如下：

① 具有较高的硬度、刚度和许用应力。

② 抗老化能力好，经久耐用，寿命可达 50 年。

③ 耐腐蚀，价廉，易于粘接，自熄。

④ 可回收。安装方便简捷，密封性好。

⑤ 不抗撞击，耐久性差，接头粘合技术要求高，固化时间较长。

(2) 聚乙烯管(PE)。

PE 管的使用领域广泛。其中给水管材和燃气管材广泛地采用 PE 管。其优点是 PE 管不仅具有良好的经济性，而且接口稳定可靠，材料抗冲击、抗开裂、耐老化、耐腐蚀。

(3) 交联聚乙烯管(PEX)，如图 8-5 所示。

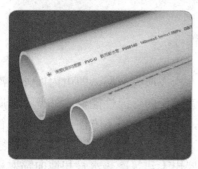

图 8-4 硬聚氯乙烯管(PVC-U)

图 8-5 交联聚乙烯管(PEX)

PEX 管又称交联聚乙烯管，它是由聚乙烯材料制成，将聚乙烯线性分子结构通过物理及化学方法变为三维网络结构，从而使聚乙烯的性能得到提高。其应用领域有：

① 室内给水管、热水管、纯净水输送管。

② 食品工业中液体食品输送管道。

③ 水暖供热系统、中央空调管道系统、地面辐射采暖系统、太阳能热水器系统等。

④ 电信、电气用配管。

⑤ 电镀、石油、化工厂输送管道系统。

(4) 聚丁烯管(PB)，如图 8-6 所示。

聚丁烯管是由聚丁烯树脂添加适量助剂，经挤压成型的热塑性加热管，通常以 PB 为标记。聚丁烯(PB)是一种高分子惰性聚合物，它具有很高的耐温性、持久性、化学稳定性和可塑性，无味、无臭、无毒，是目前世界上最尖端的化学材料之一，有"塑料黄金"的美誉。该材料重量轻，柔韧性好，耐腐蚀，用于压力管道时耐高温特性尤为突出，可在 95 ℃下长期使用，最高使用温度可达 110℃。管材表面粗糙度为 0.007，不结垢，无需作保温、保护水质，使用效果很好。

(5) 丙烯腈-丁二烯-苯乙烯管(ABS)，如图 8-7 所示。

制造管材的材料为丙烯腈-丁二烯-苯乙烯的混配料，其中以 ABS 树脂为主，仅加入为提高其物理、力学性能及加工性能所需的添加剂，添加剂应分散均匀。根据材料的耐化学性及卫生性，适用于承压给排水输送、污水处理与水处理、石油、化工、电力电子、冶金、采矿、电镀、造纸、食品饮料、空调、医药等工业及建筑领域粉体、液体和气体等流体的输送。

图 8-6　聚丁烯管(PB)　　　　　　　　图 8-7　丙烯腈-丁二烯-苯乙烯管(ABS)

3) 复合管

复合管包括铝塑复合管、涂塑钢管、钢塑复合管等。

(1) 铝塑复合管(PE-AL-AE 或 PEX-AL-PEX)。

铝塑复合管是最早替代铸铁管的供水管，其基本构成应为五层，即由内而外依次为塑料、热熔胶、铝合金、热熔胶、塑料。铝塑复合管有较好的保温性能，内外壁不易腐蚀，因内壁光滑，对流体阻力很小，又因为可随意弯曲，所以安装施工方便。作为供水管道，铝塑复合管有足够的强度，铝塑复合管横向受力太大时，会影响强度，所以宜作明管施工或埋于墙体内，甚至可以埋入地下。铝塑复合管主要用于建筑冷热水管和地面辐射采暖，如图 8-8 所示。用于地面采暖系统铝塑复合管的优点是：可以任意弯曲，可以连续很长没有接头(产品以盘卷供应)，可以阻隔氧气渗透防止采暖系统被腐蚀。

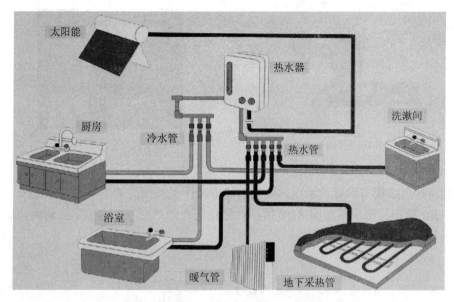

图 8-8 铝塑复合管应用示意图

(2) 钢塑复合管，如图 8-9 所示。

钢塑复合管产品以无缝钢管、焊接钢管为基管，内壁涂装附着力高、防腐的聚乙烯粉末涂或环氧树脂涂料。采用前处理、预热、内涂装、流平、后处理工艺制成的给水镀锌内涂塑复合钢管，是传统镀锌管的升级型产品。

图 8-9 钢塑复合管

8.3.2 附件

管道附件是给水管网系统中调节水量、水压，控制水流方向，关断水流等各类装置的总称。附件分给水附件和排水附件两大类。

1. 给水附件

给水附件是安装在管道及设备上启闭和调节装置的总称。给水附件分为配水附件、控制附件与其他附件三类。

1) 配水附件

各种配水龙头，用以调节和分配水流，如图 8-10 和图 8-11 所示。

图 8-10　普通水龙头

图 8-11　自动配水龙头

2) 控制附件

控制附件用来调节水量和水压，控制水流方向，关断水流等。

(1) 截止阀，其结构图如图 8-12 所示。截止阀关闭严密，但水流阻力较大，适用于管径小于或等于 50 mm 的管道上。

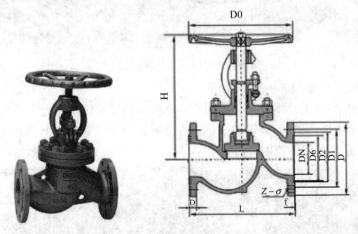

图 8-12　截止阀的结构图

(2) 闸阀。闸阀又称闸板阀或闸门阀，是利用闸板的升降控制阀门的启闭，从而切断流动介质。闸阀具有结构复杂，尺寸大，价格高，开启缓慢等特点。一般安装在直径 50 mm 以上或双向流动的管道系统中，以调节管线中的流量和水压。

(3) 蝶阀。蝶阀结构简单、体积小、重量轻，只需旋转 90°即可快速启闭，操作简单，同时该阀门具有良好的流体控制特性。蝶阀处于完全开启位置时，蝶板厚度是介质流经阀体时唯一的阻力，因此通过该阀门所产生的压力降很小。蝶阀适用于室外管径较大的给水管或室外消火栓给水系统的主干管上。

(4) 浮球阀。浮球阀是一种可以自动进水自动关闭的阀门，多装在水池或水箱内，用于控制水位。

(5) 止回阀。止回阀用来阻止水流的反向流动，又称单向阀、逆止阀。

(6) 安全阀。安全阀是保证系统和设备安全的阀件。安全阀是确保系统安装工作的一种管路附件，当设备或管路中的压力超过规定的限制时，安全阀便自动排放泄压，从而起到保险作用。安全阀的类型分为静重式、脉冲式、杠杆式和弹簧式，静重式安全阀不易调整，泄漏时也不便检修。脉冲式安全阀结构复杂，只适用于安全泄放量相当大的容器，杠杆式安全阀也存在结构笨得，且对振动敏感，回座压力低等缺点，因而已逐步被淘汰。弹簧微启式安全阀如图 8-13 所示。

(7) 延时自闭式冲洗阀。延时自闭式冲洗阀是直接安装在大便器冲洗管上的冲洗设备，具有体积小，外表洁净美观、不需水箱、使用便利、安装方便等优点，具有节约用水和防止回流污染等功能。

3) 其他附件

(1) 水表。水表是一种计量承压管道中流过水量累积值的仪表。按计量原理分为流速式水表和容积式水表；按显示方式可分为就地指示式和远传式水表。

流速式水表的工作原理当管道直径一定时，通过水表的水流速度与流量成正比，水流通过水表时推动翼轮转动，通过一系列联运齿轮，记录出用水量。

图 8-13　弹簧微启式安全阀

(2) 过滤器。利用扩容原理，除去液体中含有的固体颗粒。安装在水泵吸水管、进水总表、住宅进户水表、自动水位控制阀等阀件前，保护设备免受杂质的冲刷、磨损、淤积和堵塞，保证设备正常运行，延长设备的使用寿命。

(3) 倒流防止器。也称防污隔断阀，由两个止回阀中间加一个排水器组成。

(4) 水锤消除器。在高层建筑物内用于消除因阀门或水泵快速开、关所引起的管路中压力骤然升高的水锤危害，减少水锤压力对管道及设备的破坏，可安装在水平、垂直、甚至倾斜的管路中。

2. 排水附件

建筑排水系统常用附件有：地漏、存水弯、清扫口、检查口、通气帽等。

(1) 地漏。地漏主要用于排除地面积水。通常设置在地面易积水或需经常清洗的场所。

(2) 存水弯。存水弯是设置在卫生器具排水管上和生产污(废)水受水器的泄水口下方的排水附件(坐便器除外)。

(3) 检查口。检查口是一个带压盖的开口短管，拆开压盖即可进行疏通工作。

(4) 清扫口。当悬吊在楼板下面的污水横管上有两个及两个以上的大便器或三个及三个以上的卫生器具时，应在横管的起端设清扫口。

(5) 通气帽。通气帽设在通气管顶端。

8.3.3　卫生器具

卫生器具又称卫生设备或卫生洁具，是供人们洗涤和物品清洗以及收集和排除生活、生产中产生的污(废)水的设备。

1. 便溺用卫生器具

(1) 大便器有坐式、蹲式和大便槽三种类型。

(2) 大便槽多用于建筑标准不高的公共建筑，由于卫生条件差，现已很少采用。

(3) 小便器有挂式、立式和小便槽三种，小便器的冲洗设备，可以采用手动冲洗阀、自动冲洗水箱。在大型公共建筑、学校、集体宿舍的男卫生间，由于同样的设置面积不要容纳更多人使用，故一般设置小便器。

2．盥洗、沐浴用卫生器具

1）洗脸盆

洗脸盆按结构型状分为长方形、半圆形、三角形和椭圆形等类型；按安装方式可分为墙架式、柱脚式、台式等。典型洗脸盆及其安装方式如图 8-14 所示。

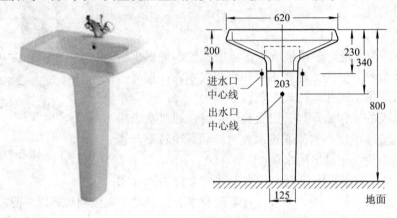

图 8-14　典型洗脸盆及其安装方式

2）盥洗槽

盥洗槽多用于卫生标准要求不高的公共建筑和集体宿舍等场所。盥洗槽为现场制作的卫生设备，常用材料为瓷砖、水磨石等。

3）浴盆

浴盆设在住宅、宾馆等建筑物的卫生间内及公共浴室内，浴盆外形一般分为长方形、方形、椭圆形等。

4）淋浴器

淋浴器一般装置在工业企业生活间、集体宿舍及旅馆的卫生间、体育场和公共浴室内。淋浴器具有占地面积小，使用人数多，设备利用低，耗水量小等优点。典型淋浴器及其安装方式如图 8-15 所示。

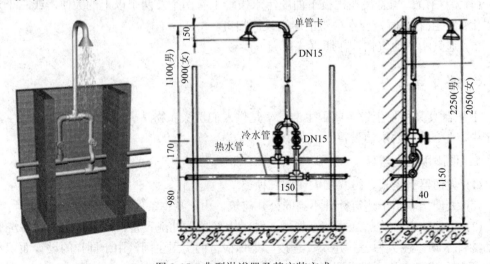

图 8-15　典型淋浴器及其安装方式

5) 洗涤盆

洗涤盆广泛用于住宅厨房、公共食堂等场所。它具有清洁卫生、使用方便等优点，多为陶瓷、搪瓷、不锈钢和玻璃制器。洗涤盆可分为单格、双格和三格等。按安装方式，洗涤盆又可分为墙挂式、柱脚式和台式。

6) 污水盆

污水盆一般设于公共建筑的厕所或盥洗室内，供洗涤清扫工具、倾倒污(废)水用。一般用水磨石制作或者用砖砌镶嵌瓷砖，多为落地式。典型污水盆及其安装方式如图 8-16 所示。

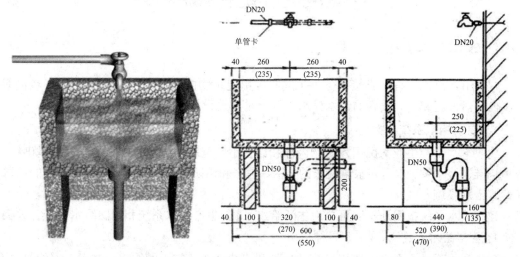

图 8-16　典型污水盆及其安装方式

8.3.4　给水管网的布置与敷设

给水管网的干管呈枝状或环状布置。如果把枝状管网的末端用水管接通，就转变为环状管网。小城镇和小型工业企业一般采用枝状管网。大中型城市、大工业区和供水要求高的工业企业内部，多采用环状管网布置。设计时必须对其进行技术和经济性评价，得出最合理的方案。近代大型给水泵统常有多个水源，有利于保证水量、水压，并且供水既经济又可靠。随着社会的发展，用水量在不断增加，而优质水源却由于污染而减少，于是出现了分质供水的管网，即用不同的管网供应不同水质的水。管网布置实质上是整个给水系统规划的一部分，合理与否涉及整个工程的效益。目前可以建立数学模型，充分运用数学分析方法和计算机技术求得最优方案。

给水管网布置的基本要求：

(1) 要确保供水安全和良好的水力条件，力求经济合理。管道尽可能与墙、梁、柱平行，呈直线走向，宜采用枝状布置力求管线简短，以减小工程量，降低造价。

(2) 管道不受损坏。给水埋地管应避免布置在可能受重物压坏处，如穿过生产设备基础、伸缩缝、沉降缝等处。如遇特殊情况必须穿越时，应采取保护措施。

(3) 不影响生产安全和建筑物的使用。

(4) 利于安装、维修。管道周围应留有一定的空间，给水管道与其他管道和建筑结构的最小净距应按规范要求留置。

给水管网敷设中的注意事项：给水横管穿承重墙或基础、立管穿楼板时均应预留孔洞，暗装管道在墙中敷设时，也应预留墙槽，以免临时打洞、刨槽影响建筑结构的强度；明装和暗装的金属管道都要采取防腐措施，以延长管道的使用寿命；设在温度低于零度以下位置的管道和设备，为保证冬季安全使用，均应采取保温措施，以防冻、防露；同时还要在管道敷设中采取措施防漏、防振。

8.4　建筑给水排水工程

8.4.1　建筑给水系统

建筑给水排水工程是直接服务于工业与民用建筑物内部及居住小区(含厂区、校区等)范围内生活设施和生产设备的给水排水工程，是建筑设备工程的重要内容之一。

1. 建筑给水系统分类

建筑给水是为工业与民用建筑物内部和居住小区范围内生活设施和生产设备提供符合水质标准以及水量、水压和水温要求的生活、生产和消防用水的总称。它包括对水的输送、净化等给水设施。

建筑给水系统按用途不同可分为生活给水系统、生产给水系统和消防给水系统三大类。

1) 生活给水系统

生活给水系统主要满足民用、公共建筑和工业企业建筑内的饮用、洗漱、餐饮等方面要求，要求水质必须符合国家规定。

2) 生产给水系统

现代社会各种生产过程复杂，种类繁多，不同生产过程中对水质、水量、水压的要求差异很大，主要有用于生产设备的冷却用水、原料和产品的洗涤用水、锅炉用水和某些工业原料用水等。

3) 消防给水系统

为建筑物扑灭火灾用水而设置的给水系统称为消防给水系统。

在建筑物中，上述各种给水系统并不是孤立存在、单独设置的，而是根据用水设备对水质、水量、水压的要求及室外给水系统情况，考虑技术经济条件，结合室外给水系统的状况，组成不同的共用给水系统。例如，生活、消防共用给水系统；生活、生产共用给水系统；生产、消防共用给水系统；生活、生产、消防共用给水系统等。

2. 建筑给水系统的组成

建筑给水系统一般由以下各部分组成：

1) 引入管

引入管也称入户管，是一个与室外供水管网连接的总进水管。引入管的引入方法包括：建筑物的同侧、异侧引入；过建筑物基础或承重墙体。

2) 建筑给水管网

建筑给水管网包括：干管、立管和支管。

3) 给水附件

给水附件包括：给水管路上的闸门、止回阀及各种配水龙头。

4) 水表节点

计量设备包括：水表、流量计、压力计。

5) 升压和贮水设备

升压和贮水设备的作用是：当室外给水管网的水压、水量不足，或为了保证建筑物内部供水的稳定性、安全性时，应根据要求设置水泵、气压给水设备、水箱等升压和贮水设备。

3. 建筑给水方式

建筑给水方式是建筑给水系统的供水方案，是根据建筑物的性质、高度、建筑物内用水设备、卫生器具对水质、水压和水量的要求确定的。按照是否设置增压和储水设备情况，给水方式可分为以下几种：

1) 直接给水方式

该方式由室外给水管网直接供水，为最简单经济的给水方式，如图 8-17 所示。

其特点是：系统简单，投资省，可充分利用外网水压。但是一旦外网停水，室内立即断水。

适用场所：水量、水压在一天内均能满足用水要求的用水场所。

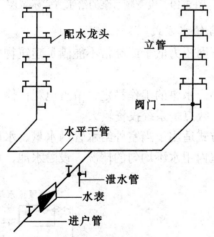

图 8-17　直接给水方式示意图

2) 设水箱的给水方式

设水箱的给水方式宜在室外给水管网供水压力周期性不足时采用，如图 8-18 所示。

其特点是：系统简单，投资省，可充分利用外网水压，供水的安全可靠性较好。其缺点是：需设高位水箱，若管理不当，水箱的水质易受到污染。

适用场所：适用于水压周期性不足，一天内大部分时间能满足要求，只在用水高峰时刻，室外管网水压降低而不能保证建筑的上层用水。

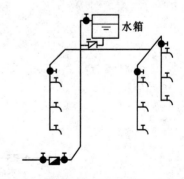

图 8-18　设高位水箱的给水方式示意图

3) 设水泵的给水方式

其特点是：系统简单，供水可靠，无高位水箱，但耗能较多。

适用场所：适用于室外管网水压经常性不足，需利用水泵进行加压供水。设变频水泵的给水方式示意图如图 8-19 所示。

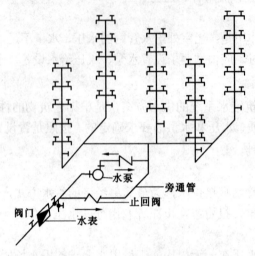

图 8-19　设变频水泵的给水方式示意图

4) 设水泵和水箱的联合给水方式

该方式适于室外给水管网压力低于或经常不能满足建筑物内给水管网所需的水压，且室内用水不均匀时采用。

其特点是：水箱容积小，水泵的工作稳定、节省电耗；停水、停电时可延时供水、供水可靠、供水压力较稳定。缺点是系统投资较大。

适用场所：这种给水方式适用于当室外给水管网水量、水压经常性不足，且又不允许直接从室外管网吸水并且室内用水不均匀的情况。设贮水池、水泵和水箱的给水方式示意图如图 8-20 所示。

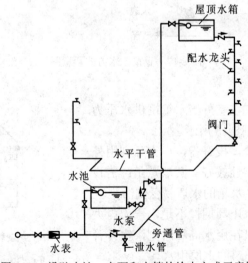

图 8-20　设贮水池、水泵和水箱的给水方式示意图

5) 气压给水方式

气压给水方式即在给水系统中设置气压给水设备，利用该设备的气压罐内气体的可压缩性，升压供水，如图 8-21 所示。

其特点是：设备可设在建筑物的任何高度上、具有较大的灵活性；缺点是给水压力波动较大，水量调节能力小。

适用场所：适用于室外管网水压经常不足，室内用水不均匀，且不宜设置高位水箱或水塔的建筑。

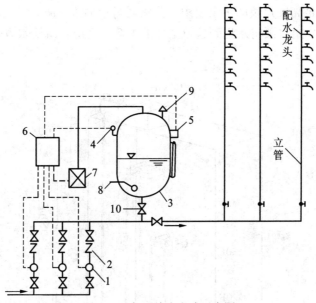

图 8-21　气压给水方式示意图

6) 分区给水方式

当室外给水管网的压力只能满足建筑下层供水要求时，可采用分区给水方式，如图 8-22 所示。

其特点是：可以充分利用外网压力，供水安全，但投资较大，维护复杂。

适用场所：供水压力只能满足建筑下层供水要求时采用。

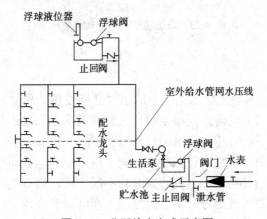

图 8-22　分区给水方式示意图

7) 高层建筑给水方式

高层建筑的供水系统与一般建筑物的供水方式不同。高层建筑物层多、楼高，为避免低层管道中静水压力过大，造成管道漏水；启闭龙头、阀门出现水锤现象，引起噪声；损坏管道、附件；低层放水流量大，水流喷溅，浪费水量和影响高层供水等弊病，高层建筑必须在垂直方向分成几个区，采用分区供水的系统。设备工程师在设计高层建筑的供水系统时，首先要确定整幢建筑物的用水量。在高层建筑内工作和生活的人数很多，用水量很大，设备使用频繁，所以对供水设备和管网都有更高的要求。由于城市给水网的供水压力不足，往往不能满足高层建筑的供水要求，而需要另行加压。所以在高层建筑的底层或地下室要设置水泵房，用水泵将水送到建筑上部的水箱。高层建筑给水方式示意图如图 8-23 所示。

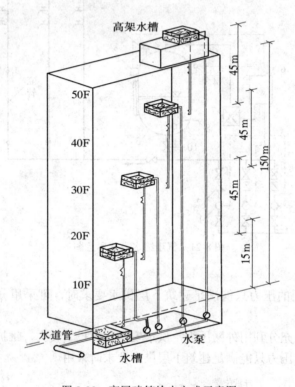

图 8-23　高层建筑给水方式示意图

4. 升压给水设备

1) 水泵

(1) 水泵工作原理：水泵是给水系统中的主要升压设备。离心泵在给水工程中最为常见。其工作原理是，水泵开动前，先将泵和进水管灌满水，水泵运转后，在叶轮高速旋转而产生的离心力的作用下，叶轮流道里的水被甩向四周，压入蜗壳，叶轮入口形成真空，水池的水在外界大气压力下沿吸水管被吸入补充了这个空间，继而吸入的水又被叶轮甩出经蜗壳而进入出水管。由此可见，若离心泵叶轮不断旋转，则可连续吸水、压水，水便可源源不断地从低处扬到高处或远方。离心泵是由于在叶轮的高速旋转所产生的离心力的作用下，将水提向高处的，故称离心泵。

（2）水泵的基本参数有以下几个：

① 流量——泵在单位时间内输送水的体积，称为泵的流量。

② 扬程——单位重量的水在通过水泵以后获得的能量，即泵出口总水头与进口总水头之差。

③ 轴功率——水泵在单位时间内做的功，即水泵从电动机处获得的全部功率，以"N"表示，单位为 W、kW。

④ 效率——因水泵工作时，其本身也有能量损失，把水泵输出功率(Nu)与轴功率的比称为效率，用"η"表示，即 $\eta = Nu/N < 1$。

⑤ 转数——叶轮每分钟的转数，用"n"表示，单位为 r/min。

⑥ 允许真空高度——当叶轮进口处的压力低于水的饱和气压时，水就会发生汽化形成大量气泡，使水泵产生噪声和振动，严重时甚至产生气蚀现象而损伤叶轮。

上述参数中，以流量和扬程最为重要，是选择水泵的主要依据。如图 8-24 所示卧式离心泵和图 8-25 所示立式离心泵。

图 8-24　卧式离心泵

图 8-25　立式离心泵

2）水箱和水池

水箱和水池是建筑给水系统中的贮水设备，水箱一般用钢板现场加工，或采用厂家预制，现场拼装。其剖面图如图 8-26 所示。

（1）进水管：水箱进水管上应设浮球阀，且不少于两个，在浮球阀前应设置阀门。进水管管顶上缘至水箱上缘应有 150～200 mm 的距离。

（2）出水管：出水管管口下缘应高出箱底 50 mm 以上，一般取 150 mm，以防污物流入配水管网。

（3）溢流管：溢流管应高于设计最高水位 50 mm，管径应比进水管大 1～2 号。溢流管上不允许设置阀门。

（4）水位信号：安装在水箱壁溢流口以下 10 mm 处，管径为 10～20 mm，信号管另一端到值班室的洗涤盆处，以便随时发现水箱浮球阀失灵而及时修理。

（5）泄水管：排污管为放空水箱和冲洗箱底积存污物而设置，管口由水箱最底部接出，管径 40～50 mm。在排污管上应加装阀门。

（6）通气管：对于生活饮用水箱，储水量较大时，宜在箱盖上设通气管，使水箱内空气流通，其管径一般不小于 50 mm，管口应朝下并设网罩。

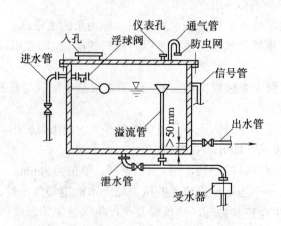

图 8-26　水箱剖面图

3) 气压给水设备

气压给水设备(如图 8-27 所示)主要由气压罐、水泵、空气压缩机、控制器材等组成，气压给水设备按压力稳定情况分为变压式和交(恒)压式两类。

图 8-27　气压给水设备

4) 变频调速给水装置

变频调速给水装置主要由压力传感器、变频电源、调节器和控制器组成。

8.4.2　建筑排水系统

建筑排水系统是将房屋卫生设备和生产设备排除出来的污水(废水)，以及降落在屋面上的雨、雪水，通过室内排水管道排到室外排水管道中去。

1. 排水系统的分类

按所排除的污(废)水的性质不同，建筑排水系统可分成以下三类：

1) 生活污(废)水系统

粪便污水和生活废水总称为生活污水。排除生活污水的管道系统称为生活污(废)水系统。

2) 工业污(废)水系统

工业污(废)水包括生产废水和生产污水。

3) 雨(雪)水系统

屋面上的雨水和融化的雪水,应由管道系统排出。

2. 排水系统的组成

建筑排水系统一般由污(废)水受水器、排水管道、通气管、清通设备等组成,如污水需进行处理时,还应有污水局部处理设施,如图 8-28 所示。

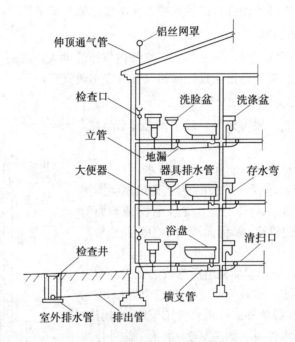

图 8-28　建筑排水系统示意图

1) 污(废)水受水器

污(废)水受水器是指卫生器具、排放工业废水的设备及雨水斗等。

2) 排水横支管

排水横支管的作用是将各卫生器具排水管流出来的污水排至立管。

3) 排水立管

排水立管承接各楼层横支管流出的污水,然后再排入排出管。

4) 排出管

排出管是室内排水立管与室外排水检查井之间的连接管路,它接受一根或几根立管流来的污水并排入室外排水管网。

5) 通气管

一般层数不变、卫生器具较少的建筑物,仅设排水立管上部延伸出屋顶的通气管;对于层数较多的建筑物或卫生器具设置较多的排水系统,应设辅助通气管及专用通气管,以使排水系统气流畅通,压力稳定,防止水封破坏。

6) 清通设备

清通设备指疏通管道用的检查口、清扫口、检查井及带有清通门的 90°弯头或三通接头设备。

7) 污水抽升设备

民用建筑物的地下室、人防建筑物、高层建筑物的地下技术层等地下建筑物内的污水不能自流排至室外时，必须设置抽升设备。

8) 污水局部处理设施

当室内污水未经处理不允许直接排入城市排水管道或污染水体时，必须予以局部处理。

3. 高层建筑排水系统

高层建筑排水系统立管长，排水量大，立管内气压波动大，因而通气系统设置的优劣对排水的畅通有较大影响，通常应设环形通气管或专用通气管。

4. 屋面雨水排放

屋面雨水排放方式一般可分为外排水和内排水两种。

1) 外排水系统

外排水系统包括檐沟外排水和天沟外排水。

(1) 檐沟外排水(水落管外排水)。雨水通过屋面檐沟汇集后，沿外墙设置的水落管排泄至地下管沟或地面明沟，多用于一般的居住建筑、屋面面积较小的公共建筑及单跨的工业建筑。

(2) 天沟外排水。利用屋面构造所形成的长天沟本身的容量和坡度，使雨水向建筑物两墙(山墙、女儿墙)方向流动，并由雨水斗收集经墙外的排水立管排至地面、明沟、地下、管沟或流入雨水管道。如图 8-29 所示天沟外排水系统。

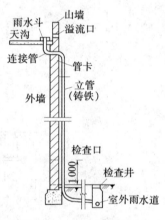

图 8-29　天沟外排水系统

2) 内排水系统

内排水是指屋面设雨水斗，通过建筑物内部设置雨水管道的雨水系统，如图 8-30 所示。

(1) 雨水斗。雨水斗的作用是收集和排除屋面的雨(雪)水。

(2) 连接管。连接管是连接雨水斗和悬吊管的一段竖向短管。

(3) 悬吊管。悬吊管是连接雨水斗和立管的管段，是内排水系统中架空布置的横向管道。

(4) 立管。雨水立管通常沿柱布置，接纳悬吊管或雨水斗流来的雨水，立管在距地面 1 m 处要装设检查口，立管管径不得小于悬吊管管径。

(5) 排出管。排出管是立管和检查井间的一段较大坡度的横向管道，管径不得小于立管。

(6) 埋地管。埋地管敷设于室内地下，承接立管的雨水，并将其排至室外雨水管道。

(7) 附属构筑物。附属构筑物有检查井、检查口和排气井，用于雨水管道的清扫、检修、排气。

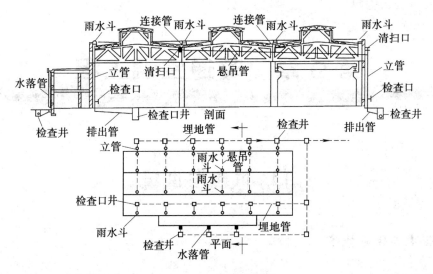

图 8-30 内排水系统

5. 污水局部处理设施

(1) 化粪池。化粪池是较简单的污水沉淀和污泥消化处理构筑物。其主要作用是使生活粪便污水沉淀，使污水与杂物分离后进入排水管道。

(2) 隔油池。隔油池是截流污水中油类物质的局部处理构筑物。

(3) 沉沙池。汽车库内冲洗汽车或施工中排出的污水含有大量的泥沙，在排入城市排水管道之前，应设沉沙池，以除去污水中的粗大颗粒杂质。

思 考 题

1. 离心式水泵的工作原理是什么？
2. 常见的控制附件有哪些？
3. 建筑给水系统由哪些部分组成？
4. 建筑给水方式有哪几种？并简要说明其各自的优缺点？
5. 内排水系统由哪些部分组成？

第 9 章　暖通空调工程

9.1　供热与供暖

9.1.1　供热与供暖概述

1. 供热系统

随着社会的快速发展和人们生活水平的提高，在日常生活和社会生产中都需要使用大量的热能，如生活中的煮饭、饮水、洗涤、采暖等，生产中的拖动、锻压、烘干等。将自然界的能源直接或间接地转化成热能，以满足人们需要的科学技术称为热能工程。在热能工程中，生产和输配以及应用中、低品位热能的工程技术称为供热工程。

供热系统由热源、热网和热用户组成，根据供热系统三个主要组成部分的相互位置关系来分，供热系统可分为局部供热系统和集中供热系统。热源、供热管网和热用户三个主要组成部分在构造上连在一起的供热系统称为局部供热系统；热源、热用户的散热设备分别设置，用管道将其连接，由热源向热用户供应热量的供热系统称为集中供热系统。

2. 供暖系统

使室内获得热量并保持一定的室内温度，以达到适宜的生活环境或工作条件的技术称为供暖。供暖系统由热媒制备(热源)、热媒输送和热媒利用(散热设备)三个主要部分组成。

热媒是可以用来输送热能的媒介物，常用的热媒是热水、蒸汽和热空气。

根据热媒性质不同，供暖系统可分为热水供暖系统、蒸汽供暖系统、辐射供暖系统等。以热水作为热媒的供暖系统，称为热水供暖系统，同理可定义其他两类采暖系统。热水供暖系统的热能利用率较高、输送时无效损失较小、散热设备表面温度低、散热均衡、不易腐蚀，而且系统操作方便、运行安全、系统蓄热能力高，适于远距离输送。从卫生条件和节能等因素考虑，民用建筑应采用热水采暖系统。

9.1.2　常用供暖系统

1. 热水供暖系统

按不同的分类标准，热水供暖系统可以划分为不同的类型。

(1) 按循环动力的不同分类，热水供暖系统分为重力(自然)循环系统和机械循环系统。

重力循环系统(见图 9-1)中水靠其密度差循环。水在锅炉中受热，温度升高，体积膨胀，密度减少，加上来自回水管冷水的驱动，使水沿供水管上升，流到散热器中。在散热器中热水将热量散发给房间，水温降低，密度变大，沿回水管回到锅炉重新加热，这样周而复始地循环，不断把热量从热源送到房间。为了顺利排除空气，水平供水干管标高应沿水流方向下降，因为重力循环系统中水流速度较小，可以采用气水逆向流动，使空气从管道高点所连的膨胀水箱排除。重力循环系统不需要外来动力，运行时无噪声，调节方便，管理简单。但由于其作用压头小，所需管径大，只宜用于没有集中供热热源、对供热质量有特殊要求的小型建筑物中。

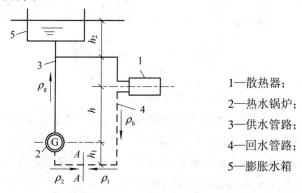

1—散热器；

2—热水锅炉；

3—供水管路；

4—回水管路；

5—膨胀水箱

图 9-1 重力循环热水供暖系统工作原理图

机械循环系统(如图 9-2 所示)中水的循环动力来自于循环水泵。膨胀水箱应接到循环水泵的入口侧。在此系统中膨胀水箱不能排气，所以在系统供水干管末端设有储气罐，进行集中排气。干管向储气罐侧倾斜。机械循环系统是集中供暖系统的主要形式。

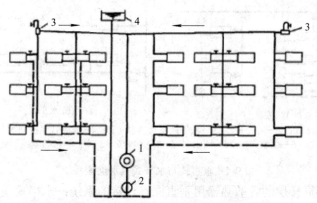

1—热水锅炉；2—循环水泵；3—集气装置；4—膨胀水箱

图 9-2 机械循环热水供暖系统

(2) 按供水温度分类，热水供暖系统分为高温水供暖系统和低温水供暖系统。

各国高温水与低温水的界限不一样。我国将供水温度高于 100℃的系统称为高温水供暖系统；供水温度低于 100℃的系统称为低温水供暖系统。高温水供暖系统由于散热器表面温度高，易烫伤皮肤、烤焦有机灰尘，卫生条件及舒适度较差，但可节省散热器用量，并且供回水温差较大，可减小管道系统管径，降低输送热媒所消耗的电能，节省运行费用。高温水供暖系统主要用于对卫生条件要求不高的工业建筑及其辅助建筑中。低温水供暖系统的优缺点正好与高温水供暖系统相反，是民用及公用建筑的主要采暖系统形式。

(3) 按建筑物布置管道的条件分类，热水供暖管道系统可分为上供下回式、上供上回式、下供下回式、下供上回式(如图9-3所示)和中供式五种。

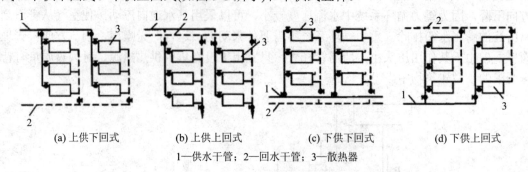

(a) 上供下回式　(b) 上供上回式　(c) 下供下回式　(d) 下供上回式

1—供水干管；2—回水干管；3—散热器

图 9-3　热水供暖系统

供暖工程中"供"指供出热媒，"回"指回流热媒。在对供暖系统分类和命名时，整个供暖系统或它的一部分可用"供"与"回"来表明垂直方向流体的供给指向。"上供"是热媒沿垂向从上向下供给各楼层散热器的系统；"下供"是热媒沿垂向从下向上供给各楼层散热器的系统。"上回"是热媒从各楼层散热器沿垂向从下向上回流；"下回"是热媒从各楼层散热器沿垂向从上向下回流。中供式系统中，供水干管位于中间某楼层，将系统垂向分为两部分。上半部分系统可为下供下回式系统或上供下回式系统，而下半部分系统均为上供下回式系统。中供式系统可减轻竖向失调，但计算和调节较复杂。

(4) 按散热器的连接方式分类，热水供暖系统分为垂直式与水平式系统(见图9-4)。

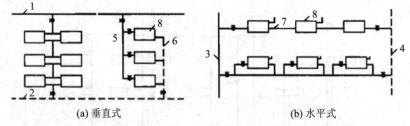

(a) 垂直式　　　　　　(b) 水平式

1—供水干管；2—回水干管；3—水平式系统供水立管；4—水平式系统回水立管；
5—供水立管；6—回水立管；7—水平支管管道；—散热器

图 9-4　垂直式与水平式热水供暖系统

垂直式是指不同楼层的各散热器用垂直立管连接的系统；水平式是指同一楼层的散热器用水平管线连接的系统。垂直式供暖系统中一根立管可以在一侧或两侧连接散热器。

(5) 按连接相关散热器的管道数量分类，热水供暖系统分为单管系统与双管系统(见图9-5)。

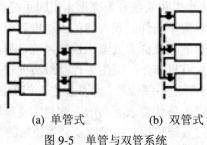

(a) 单管式　　　　(b) 双管式

图 9-5　单管与双管系统

单管系统是用一根管道将多组散热器依次串联起来的系统，双管系统是用两根管道将多组散热器相互并联起来的系统。多个散热器与其关联管一起形成采暖系统的基本组合体，主要有垂直单管式、垂直双管式、水平单管式和水平双管式。

(6) 按各并联环路水的流程分类，热水供暖系统分为同程式系统与异程式系统(如图 9-6)。

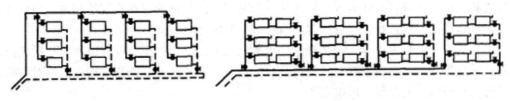

(a) 同程式　　　　　　　　　　　　(b) 异程式

图 9-6　同程式与异程式系统

热媒沿各基本组合体流程相同的系统，即各环路管路总长度基本相等的系统，称为同程式系统；热媒沿各基本组合体流程不同的系统称为异程式系统。

2. 蒸汽供暖系统

(1) 按供汽压力分类，蒸汽供暖系统可分为高压蒸汽供暖系统(表压大于 0.07 MPa)、低压蒸汽供暖系统(表压小于等于 0.07 MPa)和真空蒸汽供暖系统(绝对压力小于 0.1 MPa)。

根据供汽汽源的压力、对散热器表面最高温度的限度和用热设备的承压能力来选择高压或低压蒸汽供暖系统。工业建筑及其辅助建筑可用高压蒸汽供暖系统。真空蒸汽供暖系统的优点是热媒密度小，散热器表面温度低，便于调节供热量；其缺点是需要抽真空设备，对管道气密性要求较高。

(2) 按立管的数量分类，蒸汽供暖系统可分为单管蒸汽供暖系统和双管蒸汽供暖系统。由于单管系统易产生水击和汽水冲击噪声，所以多采用垂直双管系统。

(3) 按蒸汽干管的位置分类，蒸汽供暖系统可分为上供式、中供式和下供式。

其蒸汽干管分别位于所供热媒的各层散热器上部、中部和下部。因为蒸汽、凝结水同向流动可以有效防止水击和噪声，所以上供式系统用得较多。

(4) 按凝结水回收动力分类，蒸汽供暖系统可分为重力回水和机械回水。

(5) 按凝结水系统是否通大气分类，蒸汽供暖系统可分为通大气的开式系统和不通大气的闭式系统。

(6) 按凝结水充满管道断面的程度分类，蒸汽供暖系统可分为干式回水和湿式回水。

与热水供暖系统相比，蒸汽供暖系统有一些专用的设备。排除凝结水的设备有疏水器、水封和孔板式疏水阀。减压阀通过调节阀孔大小，对蒸汽进行节流，达到减压目的，并能自动地将阀后压力维持在一定范围内。二次蒸发箱的作用是在较低的压力下分离出用汽设备排出的凝结水或汽水混合物中的二次汽，并将其输送到热用户加以利用。安全水封用于闭式凝结水回收系统，系统工作时用罐、管内的水封将凝结水系统与大气隔绝，在凝结水系统超压结水回收系统，系统工作时用罐、管内的水封将凝结水系统与大气隔绝，在凝结水系统超压时排水、排汽，起到安全作用。

3. 辐射供暖系统

依靠供热部件与围护结构内表面之间韵辐射换热向房间供暖的方式称为辐射供暖。辐射供暖时房间各围护结构内表面的平均温度高于室内空气温度。辐射采暖可分为低温辐射采暖(≤60℃)、中温辐射采暖(80～200℃)和高温辐射采暖(≥200℃)。

通常称辐射供暖的供热部件为采暖辐射板。辐射板按与建筑物的结合关系分为整体式、贴附式和悬挂式。埋管式辐射板是将通热媒的金属管或塑料管埋在建筑结构内,与其合为一体;风道式辐射板是利用建筑结构内的连贯空腔输送热媒向室内供暖。

悬挂式辐射板分为单体式和吊棚式。单体式由加热管、挡板、辐射板和隔热层支撑的金属辐射板组成。吊棚式辐射板是将通热媒的管道、隔热层和装饰孔板构成的辐射面板,用吊钩挂在房间钢筋混凝土顶板之下。

供暖辐射板还可以按其位置分为墙面式、地面式、顶面式和楼板式。其中楼板式指的是水平楼板中的辐射板可同时向上、下两层房间供热的情况。墙面式又分为窗下式、墙板式和踢脚板式。窗下辐射板有单面散热和双面散热两种。墙板式有外墙式(辐射板设在外墙的室内侧)和间墙式(辐射板设在内墙)之分。间墙式采暖辐射板有单面散热(向一侧房间供热)和双面散热(向内墙两侧房间供热)两种。

辐射板的加热管可采用平行排管式、蛇形排管式、蛇形盘管式等形式。

电热膜是另一种供热部件,其通电后能发热、厚度为 0.24 mm 的半透明聚酯薄膜。它是由特制的可导电油墨、金属载流条经印刷、热压在两层绝缘聚酯薄膜之间制成的一种特殊的加热产品,将其布置在建筑结构中可实现辐射供暖。电热膜辐射供暖没有直接的燃烧排放物,便于控制,运行简便、舒适,适用于集中供热热源不足、电价低廉的地区。

9.1.3 供暖系统的散热设备及附属设备

1. 供暖系统散热设备

建筑物室内的供暖设备处于能量输送系统的终端,被称之为末端装置,常用的末端装置有散热器、暖风机、风机盘管等。

供暖系统重要的、基本的组成部件是散热器,水在散热器内降温向室内供热达到供暖目的。散热器按传热方式分为辐射散热器和对流散热器。对流散热器的对流散热量几乎占100%。辐射散热器同时以对流和辐射方式散热,相对对流散热器而言使用数量较多。也可按材质分为铸铁散热器、钢制散热器、铝合金散热器以及塑料散热器等。

暖风机是由通风机、电动机和空气换热器组合而成的采暖机组。暖风机的风机有轴流式和离心式两种,轴流式风机常用于小型机组,离心式风机常用于大型机组。暖风机所用热媒可以为水和蒸汽。使用时暖风机直接安装在采暖房间内,在风机作用下,室内空气由吸风口进入机组,流经空气换热器被加热,从出风口送入室内,并造成室内空气循环。

2. 供暖系统的附属设备

供暖系统的附属设备主要有膨胀水箱、排气装置(储气罐、除污器、自动排气阀、散热器、温控阀)等。

膨胀水箱的作用是容纳水受热膨胀而增加的体积。在自然循环上供下回式热水供暖系统中,膨胀水箱连接在供水总立管的最高处,起排除系统内空气的作用;在机械循环热水供暖系统中，膨胀水箱连接在回水干管循环水泵入口前，可以恒定循环水泵入口压力，保证供暖系统压力稳定。膨胀水箱有圆形和矩形两种形式，一般由薄钢板焊接而成。膨胀水箱上接有膨胀管、循环管、信号管(检查管)、溢流管和排水管。

储气罐一般用直径为 100～250 mm 的钢管焊制而成，分为立式和卧式两种。储气罐一般设于系统供水干管末端的最高点处，供水干管应向储气罐方向设上升坡度以使管中水流方向与空气气泡的浮升方向一致，有利于空气汇集到储气罐的上部，定期排除。

除污器可用来截留、过滤管路中的杂质和污物，保证系统内水质洁净，减少阻力，防止堵塞调压板及管路。除污器一般应设置于供暖系统入口调压装置前、锅炉房循环水泵的吸入口和热交换设备入口。除污器的形式有立式直通、卧式直通和卧式角通三种。

自动排气阀大都是依靠水对浮体的浮力，通过自动阻气和排水机构，使排气孔自动打开或关闭，达到排气的目的。

散热器温控阀是一种自动控制进入散热器热媒流量的设备，它由阀体部分和感温元件控制部分组成。

9.1.4 集中供热系统的热力站及系统的主要设备

1. 集中供热系统热力站

用户热力站称为用户引入口(如图 9-7 所示)，设置在单幢民用建筑及公共建筑的地沟入口或该用户的地下室或底层处，通过它向该用户或相邻几个用户分配热能。在用户供回水总管上均应设置阀门、压力表和温度计。为了能对用户进行供热调节，应在用户供水管上设置手动调节阀或流量调节器。在用户供水管上应安装除污器，可避免室外管网中的杂质进入室内系统。

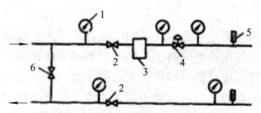

1—压力表；2—用户供回水总管阀门；3—除污器；
4—手动调节阀；5—温度计；6—旁通管阀门

图 9-7　用户引入口

小区热力站通常称为集中热力站，多设在单独的建筑物内，向多栋房屋或建筑小区分配热能。集中热力站比用户引入口装置更完善，设备更复杂，功能更齐全。

2. 集中供热系统的主要设备

集中供热系统的主要设备有换热器、水喷射器以及调节和控制设备。

(1) 换热器。换热器又称为水加热器，是用来把温度较高流体的热能传递给温度较低流体的一种热交换设备。换热器可集中设在热电站或锅炉房内，也可以根据需要设在热力站或用户引入口处。根据热媒种类的不同，换热器可分为汽-水换热器、水-水换热器两种。根据换热方式的不同，换热器可分为表面式换热器、混合式换热器等。

(2) 水喷射器。水喷射器是由喷嘴、引水室、混合室和扩压管组成的。水喷射器的工作流体和被抽引的流体均为水，从管网供水管进入水喷射器的高温水在其压力作用下，由喷嘴高速喷出，使喷嘴出口处的压力低于用户系统的回水压力，将用户系统的一部分回水吸入一起进入混合室。在混合室内进行热能与动能交换，使混合后的水温达到用户要求，再进入扩压管。在渐扩型的扩压管内，热水流速逐渐降低而压力逐渐升高，当压力升至足以克服用户系统阻力时被送入用户。

(3) 调节和控制设备。调节和控制设备主要有截止阀、闸阀、蝶阀、止回阀、手动调节阀、电磁阀等。凝结水箱是用来收集储存凝水的设备，一般用 3～10 mm 厚钢板焊接而成，按是否与大气相通可分为开式和闭式两种。安全水封是一种压力控制设备，它不仅可以防止水箱内压力过高，也可以防止水箱被水泵抽空时吸入空气，当水箱水位过高时，还可以自动排泄多余凝水。闭式水箱上应设置安全水封。

9.1.5　集中供热系统

热源、供热管网和热用户三部分组成了集中供热系统。根据热媒的不同，可分为热水供热系统和蒸汽供热系统；根据热源的不同，可分为热电厂供热系统和区域锅炉房供热系统等；根据供热管道的不同，可分为单管制、双管制和多管制供热系统。

1. 热水集中供热系统

热水集中供热系统的供热对象为供暖、通风和热水供应热用户。按用户是否直接取用热网循环水，热水供热系统又分成闭式系统和开式系统。闭式系统是热用户不从热网中取用热水，热网循环水仅作为热媒，起转移热能的作用，供给用户热量。开式系统是热用户全部或部分取用热网循环水，热网循环水直接消耗在生产和热水供应用户上，只有部分热媒返回热源。

闭式热水供热系统的热用户与热水网路的连接方式分为直接连接和间接连接两种。直接连接是指热用户直接连接在热水网路上，热用户与热水网路的水力工况直接发生联系，两者热媒温度相同。间接连接是指外网水进入表面式水—水换热器加热用户系统的水，热用户与外网各自是独立的系统，两者温度不同，水力工况互不影响。目前常用双管闭式热水供热系统。

开式热水供热系统的热用户与热水网路的连接方式主要有无储水箱的连接方式、设上部储水箱的连接方式和与城市生活给水混合的连接方式。

2. 蒸汽集中供热系统

蒸汽集中供热系统能够向供暖、通风空调和热水供应系统提供热能，同时还能满足各类生产工艺用热的需要，在工业企业中得到了广泛应用。蒸汽供热管网一般采用双管制，即一根蒸汽管，一根凝结水管。有时根据需要可以采用三管制，即一根管道供应生产工艺用汽和加热生活热水用汽，一根管道供给供暖、通风用汽，它们的回水共用一根凝结水管道返回热源。

蒸汽供热管网与用户的连接方式取决于外网蒸汽的参数和用户的使用要求。

3. 集中供热管

集中供热管道(供热管网)的形式根据热媒的不同分为热水管网和蒸汽管网。热水管网多为双管式，既有供水管，又有回水管，供、回水管并行敷设。蒸汽管网分单管式、双管式和多管式，单管式只有供汽管，没有凝结水管；双管式既有供汽管，又有凝结水管；多管式的供汽管和凝结水管都是一根以上，按热媒压力的不同分别输送。供热管网的形式还分成环状管网和枝状管网。

9.2　通　风

9.2.1　通风概述

通风是为改善生产和生活条件，采用自然或机械的方法，对某一空间进行换气，以形成安全、卫生等适宜空气环境的技术。换句话说，通风就是把室内的污浊空气直接或经净化后排至室外，把新鲜空气补充进来，从而保持室内的空气条件，以保证卫生标准或满足生产工艺的要求。我们把前者称为排风，后者称为送风。按照通风动力的不同，通风系统可分为自然通风和机械通风两类。通风的主要功能是：提供人呼吸所需要的氧气；稀释室内污染物或气味；排除室内生产过程产生的污染物；除去室内多余的热量(称余热)或湿量(称余湿)；提供室内燃烧设备燃烧所需要的空气。建筑物中的通风系统，可能只完成其中的一项或几项任务，其中利用通风除去室内余热和余湿的功能是有限的，它受到室外空气状态的限制。

1．自然通风

自然通风依靠室外风力造成的风压和室内外空气温度差所造成的热压使空气流动，以达到交换室内外空气的目的。

(1) 热压作用下的自然通风，图 9-8 所示为利用热压进行自然通风的示意图。由于房间内有热源，因此房间内空气温度高、密度小，产生了一种上升的力，空气上升后从上部窗孔排出，同时室外冷空气就会从下部门窗或缝隙进入室内，形成一种由于室内外温度差引起的自然通风方式称为热压作用下的自然通风。

(2) 风压作用下的自然通风，图 9-9 所示为利用风压进行自然通风的示意图。具有一定速度的风由建筑物迎风面的门窗进入房间内，同时把房间内原有的空气从背风面的门窗压送出去，形成一种由于室外风力引起的自然通风，以改善房间内的空气环境。这种自然通风方式被称为风压作用下的自然通风。

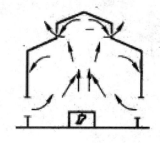

图 9-8　热压作用下的自然通风

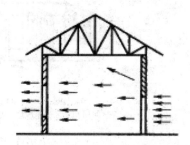

图 9-9　风压作用下的自然通风

(3) 热压和风压同时作用下的自然通风。在大多数实际工程中，建筑物是在热压和风压的同时作用下进行自然通风换气的。一般来说，在这种自然通风中，热压作用的变化较小，而风压作用的变化较大。图 9-10 所示为热压和风压同时作用下形成的自然通风示意图。

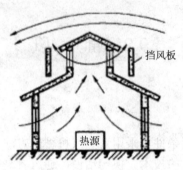

图 9-10 热压和风压共同作用下的自然通风

自然通风利用风压和热压进行换气，不需要任何机械设施，是一种简单、经济、节能的通风方式。但自然通风量的大小受许多因素的影响，如室内外温度差，室外风速和风向，门窗的面积、形式和位置等，因此其通风量并不恒定，会随气象条件发生变化，通风效果不太稳定。

2. 机械通风

机械通风是依靠通风机产生的动力来迫使室内外空气进行交换的方式(如图 9-11 所示)。由于其作用压力的大小不像自然通风那样受自然条件的限制，能够随着需要的不同而选择不同的风机，因此，可以通过管道把空气按要求的送风速度送到指定的任意地点，也可以从任意地点按要求的吸风速度排除被污染的空气，适当地组织室内气流的方向，并且根据需要可对进风或排风进行各种处理。此外，机械通风调节通风量和稳定通风效果明显。但机械通风需要消耗电能，风机和风道等设备会占用一部分面积和空间，工程设备费和维护费较大，安装管理较为复杂。按照通风系统应用范围的不同，机械通风还可分为全面通风和局部通风两种。

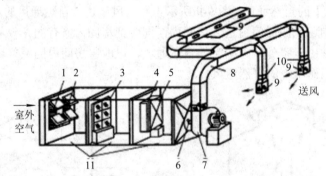

1—百叶窗；2—保温阀；3—过滤器；4—旁通阀；5—空气加热器；6—起动阀；
7—通风机；8—通风管；9—出风口；10—调节阀；11—送风室

图 9-11 机械送风系统示意图

9.2.2 通风系统

1. 局部通风

局部通风是指通风的范围限制在有害物形成比较集中的地方或人们经常活动的局部地区的通风方式。局部通风系统分为局部送风和局部排风两大类，它们都能利用局部气流，使室内空气环境得到改善。

局部送风是向局部地点送风，保证室内有良好空气环境的方式。对于面积较大，地点固定，人员较少的场所，可以采用局部送风，形成合适的局部空气环境。局部送风系统分为系统式和分散式两种。

2. 全面通风

全面通风是指在房间内全面进行通风换气的一种通风方式。它一方面用清洁空气稀释室内空气中的有害物浓度，同时不断把污染空气排至室外，使室内空气中有害物浓度不超过卫生标准规定的最高允许浓度。在有条件限制、污染源分散或不确定、室内人员较多且较分散、房间面积较大情况下，采用局部通风方式难以保证卫生标准时，应采用全面通风。

全面通风可以利用机械通风来实现，也可以利用自然通风来实现。按系统特征不同，全面通风可分为全面送风、全面排风和全面送、排风三类。按作用机理不同，全面通风可分为稀释通风和置换通风两类。

(1) 稀释通风又称混合通风，即送入比室内污染物浓度低的空气与室内空气混合，以此降低室内污染物的浓度，达到卫生标准。

(2) 置换通风在置换通风系统中，新鲜冷空气由房间底部以很低的速度送入，送风温差仅为 2～4℃。送入的新鲜空气因密度大而像水一样弥漫整个房间的底部，热源引起的热对流气流使室内产生垂直的温度梯度，气流缓慢上升，脱离工作区，将余热和污染物推向房间顶部，最后由设在顶棚上或房间顶部的排风口直接排出。

室内空气近似活塞状流动，使污染物随空气流动从房间顶部排出，工作区基本处于送入空气中，即工作区污染物浓度约等于送入空气的浓度，这是置换通风与传统的稀释全面通风的最大区别。显然置换通风的通风效果比稀释通风好得多。

9.2.3 通风系统的气流组织设计

所谓气流组织，就是合理地选择和布置送、排风口的形式、数量和位置，合理地分配各风口的风量，使送风和排风能以最短的流程进入或排出工作区，从而以最小的风量获得最佳的效果。一般通风房间的气流组织形式有上送下排、上送上排、下送下排、中间送上下排等多种形式。在设计时具体采用哪种形式，要根据有害物源的位置、操作地点、有害物性质及浓度分布等具体情况对送排风方式进行合理的选择。

在进行气流组织设计时，应按照以下原则进行设计：

(1) 送风口应尽量靠近操作地点。清洁空气送入通风房间后，应先经过操作地点，再经过污染区，然后排出房间。

(2) 排风口应尽量靠近有害物源或有害物浓度高的地区，以便有害物能够迅速被排出室外。

(3) 进风系统气流分布均匀，避免在房间局部地区出现涡流，使有害物聚积。

送排风量因建筑物的用途和内部环境的不同而不同。在民用建筑清洁度要求高的房间，送风量应大于排风量；对于产生有害物的房间，应使送风量略小于排风量。

(4) 机械送风系统室外进风口的布置：

① 选择空气洁净的地方。

② 进风口应尽量设在排风口的上风侧(指进、排风口同时使用季节主导风向的上风侧)，且低于排风口。

③ 进风口与排风口设于同一高度时的水平距离不应小于 20 m。当水平距离小于 20 m 时，进风口应比排风口至少低 6 m。

④ 进风口底部应高出地面 2 m，在设有绿化带时，不宜低于 1 m。

⑤ 降温用的进风口，宜设在建筑物的背阴处。

(5) 风量的分配：

① 有害物和蒸汽的密度比空气轻，或虽比室内空气重，但建筑内散发的湿热全年均能形成稳定的上升气流时，宜从房间上部区域排出。

② 当散发有害气体和蒸汽的密度比空气重，建筑物内散发的湿热不足以形成稳定的上升气流而沉积在下部区域时，宜从房间上部区域排出总风量的 1/3 且不小于每小时一次换气量，从下部区域排出总排风量的 2/3。

③ 当人员活动区有害气体与空气混合后的浓度未超过卫生标准，且混合后气体的相对密度与空气密度接近时，可只设上部或下部区域排风。

9.3 空气调节

9.3.1 空气调节概述

空气调节就是使房间或封闭空间的空气温度、湿度、洁净度和气流速度等参数达到一定标准的要求，提供足够量的新鲜空气的技术，创造并保持满足一定要求的空气环境。

空气调节系统主要由空气处理设备、空气输送管道以及空气分配装置等组成，根据需要，它能组成许多不同形式的系统。空气处理设备主要是对空气进行加热、冷却、加湿、减湿、净化等处理。

9.3.2 空气处理设备的分类

(1) 按设置情况分类，空气处理设备可分为集中式空调系统、半集中式空调系统和全分散空调系统。

集中式空调系统的所有空气处理设备(包括冷却器、加热器、过滤器、加湿器和风机等)均设置在一个集中的空调机房内，处理后的空气经风道输送到各空调房间。集中式空调系统又可分为单风管系统、双风管系统和变风量系统。半集中式空调系统除了设有集中空调机房外，还设有分散在空调房间内的空气处理装置。半集中式空气调节系统按末端装置的形式又可分为末端再热式系统、风机盘管系统和诱导器系统。全分散空调系统又称为局部空调系统或局部机组，该系统的特点是将冷(热)源、空气处理设备和空气输送装置都集中设置在一个空调机内，可以按照需要，灵活布置在各个不同的空调房间或邻室内。全分散空调系统不需要集中的空气处理机房，常用的有单元式空调器系统、窗式空调器系统和分体式空调器系统。

(2) 按负担室内负荷所用的介质分类，空气处理设备可分为全空气空调系统、全水调节系统、空气-水系统和冷剂系统。

全空气空调系统是指空调房间的室内负荷全部由经过处理的空气来负担的空气调节系统。全水调节系统指空调房间的热湿负荷全由水作为冷热介质来负担的空气调节系统。空气-水系统是由空气和水共同负担空调房间的热湿负荷的空调系统。冷剂系统是将制冷系统的蒸发器直接置于空调房间内来吸收余热和余湿的空调系统。

(3) 按集中式空调系统处理的空气来源分类，空气处理设备可分为封闭式系统、直流式系统和混合式系统。封闭式系统所处理的空气全部来自空调房间，没有室外新风补充，因此房间和空气处理设备之间形成了一个封闭环路。直流式系统所处理的空气全部来自室外，室外空气经处理后送入室内，然后全部排至室外。混合式系统是综合封闭式系统和直流式系统两者的结合，采用混合-部分回风的系统。

(4) 按风道中空气流速分类，空气处理设备可分为高速空调系统和低速空调系统。高速空调系统主风道中的流速可达 20～30 m/s，由于风速大，所以风道断面可以减少，主要用于层高受限、布置风道困难的建筑物中。低速空调系统风道中的流速一般不超过8～12 m/s，所以风道断面和所占建筑空间都较大。

9.3.3 空气调节系统常用设备与冷、热源设备

1) 空气处理设备

对空气处理的设备有很多，主要的有以下七类：空气加热设备、空气冷却设备、空气加湿和减湿设备、空气净化设备、消声和减振设备等。

2) 冷源设备

空调冷源有天然冷源和人工冷源两种。天然冷源主要是指地道风和深井水。人工冷源主要是指采用各种形式的制冷机制备低温冷水来处理空气或者直接处理空气。目前，空调工程中常用的制冷机主要有活塞式冷水机组、螺杆式冷水机组、离心式冷水机组、模块式冷水机组、多机头冷水机组、溴化锂吸收式冷水机组以及空调机组(窗式空调机、立柜式空调机)等。

3) 热源设备

空调热源主要有独立锅炉房和集中供热的热网。锅炉是一种把燃料燃烧后释放的热能传递给容器内的水，使其受热成为所需要温度的热水或蒸汽的设备。它由"炉"、"锅"及辅助装置构成一个完整体，以保证其安全运行。可以从不同角度出发对锅炉进行分类：

(1) 按用途可以分为电站锅炉、工业锅炉、机车船舶锅炉和生活锅炉。

(2) 按容量可以分为大型锅炉(蒸发量大于 100 t/h)、中型锅炉(蒸发量为 20～100 t/h)和小型锅炉(蒸发量小于 20 t/h)。

(3) 按蒸汽压力可以分为低压锅炉(一般压力小于等于 1.57 MPa)、中压锅炉(一般压力为 2.45～3.82 MPa)、高压锅炉(一般压力为 9.81 MPa)、超高压锅炉(一般压力为 13.73 MPa)、亚临界锅炉(一般压力为 16.67 MPa)和超临界锅炉(压力超过 22 MPa，即高于临界压力)。

(4) 按燃料种类和能源来源可以分为燃煤锅炉、燃油锅炉、燃气锅炉、原子能锅炉、废热(余热)锅炉等。

(5) 按介质在系统中的流动方式可分为自然循环锅炉、强制循环锅炉、直流锅炉等。

(6) 按锅炉的结构可以分为锅壳式锅炉(火管锅炉)、水管锅炉和水火管锅炉(卧式快装锅炉)。

(7) 按燃料在锅炉中的燃烧方式可分为层燃炉、沸腾炉和室燃炉。

思 考 题

1. 简述热水供暖系统的分类。
2. 简述自然通风的原理与分类。
3. 简述自然通风与机械通风各自的优缺点。
4. 简述空气调节系统的组成与分类。

第 10 章 其 他 工 程

10.1 铁 路 工 程

铁路运输是现代化运输体系之一，也是国家的运输命脉之一。铁路运输的最大优点是运输能力大、安全可靠、速度较快、成本较低、对环境的污染较小，基本不受气象及气候的影响，能源消耗远低于航空和公路运输，是现代化交通运输体系中的主干力量。

世界铁路的发展已有近 200 年的历史，第一条完全用于客、货运输而且有特定时间行驶列车的铁路，是 1830 年通车的英国利物浦与曼彻斯特之间的铁路。20 世纪 60 年代开始出现了高速铁路，速度从 120 km/h 提高到 450 km/h 左右。之后又打破传统的轮轨相互接触的粘着铁路，出现了轮轨相互脱离的磁悬浮铁路。而后者的试验运行速度，已经达到 500 km/h 以上。一些发达国家和发展中国家的大城市已经把建设磁悬浮铁路列入计划。

我国的铁路已形成全国铁路网。从上海浦东国际机场至龙阳路地铁站的磁悬浮铁路的兴建运营，标志着我国铁路建设已逐步达到国际先进水平。

城市轻轨与地下铁道已是各国发展城市公共交通的重要手段之一。城市轨道交通具有运量大、舒适性好、对环境污染小、能源利用率高等优点，是一种快速、安全、便捷的城市交通工具，并被誉为绿色交通工具。

10.1.1 铁路工程

铁路工程涉及选线设计和路基工程两大部分。

1. 铁路选线设计

铁路选线设计是整个铁路工程设计中一项关系全局的总体性工作。选线设计的主要工作内容有以下几个方面：

(1) 根据国家政治、经济和国防的需要，结合线路经过地区的自然条件、资源分布、工农业发展等情况，规划线路的基本走向，选定铁路的主要技术标准。

(2) 根据沿线的地形、地质、水文等自然条件和村镇、交通、农田、水利设施，来设计线路的空间位置。

(3) 研究布置线路上的各种建筑物，如车站、桥梁、隧道、涵洞、路基、挡墙等，并确定其类型和大小，使其总体上互相配合，全局上经济合理。

线路空间位置的设计是指线路平面与纵断面设计。铁路线路平面是指铁路中心线在水平面上的投影，它由直线段和曲线段组成。铁路纵断面是指铁路中心线在立面上的投影，是由坡段及连接相邻坡段的竖曲线组成的。而坡段的特征用坡段长度和坡度值表示。

铁路定线就是在地形图上或地面上选定线路的走向，并确定线路的空间位置。铁路定线的基本方法有套线、眼镜线和螺旋线等，如图 10-1 所示。

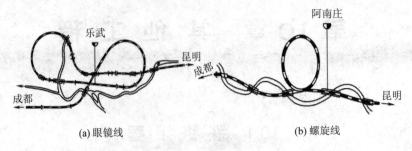

(a) 眼镜线   (b) 螺旋线

图 10-1 铁路定线

2. 铁路路基

铁路路基是承受并传递轨道重力及列车动态作用的结构，是轨道的基础。路基是一种土石结构，处于各种地形地貌、地质、水文和气候环境中，有时还遭受各种灾害，如洪水、泥石流、崩塌、地震等。路基设计一般需要考虑如下问题：

(1) 铁路路基的横断面形式有：路堤、半路堤、路堑、半路堑、不填不挖等，如图 10-2 所示。路基由路基体和附属设施两部分组成。路基面、路肩和路基边坡构成路基体。路基附属设施是为了保证路肩强度和稳定所设置的排水设施(如排水沟)、防护设施(如种草种树)与加固设施(如挡土墙、扶壁支挡结构)等。

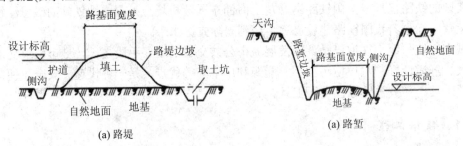

(a) 路堤   (a) 路堑

图 10-2 铁路路基横断面形式

(2) 路基稳定性。路基受到列车动态作用及各种自然力影响可能会出现道渣陷槽、翻浆冒泥和路基剪切滑动与挤起等现象，所以需要从以下的影响因素去考虑：路基的平面位置和形状；轨道类型及其上的动态作用；路基体所处的工程地质条件；各种自然应力的作用等。设计中心须对路基的稳定性进行验算。

10.1.2 高速铁路

1. 高速铁路的发展概况

铁路现代化的一个重要标志是大幅度地提高列车的运行速度。当今世界上，铁路速度的分档一般定为：时速 100～120 km 称为常速；时速 120～160 km 称为中速；时速 160～200 km 称为准高速或快速；时速 200～400 km 称为高速；时速 400 km 以上称为特高速。

从 20 世纪初至 20 世纪 50 年代，德、法、日等国都开展了大量的有关高速列车的理论研究和试验工作。1964—1990 年是世界上高速铁路发展的最初阶段。除了北美以外，世界上经济和技术最发达的日本、法国、意大利和德国推动了高速铁路的第一次建设高潮。1981年 10 月 1 日，世界上第一条高速铁路——日本的东海道新干线正式投入运营，时速达到210 km；之后，法国在 1981 年建成了它的第一条高速铁路(TVG 东南线)，列车时速达到270 km；后来又建成了 TVG 大西洋线，时速达到 300 km。日本东海道新干线和法国 TVG东南线的运营，在技术、商业、财政以及政治上都获得了极大的成功。

高速铁路建设在日本和法国所取得的成就影响了很多国家。20 世纪 80 年代末，世界各国对高速铁路的关注和研究酝酿了第二次建设的高潮。第二次建设高潮于 90 年代在欧洲形成，所波及到的国家主要有法国、德国、意大利、西班牙、比利时、荷兰、瑞典和英国等。1991 年，欧洲议会批准了泛欧高速铁路网的规划，1994 年 12 月，欧洲铁盟通过了在2010 年内建成泛欧高速铁路网的规划，规划的目标是新建 12500 km，可以满足列车以250 km/h 以上速度运行的高速铁路，改造 14 000 km 既有线路，形成 29 000 km 的高速铁路网，以连接欧洲所有的主要城市。

高速铁路的建设与研究自 20 世纪 90 年代中期形成了第三次高潮，这次高潮波及到亚洲、北美、澳洲以及整个欧洲，形成了交通领域中铁路的工场复兴运动。自 1992 年以来，俄罗斯、韩国、澳大利亚、英国、荷兰等国家和我国台湾地区均先后开始了高速铁路新线的建设。

目前，高速铁路技术在世界上已经成熟，高速化已经成为当今世界铁路发展的共同趋势。21 世纪的铁路运输业将会出现轮轨系高速铁路的全面发展，全球性高速铁路网建设的时期已经到来。

归纳起来，当今世界上建设高速铁路主要有下列几种模式：

(1) 日本新干线模式，如图 10-3 所示。全部修建新线，旅客列车专用。

(2) 法国 TVG 模式。部分修建新线，部分旧线改造，旅客列车专用。

(3) 德国 ICE 模式。全部修建新线，旅客列车及货物列车混用。

(4) 英国 APT 模式，如图 10-4 所示。既不修建新线，也不对旧线进行大量改造，主要靠采用摆式车体的车辆组成的动车组；旅客列车及货物列车混用。

图 10-3 日本新干线　　　　　　　　　　图 10-4 英国 APT

2. 高速铁路的技术要求

高速铁路的实现为城市之间的快速交通往来和旅客出行提供了极大的方便。同时也对铁路选线与设计等提出了更高的要求，如铁路沿线的信号与通信自动化管理，铁路机车和车辆的减震和隔声要求，对线路平面、纵断面的改造，加强轨道结构，改善轨道的平顺性和养护技术等。

(1) 为了保证列车能按规定的最高速度，安全、平稳和不间断地运行，铁路线路不论就其整体来说或者就其各个组成部分来说，都应当具有一定的坚固性和稳定性。在高速铁路上，列车运行速度很高，要求线路的建筑标准也高，包括最小曲线半径、缓和曲线、外轨超高等线路平面标准，坡度值和竖曲线等线路纵断面标准以及高速行车对线路构造、道岔等的特定要求等。

(2) 高速列车的牵引动力是实现高速行车的重要关键技术之一。它涉及许多方面的新技术。如新型动力装置与传动装置；牵引动力的配置已不能局限于传统机车的牵引方式，而要采用分散的或相对集中的动车组方式；高速条件下新的制动技术；高速电力牵引时的受电技术和装备；适应高速行车要求的车体及行走部分的结构以及减少空气阻力的新外形设计等。这些均是发展高速牵引动力必须解决的具体技术问题。

(3) 高速铁路的信号与控制系统是高速列车安全、高密度运行的基本保证。它是集微机控制与数据传输于一体的综合控制与管理系统，也是铁路适应高速运行、控制与管理而采用的最新综合性高技术，一般统称为先进列车控制系统，如列车自动防护系统、卫星定位系统、车载智能控制系统、列车调度决策支持系统、列车微机自动监测与诊断系统等。

(4) 通信在铁路运输中起着神经系统和网络的作用。它主要完成三个方面的任务：保证指挥列车运行的各种调度指挥命令信息的传输；为旅客提供各种服务的通信；为设备维修及运营管理提供通信条件。列车运行速度的提高，对通信提出了更高的要求：通信应具有高可靠性，以保证列车的高速运行安全；通信应保证运营管理的高效率，通信与信号系统紧密结合，形成一个整体；通信与计算机和计算机网相结合，形成一个现代化的运营、管理、服务系统；通信应完成多种信息的传输和提供多种通信服务，多种通信方式结合形成统一的铁路通信网。

3. 我国高速铁路的建设

我国把铁路提速作为加快铁路运输业发展的重要战略。2004 年 4 月 18 日，我国铁路开始启动历史上的第五次大面积提速，此次提速，新增 3500 多 km 提速线路，主要干线列车时速达到 160 km，标志着我国铁路在扩充运能和提高技术装备方面实现新的突破。为了实现铁路跨越式发展，我国铁路部门已经制定并开始实施一项建设发达铁路网的宏伟蓝图——《中长期铁路网规划》。计划未来投入 2 万亿人民币用于铁路建设，目标是在 2020 年建成快速铁路客运网络和大能力货运网，主要技术装备将达到国际先进水平，运输能力能够适应国民经济发展和小康社会的需求。

2008 年 8 月 1 日，我国第一条高等级城际快速铁路——京津高速铁路已开通运行。京津城际铁路是我国高速铁路的开端，采用世界最先进的无砟轨道技术铺设，列车为国产时速 350 km 的 CRH3/CRH2C 型动车组。其中，CRH3 在试验中跑出了 394.3 km/h 的世界运营列车最高时速纪录。

10.1.3　城市轻轨与地下铁道

1. 城市轻轨

城市轻轨是城市客运有轨交通系统的又一种形式，它与原有的有轨电车交通系统不同。它一般有较大比例的专用道，大多采用浅埋隧道或高架桥的方式，车辆和通信信号设备也是专门化的，克服了有轨电车运行速度慢、正点率低、噪声大的缺点。它比公共汽车速度快、效率高、省能源、无空气污染等。轻轨比地铁造价低，见效快。自 20 世纪 70 年代以来，世界上出现了建设轻轨铁路的高潮。目前已有 200 多个城市建有这种交通系统。

　　轻轨适用于中等运量，多采用全封闭或半封闭方式，实行信号控制。其线路在市区部分可置于地下或高架，在郊区部分一般多在地面运行。轻轨平均速度为 20～25 km/h，单向高峰流量 1～3 万人次/h 采用，适用于道路坡道较大或弯曲的大中城市，也可在特大城市配合地铁在郊区的延伸。在运输能力上有较大的灵活性，其造价仅为地铁的 1/5～1/3。

　　上海已于 2000 年 12 月建成我国第一条城市轻轨系统，即明珠线。明珠线的顺利建成将我国的城市交通发展推向一个新的阶段。目前，上海城市地上地下轨道交通总里程有 65 km。但根据新一轮城市规划，上海拟建地铁线 11 条，长约 384 km；轻轨线路 10 条，长约 186 km。

2. 地下铁道(地铁)

　　世界上第一条载客的地下铁道是 1863 年首先通车的伦敦地铁。早期的地铁是蒸汽火车，轨道离地面不远。第一条使用电动火车且真正深入地下的铁路直到 1890 年才建成。这种新型且清洁的电动火车改进了以往蒸汽火车的很多缺点。

　　地铁常建于城市中心地区，其特点是运量大，能迅速疏散旅客，不易堵塞，运量可达 4～6 万人次/h，速度可达 30.60 km/h，运行采用全封闭信号控制，运行间隔为 2～2.5 min。所以，当城市运量在 4 万人次/h 以上时，可以采用地铁方式解决城市运量问题。地铁的安全、快速、准时是其他轨道交通无法比拟的，但由于造价昂贵，制约了其发展。

　　目前，伦敦的地铁长度已达 380 km，全市已形成了一个四通八达的地铁网，每天载客 160 余万人次。现在全世界建有地下铁道的城市到处可见，如法国巴黎，英国的伦敦，俄罗斯的莫斯科，日本的东京，美国的纽约、芝加哥，加拿大的多伦多，我国的北京、上海、天津、广州等城市。

　　发达国家的地铁设施非常完善，如巴黎的地铁在城市地下纵横交错，行驶里程高达几百公里长，遍布城市各个角落的地下车站，给居民带来了非常便利的公共交通服务。波士顿地铁于 20 世纪 90 年代率先采用交流电驱动的电动机和不锈钢制作的车厢，也是美国大陆首先使用交流电直接作为动力的地铁列车。美国纽约的地铁是世界上最繁忙的，每天行驶的班次多达 9000 多次，运输量非常惊人。

3. 城市轻轨和地下铁道的特点

　　城市轻轨和地下铁道一般具有如下特点：

　　(1) 线路多经过居民区，对噪声和振动的控制较严，除了对车辆结构采取减震措施及修筑声屏障以外，对轨道结构也要求采取相应的措施。

　　(2) 行车密度大，运营时间长，留给轨道的作业时间短，因而须采用高质量的轨道部件，一般用混凝土道床等维修量小的轨道结构。

　　(3) 一般采用直流电动机牵引，以轨道作为供电回路。为了减少泄漏电流的电解腐蚀，要求钢轨与基础间有较高的绝缘性能。

　　(4) 曲线段占的比例大，曲线半径比常规铁路小得多，一般为 100 m 左右，因此要解决好曲线轨道的构造问题。

10.1.4　磁悬浮铁路

1. 磁悬浮铁路的概念

磁悬浮铁路是一种新型的交通运输系统，它与传统铁路有着截然不同的特点。磁悬浮铁路上运行的列车，是利用电磁系统产生的吸引力和排斥力将车辆托起，使整个列车悬浮在铁路上，利用电磁力进行导向，并利用直流电动机将电能直接转化成推进力来推动列车前进，如图 10-5 所示。

图 10-5　磁悬浮列车

与传统铁路相比，磁悬浮铁路由于消除了轮轨之间的接触，因而无摩擦阻力；线路垂直负荷小，适于高速运行，时速可达 500 km/h 以上；无机械振动和噪声，无废气排出和污染，有利于环境保护，能充分利用能源，从而获得高的运输效率；列车运行平稳，也能提高旅客的舒适度；由于磁悬浮铁路采用导轨结构，不会发生脱轨和颠覆事故，提高了列车运行的安全性和可靠性；磁悬浮列车由于没有钢轨、车轮、接触导线等摩擦部件，可以省去大量的维修工作和维修费用。另外，磁悬浮列车可以实现全盘自动化控制。因此，磁悬浮铁路将成为未来最具竞争力的一种交通工具。

2. 磁悬浮铁路的发展概况

对于磁悬浮铁路的研究，日本和德国起步最早，但两国采用的制式却截然不同。德国采用常导磁吸式(即铁芯电磁铁悬挂在导体下方，导轨为固定磁铁，利用两者之间的吸引力使车体浮起)；而日本采用超导磁斥式(即用超导磁体与轨道导体中感应的电流之间的相斥力使车体浮起)。在车辆和线路结构上，在悬浮、导向和推进方式上虽各有不同，然而其基本原理是一样的。

目前，磁悬浮铁路已经逐步从探索性的基础研究进入到实用性开发研究的阶段。世界发达国家已经提出建设磁悬浮铁路网的设想。已经开始可行性方案研究的磁悬浮铁路有：美国的洛杉矶—拉斯维加斯(45 km)，加拿大的蒙特利尔—渥太华(193 km)，欧洲的法兰克福—巴黎(515 km)，澳大利亚的墨尔本—悉尼(810 km)，沙特阿拉伯的里亚德—麦加(880 km)，韩国的首尔—釜山(500 km)等。

我国已在上海浦东开发区建造了首条磁悬浮列车示范运营线。上海磁悬浮快速列车西起地铁 2 号线龙阳路站、东至浦东国际机场，采用德国技术建造，全长约 33 km，设计最大速度为 430 km/h，单向运行时间为 8 min。上海磁悬浮快速列车工程既是一条浦东国际机场与市区连接的高速交通线，也是一条旅游观光线，还是一条展示高科技成果的示范运营线。随着这条铁路的开发与运营，将大大缩短我国铁路建设与世界先进水平的差距。

10.2 机场工程

机场工程是指规划、设计和建造飞机场(简称机场，在国际上称航空港)各项设施的统称。为了保证飞机在飞机场的起飞、着陆和各种活动，飞机场内及其附近设有跑道、滑行道、停机坪、旅客航站、塔台、飞机库等工程，以及无线电、雷达等多种设施。

自古以来，人们就羡慕鸟类在天空自由飞翔的本领，人们也一直努力不懈地探索飞上蓝天的奥秘。1903 年 12 月 17 日，在北卡罗莱纳州的基蒂霍克附近，美国莱特兄弟制造的双翼飞机，成功飞行了 36.38 m，这是人类首次飞机飞行，如图 10-6 所示。我国飞行家冯如在美国自制飞机，1909 年 9 月 21 日试飞成功，这是中国人首次驾驶飞机上天。

图 10-6　莱特兄弟

航空工业的发展是二十世纪中重要的科技进步之一。随着我国经济迅速发展，航空运输量迅猛增长，随之而来，机场规划、跑道设计方案、航站区规划、机场维护及机场的环境保护等已日益成为人们关注的问题。

10.2.1　机场发展概述

20 世纪 20 年代初，开始了以飞机作为交通工具的新型运输方式，同时有了供飞机起降和地面活动的固定场所——飞机场。当时，飞机小，重量轻，速度慢，载量少，对地面设施要求不高。因而初期的飞机场，如 1922 年瑞士修建的日内瓦宽特兰飞机场，只包括20 公顷草地、一栋小管理房屋、两个木结构机库和一台原始的无线电设备。30 年代中期，比较成熟的运输飞机，如美国的 DC-3 和德国的 JU-52 等型飞机问世，飞机的重量、速度、载量均有增加，技术也有提高，开始要求飞机场建造有道面的固定跑道。随之无线电技术也逐渐被引用。

第二次世界大战以后，随着科学技术的进步和经济的发展，特别是 50 年代末喷气运输机和 70 年代初宽体运输机的相继问世，为航空运输的迅速发展创造了条件。同时也促使保证飞行安全、提高飞行效率设施和技术管理措施的发展；反过来它们的发展又加快了航空运输业务的前进步伐。许多国家在经济发展过程中，都以较大的投资发展自己的民用航空事业，航空运输发展速度惊人。航空旅客周转量的增长率，除少数年份由于燃油价格飞涨和世界性经济衰退影响外，其他年份平均达 9%。航空运输在各种运输方式中所占的比重增长很快。例如，从 1950～1978 年，美国航空旅客周转量在铁路、内河水运、公路和国内航空四种运输方式中所占比重从 2.0%上升到 12.9%；苏联在铁路、内河和海运、公路、国际航空这四种运输方式中所占比重从 1.2%上升到 16.6%。航空运输已是许多国家的重要运输方式之一。

较之民航事业初期，半个多世纪以来，飞机、航空技术、航行设施和运输管理水平均得到很大发展。主要体现在以下几个方面：

(1) 飞机性能。发动机从活塞式发展到目前应用得比较普遍的喷气式；飞行速度从每小时 200 公里达到 900 公里以上；起飞全重从 10 余吨达到超过 350 吨；载客量从 20～30人达到 500 人；运载能力从每小时 560 吨·千米达到 61600 吨·千米；最大航程从 2400 千米达到 11000 千米。

(2) 飞行方式。从日间依靠目视飞行发展到夜间和低于目视气象条件下的仪表飞行。

(3) 空中交通管制。从以程序管制的方法发展到以雷达管制的方法。

(4) 飞行领航。从判读地图、使用推测计算和简单的地标领航，发展到各种无线电航线导航和飞机场区着陆引导设施。

(5) 航空通讯。从以人工电报为主，发展到电报、电话、电传打字、传真、电视、数据传输，利用有线、无线、卫星通讯等多样方式和线路。

(6) 航空气象。从常规的气象观测及气象预报，发展成为气象学应用的一个专门分支，在各飞机场建立各种服务设施，为航空专业气象预报服务。

(7) 经营管理。航空运输经营管理水平不断提高，要求不断更新技术设施和改进管理手段。

飞机、航空技术和航空运输的这些发展，使得对保证飞机在飞机场的起飞、着陆和地面活动所需的各项地面设施的要求不断增多，飞机场规模一再增大，技术日趋复杂，也使机场向大型化和现代化迈进。其主要特点如下：

(1) 飞行区不断扩大和完善，可以保证运输机在各种气象条件下都能安全起飞着陆。如水泥混凝土或沥青混凝土跑道，以适应飞机喷出的高温高速气流；跑道距离增长，以满足大型客机由于质量增大对跑道长度的要求；跑道两侧设置了日益完善的助航灯光及无线电导航设备等。

(2) 航站楼日益增大和现代化，可以保证大量旅客迅速出入。目前大型机场的航站楼面积为数万平方米，有的达数十万平方米。候机楼设置相当完善。

(3) 机场旅客设施日益完善。机场内有宾馆、餐厅、邮局、银行、各种商店，旅客在机场内就和在城市一样方便。

(4) 机场距城市有一定距离，有先进的客运手段与城市联系。因为先进的喷气式客机对机场的净空要求较严，且噪声也大，因此机场一般必须离开城市一定的距离。

20 世纪 80 年代，世界上一些大型的现代化国际飞机场，占地在 1500 公顷以上，主跑道长度达 4000 米，旅客航站面积超过 20 万平方米，年起降飞机超过 20 万架次，年旅客流量接近甚至超过 4500 万人次，年货运量达 60 万吨，机场工作人员达 5 万人。一项现代化的飞机场工程，已成为包含庞大的土木建筑工程和复杂的科学技术设施的综合性建设项目。

10.2.2 机场的分类及系统构成

机场是在地面或水面上划定的一块区域(包括相关的各种建筑物、设施和装置)，供飞机起飞、着陆、停放、加油、维修及组织飞行保障活动之用的场所。

1．机场类别

(1) 按航线业务范围划分，可分为国际机场、国内航线机场和地区航线机场。

① 国际机场：国际机场又分为国际定期航班机场、国际定期航班备降机场和国际不定期航班机场，指供国际航线使用，并设有海关、边防检查、卫生检疫、动植物检疫、商品检验等联检机构的机场。

② 国内航线机场：专供国内航线使用的机场。

③ 地区航线机场：在我国指供大陆民航运输企业与香港、澳门地区之间定期或不定期航班飞行使用。

(2) 按服务对象划分，可分为军用机场、民用机场和军民合用机场。

民用机场包括商业性航空运输机场和通用航空机场；对旅客和货物的接纳和转运，对航空器的停场周转和维修具有完整设施的大型民航运输机场又称为"航空港"。

(3) 按机场在民航运输系统中所起作用划分，可分为枢纽机场、干线机场和支线机场。

① 枢纽机场：指国际、国内航线密集的机场。

② 干线机场：指省会、自治区首府及重要旅游、开发城市的机场。

③ 支线机场：又称地方航线机场，指各省、自治区内地面交通不便的地方所建的机场，其规模通常较小。

2．机场系统构成

为实现地面交通和空中交通的转接，机场系统包括空域和地域两部分。前者即航站区空域，供进出机场的飞机起飞和降落，后者由飞行区、航站区和进出机场的地面交通三部分组成，如图 10-7 所示。如图 10-8 所示为机场整体俯视示意图。

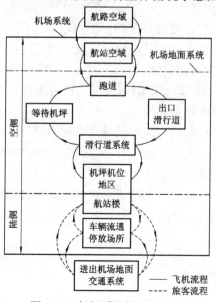

图 10-7 机场系统构成示意图

图 10-8　机场整体俯视示意图

飞行区是机场内用于飞机着陆、起飞和滑行的地区，通常也将相应的空域包括在内。主要包括跑道系统(跑道端安全地区、停止道、净空道、升降带)、滑行道系统、目视助航系统以及机场净空带(或净空区域)。

航站区是飞行区与机场其他部分的交接部分，包括作为主体的航站楼(如图 10-9 所示)及站坪、车道边、停车设施(停车场或停车楼)、站前地面交通组织及相应公共设施等。

图 10-9　机场航站楼

进出机场的地面交通系统，通常是公路，但也包含了铁路、地铁(或轻轨)及水运码头等。其功能在于将旅客、货物和邮件及时地运进航站楼或运出航站楼。航站楼指旅客航站楼和货运站(货运库)，但通常是指前者。

停机坪(简称为机坪)是在陆地划定的一块供飞机进出停机位、停靠、上下客货、补充给养和能源、维护和检修以及驻留的场地。一般分为客机坪、货机坪、远机位坪、驻留机坪、过夜坪和维修坪等。靠近航站楼的停机坪通常称为站坪。在停机坪上划定若干块面积供飞机停放所用，称为机位。依照距离航站楼的远近，机位又分为近机位和远机位。

机场还包括机场空中交通管理设施、供油设施、应急救援设施、动力及电信系统、机场保安消防设施、货运区、机场环境保障设施、基地航空公司区、属于机场的机务维护设施及地面服务设施等、旅客服务设施、驻场单位区、机场办公及值班宿舍等其他重要设施。

10.2.3　机场规划

1. 机场规划

飞机场规划是根据飞机场在整个飞机场网中所处的地理位置和它的航空业务量以及场

址技术条件，做出的飞机场分期和最终发展的设想。由于跑道的方位、纵横坡度及飞机场净空要求，特别是跑道两端的净空限制均有较严格的规定。所以，每个飞机场的总体规划，首先是从飞行区跑道的规划开始，就若干比较方案进行研究，分析效益和投资间的关系，选取合理可行的最优方案。

飞机场规划不仅要研究飞机场本身的各项设施和要求，如飞机场布局、各项通讯导航设施的布置、航站区规划、飞机供油设施、飞机维修设施以及其他各项工程的布置等，还必须周密考虑飞机场周围的环境因素。

2．机场环境

净空要求和飞机噪声影响是飞机场建设中的两个重要问题。飞机场净空要求是保证飞机到达或飞离飞机场时各种空中活动的安全所必需的，按不同飞机类别和飞行进近程序的跑道分别作出规定(见飞机场附近障碍物限制)。自从出现喷气式飞机后，飞机场附近公众对飞机噪声的抱怨急剧增加，除改进飞机发动机设计和在飞行进近程序上采取可能的避绕措施外，减少飞机噪声影响的有效途径是对飞机场邻近地区，按预计的可以接受的噪声强度，分区做出土地使用规划。

3．机场选址

选择新飞机场场址的主要条件可分两大类。一类和其他工程建设相同或相似，即：地势比较平缓，不致土石方量过大；工程地质、水文地质条件适宜于进行工程建设；场地开阔，能够布置飞机场各项设施，并留有一定的发展余地；不占大量农田、少迁村舍，使农田水利方面招致的困难减至最少；交通方便，最好和铁路车站相距不远；电源、水源方便等。另一类则是飞机场建设的一些特殊性要求，主要包括：跑道方位应尽可能符合或接近经常风和大风方向，以满足风力负荷要求；净空良好，飞机场附近的地形、地物能够满足或基本满足飞机场净空要求，特别是跑道两端的要求；飞机起落航线避免经过禁区或居民稠密区上空；场址和邻近的飞机场在起落航线和空域方面没有冲突，或不发生严重矛盾；场址与所服务的城市或地区间的地面距离恰当，目前认为以地面交通时间不超过 30 分钟比较适宜，如过近会使飞机噪声和飞机场净空限制影响城市生活和建设，但过远会使旅客来往不便；场址应和石油化工企业、发电厂、铁路枢纽、广播电台、电视台或其他大型工矿及超高压架空线路保持一定距离，以免相互干扰。选择飞机场场址时，不一定所有条件均能符合。因此，需要分析轻重利弊，有取有舍，尽可能地选取最佳方案。

4．工程内容

飞机场工程的基本项目包括：跑道、升降带、滑行道、停机坪及相应的各种标志、灯光助航设施和排水系统等。其中跑道为最关键项目。

在大型飞机场，飞行区工程的作业面积至少有 150～200 公顷，甚至超过 1000 公顷。所需砂石材料，少的也有 30 万吨，多的在 200 万吨以上。飞机场道面对强度、平整度、粗糙度、土基和基层的强度、密实性方面均有严格的要求。这是为了满足飞机重量大、轮胎压力高、滑跑速度大、密闭的飞机舱不允许因道面不平产生过大的颠簸、飞机着陆时对道面的冲击力及防止雨天积水发生飞机飘滑危险等的各种需要。在中国飞机场道面，迄今以刚性道面为主。

旅客航站(航站楼)是航站区最主要的建筑物，是飞机场旅客接触最多的部分，是地面交通和航空运输的衔接处。按其作用可分为三个部分：

① 联结地面交通的设施，如进场道路、停车场(或停车楼)、上下汽车的车道边及公共汽车站、专线铁路站台等(见飞机场航站区)。

② 办理各种手续的设施，如旅客办票、安排座位、托运行李的柜台，安全检查，行李提取设施及各种服务设施，(国际航线的)海关、动植物检疫、卫生检疫、边防(或称移民)检查的柜台。

③ 联结飞行的设施，如靠近飞机机位用于集合旅客，便于迅速登机的门位候机室或其他场所，视旅客登机方式而异的各种运送、登机设施，中转旅客办理手续、休息候机及活动的场所。

此外，旅客航站内还要设置航空公司营运和飞机场管理部门必要的办公室以及设备、设施用房。

旅客航站是旅客接触飞机场的第一座建筑物，在一定的意义上，可说是这个城市的"大门"；国际旅客航站还是这个国家或地区的"大门"。旅客航站需要体现所在城市或地区的风貌和精神以及一定程度的美观要求，又是一座功能性极强的交通建筑物，设计布局由旅客及其行李的流程所决定。

在大型飞机场，规划专门的地段，设置货物航站及货运停机坪，用以处理大量的航空运输货物和邮件。

飞机场管制塔台简称塔台，是飞机场航站区的重要建筑物，是飞机场管理、控制各项飞行业务的中心，负责对将要起飞的飞机发给许可飞行的指令，提供关于航路和有关飞机场的气象、飞行和航行情报，指挥、引导前来飞机场的飞机进行着陆以及管制飞机在飞机场上的活动。塔台是对飞机场上和直到距飞机场大约10公里紧邻的空域内的飞机飞行业务进行监督、引导和监视的设施。为此塔台要求有良好的视野，要让塔台管制员既能清晰地瞭望飞机场四周上空，特别是跑道两端飞机起飞或降落的进近地区，又能清楚地看到全部飞行区地面，包括整条跑道，在滑行中的飞机以及在客、货机坪机位上停靠并正在装卸客货的飞机。塔台有时建成为一座单独的建筑物，但也可与旅客航站或终端空中交通管制机构合建，它常是飞机场上最高的建筑。

飞机场消防、救援中心、气象站、气象观测场也是飞机场的必要建筑。有时，并设有气象雷达。

航站区建筑，还包括飞机场旅馆、飞机场行政管理机构、车库、仓库、航空食品车间、各项公用设施(水、电、电话、污水、空调、采暖、煤气等的建筑物和构筑物)以及公共汽车站、出租汽车站等。它们各自的规模大小当视各飞机场的具体需要而定。

10.2.4　发展趋势

航空运输早期，飞机场往往建在城市附近，这和当时的飞机条件和技术要求是相适应的。但在城市发展的同时，航空运输也以更快的速度发展，不但飞机场数目大量增加，而且飞机场的规模不断扩大，技术设施日趋精密复杂。其结果是无论新建飞机场选址，或者旧飞机场改造、扩建，飞机场建设和工农业其他建设，将出现相互干扰或相互排斥的局面，特别是在建设用地、净空限制、噪声影响和电气、电子干扰等方面。为一些大中城市服务的飞机场建设，有时发生难以解决的矛盾，使当地航空运输业务和城市建设发展长期受到限制。这已不乏先例。

鉴于航空运输区别于其他运输方式的最大优势是速度，是节省时间，上述矛盾当不能仅以飞机场迁至远离市区的办法去解决。如果飞机场距市区过远，来往花费的地面交通时间过多，以致抵消了空中的时间节约，也就失去了航空运输的优势，这在短程、中程航程上更为显著。这个问题已经日渐引起有关各方面的重视。例如，将飞机场的选址、布局和各项技术要求，纳入城市总体规划工作中。飞机制造部门研制生产的新型运输飞机，在加强飞机的安全性能、减少燃油消耗、增加运载能力的同时，要提高起降能力，减少或至少不再增长起飞滑跑距离，降低噪声等级，减轻大气污染等。来往飞机场的地面交通工具，则向高速公路、高速有轨车等大容量快速交通的方向发展。

计算机技术的惊人进展，在飞机研制和设计、飞行稳定性控制、空中交通管制自动化、航行管理、气象服务、导航、通讯、燃油管理、旅客机票处理、行李交运处理甚至建筑物设备管理等各方面日益发挥作用，甚至居支配性地位。飞机场还必须不断提高接运大量旅客的能力，尽量减少他们在地面花费的时间，从而能与航空旅行节约时间的优点相适应。这就要不断改进飞行指挥技术设施，缩短两架飞机间起降的间隔时间，提高跑道吞吐能力；要进一步研究各种登机方式，研究接运旅客及其行李的不同方案设想，改进各种技术业务设施，使旅客在旅客航站办理机票、行李和接受各种检查的手续更便捷，候机的时间更短；要研究改进地面交通的方式和布局，为往来市区创造更方便的条件。此外，也要研究改进飞机加油和机坪服务设施的可能性，以缩短飞机在站坪机位的停靠时间。最后，与飞机性能和飞行技术水平的提高相配合，飞行区的技术要求、基本尺寸、目视助航设备等将不断改进。

为了充分发挥每一种运输方式各自的优势，谋取最佳经济效益，今后有可能研究、试验航空和铁路、公路以及水运等综合的若干新型运输方式，这将给飞机场工程提出新课题。

10.3　港 口 工 程

港口是具有一定的水域和陆域面积及设备条件，供船舶安全进行货物或旅客的转载作业和船舶修理、供应燃料或其他物资等技术服务和生活服务的场所，如图 10-10 所示港口是水陆运输的枢纽，是旅客和货物的集散地，是国内外贸易物资转运的联结点，也是沟通城乡物资交流的场所。

图 10-10　港口

港口的地位和作用，历来受到人们所关注。这是因为，作为生产力的要素，港口在国民经济的资源配置中，是重要的物质基础；作为交通枢纽，港口在庞大复杂的物流体系中起着"泵站"转运作用；作为国家门户，港口在对外交流和对外贸易中，又是重要的"主通道"。港口工程是指兴建港口所需的各项工程设施的工程技术，包括港址选择、工程规划设计及各项设施(如各种建筑物、装卸设备、系船浮筒、航标等)的修建，港口工程也指港口的各项设施。港口工程原是土木工程的一个分支，随着港口工程科学技术的发展，已逐渐成为相对独立的学科，但仍然和土木工程的许多分支如水利工程、道路上程、铁路工程、桥梁工程、房屋工程、给水和排水工程等分支保持密切的联系。港口工程的目的是使港口建成后，设计船舶能安全进入、驶离港口，顺利靠泊码头和进行装卸作业，港口能完成预期的货物吞吐任务和旅客运送任务。

10.3.1　我国港口发展概述

中国水运发展的历史源远流长，中国港口建设有着自己的历史脉络。早在新石器时代，先人已在天然河流上广泛使用独木舟和排筏。从浙江河姆渡出土的木桨，证明在距今 2000 多年前，中国东南沿海的渔民已使用桨出海渔猎。春秋战国时期，水上运输已十分频繁，港口应运而生，当时已有渤海沿岸的碣石港(今秦皇岛港)。汉代的广州港以及徐闻、合浦港，已与国外有频繁的海上通商活动。长江沿岸的扬州港，兼有海港与河港的特征，到唐朝已是相当发达的国际贸易港。广州、泉州、杭州、明州(今宁波)是宋代四大海港。鸦片战争后，列强用炮舰强行打开中国国门，一系列不平等条约的签订，使沿海海关和港口完全被外国人所控制，内河航行权丧失殆尽。港口长期受制于外来势力，成为帝国主义侵略掠夺我国资源财富的桥头堡。

新中国成立前，中国港口几乎处于瘫痪状态，全国(除台湾省)仅有万吨级泊位 60 个，码头岸线总长仅 2 万多米，年总吞吐量只有 500 多万吨，多数港口处于原始状态，装卸靠人抬肩扛。新中国成立后，中国水运和港口开始获得新生，先后经历了五个不同的发展时期。

中国港口建设的第一个发展时期是建国初期的 20 世纪 50～70 年代初。由于帝国主义的海上封锁，加上经济发展以内地为主，交通运输主要依靠铁路，海运事业发展缓慢。这一阶段港口的发展主要是以技术改造、恢复利用为主。

中国港口建设的第二个发展时期是 20 世纪 70 年代。随着中国对外关系的发展，对外贸易迅速扩大，外贸海运量猛增，沿海港口货物通过能力不足，船舶压港、压货、压车情况日趋严重，周恩来总理于 1973 年初发出了"三年改变我国港口面貌"的号召，开始了第一次建港高潮。从 1973 年至 1982 年全国共建成深水泊位 51 个，新增吞吐能力 1.2 亿吨。首次自行设计建设了中国大连 5 万/10 万吨级原油出口专用码头。这一时期锻炼和造就了中国港口建设队伍，为以后港口发展奠定了较好的基础。

中国港口建设的第三个发展时期是 20 世纪 70 年代末至 80 年代。中国经济发展进入一个新的历史时期，中国政府在"六五"(1981—1985)计划中将港口列为国民经济建设的战略重点。港口进入第二次建设高潮。港口建设步入了高速发展阶段。"六五"期间共建成54 个深水泊位，新增吞吐能力 1 亿吨。"七五"期间是沿海港口建设 40 年发展最快的五年，共建成泊位 186 个，新增吞吐能力 1.5 亿吨。其中深水泊位 96 个，共建成煤炭泊位 18 个，集装箱码头 3 个以及矿石、化肥等具有当今世界水平的大型装卸泊位。拥有深水泊位的港口已发展到 20 多个。年吞吐量超过 1 000 万吨的港口有 9 个。

中国港口建设的第四个发展时期是 20 世纪 80 年代末至 90 年代。随着改革开放政策的推行与实施以及国际航运市场的发展变化，中国开始注重泊位深水化、专业化建设。特别是七届人大四次会议后，通过了中国十年发展纲要和"八五"计划纲要，明确了交通运输是基础产业。为适应社会主义市场经济发展的进一步深化，出现了第三次建港高潮。建设重点是处于中国海上主通道的枢纽港及煤炭、集装箱、客货滚装船等三大运输系统的码头。至 1997 年底，全国沿海港口共拥有中级以上泊位 1446 个，其中深水泊位 553 个，吞吐能力 9.58 亿吨，是改革开放之初的 4 倍。基本形成了以大连、秦皇岛、天津、青岛、上海、深圳等二十个主枢纽港为骨干，以地区性重要港口为补充，中小港适当发展的分层次布局框架。与此同时，与港、航相配套的各种设施、集疏运系统、修造船工业、航务工程、通信导航、船舶检验、救助打捞系统基本齐备，还建设了具有相当规模和水平的水运科研设计机构、水运院校和出版部门，初步形成了一个比较完整的水运营运、管理、建设和科研体系。

中国港口建设的第五个发展时期是 20 世纪 90 年代末至 21 世纪初。贸易自由化和国际运输一体化的发展，现代信息技术及网络技术也伴随着经济的全球化高速发展，现代物流业已在全球范围内迅速成长为一个充满生机活力并具有无限潜力和发展空间的新兴产业。现代化的港口将不再是一个简单的货物交换场所，而是国际物流链上的一个重要环节。特别是进入 21 世纪以后，经济全球化进程加快，科技革命迅猛发展、产业结构不断优化升级、综合国力竞争日益加剧。为适应国际形势变化和国民经济快速发展的需要，在激烈的竞争中立于不败之地，全国各大港口都在积极开展港口发展战略研究，开发建设港口信息系统，并投入大量资金进行大型深水化、专业化泊位建设，掀起了又一轮港口建设高潮。至 2006 年底，全国港口拥有万吨级以上生产泊位 1030 个，中国港口完成吞吐量 49.1 亿吨，同比增长 17.7%；完成集装箱吞吐量 7580 万标准箱，同比增长 23%。

10.3.2 港口的分类与组成

1. 港口的分类

港口最基本的属性是运输属性，同时港口还具有非运输属性的不同功能，以下介绍几种港口的分类方法。

(1) 按用途分类，可分为如下几种：

① 商港：主要供旅客上下和货物装卸运转的港口，如图 10-11(a)所示。商港又可分为一般商港和专业港。专业港是专门从事一、两种货物装卸的港口。

② 军港：专供军队舰船用的港口，如图 10-11(b)所示。

③ 渔港：专门为渔船服务的港口，如图 10-11(c)所示。

④ 避风港：供大风时船舶临时来避风的港口。避风港一般很少有完善的设施，仅有一些简单的系靠设备。

⑤ 工业港：固定为某一工矿企业服务的港口。它专门负责该企业原料、产品和所需物资的装卸转运工作。工业港一般设在工厂企业附近，属该企业领导。

(a) 商港   (b) 军港

(c) 渔港

图 10-11 商港、渔港及军港

(2) 按地理位管分类，可分为如下几种：

① 海港：为海船服务的，在自然地理和水文气象条件方面具有海洋性质。海港包括海湾港、海峡港、河口港。海湾港位于海湾内，常有岬角或岛屿等天然屏障作保护，不需要或需要较少的防护即可防御风浪的侵袭；海峡港是海峡地带上的港口；河口港是位于河流入海口段的港口。

② 河港：位于江河沿岸，具有河流水文特性的港口。

③ 湖港与水库港：位于湖泊和水库岸边的港口。

(3) 按国家政策分类，可分为如下几种：

① 国内港：是经营国内贸易，专供本国船舶出入的港口。外国船舶除特殊情况外，不得任意出入。

② 国际港：又称开放港，是指进行国际贸易，依照条约或法令所开放的港口。任何航行于国际航线的外籍船舶，经办理手续，均准许进出港口，但必须接受当地航政机关和海关的监督。

③ 自由港：所有进出该港的货物，允许其在港内储存、装配、加工、整理、制造再转运到他国，均免征关税。只有在转入内地时才收取一定的关税。

2. 港口的组成

港口均由港口水域和陆域所组成。

1) 港口水域

港口水域是港界线以内的水域面积，一般须满足两个基本要求：船舶能安全地进出港口和靠离码头；能稳定地进行停泊和装卸作业。它主要包括码头前水域、进出港航道、船舶转头水域、锚地以及助航标志等几部分，通常包括进港航道、锚泊地和港池。

(1) 进港航道。

进港航道为船舶进出港区水域并与主航道连接的通道，一般设在天然水深良好、泥沙回淤量小、尽可能避免横风横流和不受冰凌等干扰的水域。其布置方向以顺水流成直线形为宜。根据船舶通航的频繁程度可分别采用单行航道或双行航道。在航行密度比较小时，为了减少挖方量和泥沙回淤量，经过技术经济比较和充分研究后，可考虑采用单行航道。航道的宽度一般根据航速、船舶横位、可能的横向漂移等因素，并加必要的富裕宽度进行确定。进港航道的水深，在工程量大、整治比较困难的条件下，海港一般按大型船舶乘潮进出港的原则考虑；在工程量不大或航行密度不大的情况下，经论证后可按随时出入的原则确定。河港的进港航道水深应保证设计标准船型的安全通过。

(2) 码头前水域(港池)。

码头前水域(港池)是指码头前供船舶靠离和进行装卸作业的水域。码头前水域内要求风浪小，水流稳定，具有一定的水深和宽度，能满足船舶靠离装卸作业的要求。按码头布置形式可分为顺岸码头前的水域和突堤码头间的水域。其大小由船舶尺度、靠离码头的方式、水流和强风的影响、转头区布置等因素确定。

(3) 锚地。

专供船舶(船队)在水上停泊及进行各种作业的水域，如装卸锚地、停泊锚地、避风锚地、引水锚地及检疫锚地等。装卸锚地为船舶在水上过驳的作业锚地，停泊锚地包括到离港锚地、供船舶等待靠码头和编解队(河港)等用的锚地。避风锚地是指供船舶躲避风浪时的锚地，小船避风须有良好的掩护。检疫锚地为外籍船舶到港后进行卫生检疫的锚地，有时也和引水、海关签证等共用。

2) 陆域

陆域是指港口供货物装卸、堆存、转运和旅客集散之用的陆地面积，主要是在港口进行的码头类工程。

陆域上有进港陆上通道(铁路、道路、运输管道等)、码头前方装卸作业区和港口后方区。前方装卸作业区供分配货物，布置码头前沿铁路、道路、装卸机械设备和快速周转货物的仓库或堆场(前方库场)及候船大厅等之用。港口后方区供布置港内铁路、道路、较长时间堆存货物的仓库或堆场(后方库场)、港口附属设施(车库、停车场、机具修理车间、工具房、变电站、消防站等)以及行政、服务房屋等之用。为减少港口陆域面积，港内可不设后方库场。

10.3.3　港口规划

1. 港口总体规划

1) 港址选择

港口建设地点的选择是在港口布局的基础上进行的。根据港口生产规模、进港船型、远景发展，结合当地地形、地质地貌、水文气象、陆上交通和水电供应、城市发展等条件，从政治、经济、军事和技术等各方面进行分析比较后确定。港址选择是一件复杂而细致的工作，其成败不仅仅是技术经济问题，而且涉及长期营运使用的效果。

2) 港口规划

根据国民经济发展的方针及国内外贸易增长的需要，对港口建没发展进行全面系统的技术经济调查研究，并提出建设方案，称为港口规划。港口发展建设的规划要适应形势发展，对其内容进行相应的调整和改进。港口规划分港口布局规划、港口总体规划和港口总图规划等三类。港口布局规划是在海运规划或流域规划的基础上进行的。其内容主要是根据工、农业生产发展，地区资源条件，结合工矿企业、城镇、铁路交通、水利等的布局，提出港站位置的合理安排，并相应进行港址选择。港口总体规划是一个港口建设发展的具体规划，根据远、近期客货吞吐量、货物种类及其流量流向，经过多方案的分析论证后，提出港口发展建设的分区、分期、分阶段的具体安排。港口总图规划是根据港口客货规划吞吐量、货物种类、流量流向和进港船型，对一个港口的进港航道、港池、锚地、码头、仓库货场、铁路以及装卸工艺等整套设施，进行充分的分析研究，使其组成一个完整的系统的一项工作。彼此之间既相互协调又灵活方便，并留有发展余地，使其达到装卸工艺合理、先进，装卸效率高、投资省、建设快等要求。吞吐量是港口规划的基本依据，直接影响规划的质量，规划前或规划中需反复进行调查研究、落实。港口规划按时间划分，有近期规划、远景规划，三年、五年规划和十年、十五年规划等多种。

3) 港区

港界范围以内由港务部门管理的区域(包括陆域和水域)称为港区。根据港口具体情况和吞吐量的大小，为充分发挥港口设备能力，便利装卸管理，可将港区划分为几个作业区。划分港区范围一般按以下原则考虑：首先是便于港口水陆联运和港区内外联系；其次是密切与城市规划配合，使港区作业区尽可能便于为工矿企业和城市服务；最后是远近结合，近期与现实结合，既要充分发挥现有设备能力，又要考虑留有充分发展的余地，做到陆域合理使用，水域深水深用、浅水浅用。

4) 港界

港界是港口水域、陆域的边界线。根据地理环境、航道情况、港口设备、港内企业、港内生产管理的需要并留有一定发展余地的原则进行划定。港界划定后由港务部门统一管理，以保证船舶在港内安全停泊和行驶，保证港口建设有计划、有步骤地合理进行。港界一般利用海岛、岬角、海岸突出部分、岸上显著建筑物或设置篱墙、灯标、灯桩、浮筒等作为标志。

5) 港口货物装卸量

港口货物装卸量是指进、出港区范围，并经过装卸的货物数量。它与吞吐量的区别是不限定由水运运进或运出港区范围。在一定程度上反映港口的装卸工作量。从车、船内卸下的进港物资或装上的出港物资各计算一次装卸量。一般情况下，一吨货物经港口装卸要算两个装卸量，只在个别情况下才只有一个装卸量，如建港物资就只有一个装卸量。

6) 泊位能力

一个泊位在一年中能够装卸货物的最大吞吐量，以吨(t)表示。它是确定港口通过能力的主要组成部分。其大小取决于码头装卸设备情况和效率、管理水平、船舶到港不平衡情况和泊位年工作天数等多种因素，确定了泊位能力后，在港口规划建设中，根据港口吞吐任务，就可以计算需要的泊位数量和码头线的长度。

7) 库(场)通过能力

港区仓库或货场在一年中能够通过的最大货物数量，以吨(t)表示。仓库(场)通过能力是港口通过能力的重要组成部分之一。它与库(场)的有效面积、单位面积堆存量及货物平均堆存期等许多因素有关。

8) 疏(集)运能力

大量货物由船舶运进(或运出)港口，需由转运船舶、铁路、公路以及其他运输工具将货物疏散出去(或集中起来)。这类将货物疏散(或集中)的各类运输工具(方式)的能力，统称为疏(集)运能力。港口的疏(集)运能力与主要水运(一般指长途)能力需要保持平衡或稍有富余，才能使港口经常保持畅通而不致发生阻塞或导致水运能力的浪费。

9) 港口通过能力

在港口一定设备条件下，按合理的操作过程，先进的装卸工艺，在一定的时间(年、月、日)内装卸船舶所能完成的货物最大数量，以吨(t)表示。港口通过能力是港口所有泊位通过能力的总和，须在分货类计算的基础上进行。港口通过能力主要由泊位、库场、铁路装卸线、道路等部分所组成，其中泊位能力是主要的，港口通过能力经常受到薄弱环节能力的限制，其大小与劳动组织、管理水平、设备状况和数量、船型、车型、机型等有关，也受货物种类及其比重变化情况、生产的季节性、车船到港的均衡性等许多因素的影响。

10) 港口综合通过能力

港口综合通过能力是结合货物种类、船舶类型、操作过程及其在装卸作业中所占的比重计算确定的港口通过能力的综合数值，以吨(t)表示。

2. 港口总体布置

港口的总体布置包括码头的布置，水域、陆域面积的大小，库场与码头泊位的相对位置，作业区的划分以及港内交通线路的布置等。港口的总体布置合理，不仅能充分利用港区的自然条件，避免大量的填方，减少外堤长度，保证最小的建筑工程量和最低的建筑费用，而且能使船舶方便安全地进出港区、靠离码头、进行作业。水陆运输线路在港内若衔接良好，使港口与内陆和城市有便利的交通联系，内河船和海船、车辆与船舶能尽可能靠近，就有可能提高船舶装卸效率，充分利用泊位生产能力。港区布置紊乱，不仅会造成船舶在港作业过程的多次移泊，而且也可能造成多作业环节的相互干扰，进而影响到装卸效率，限制港口的通过能力。

3. 港口工程可行性研究

港口工程的可行性研究是在项目建设前必须进行的各项投资前研究工作的最重要阶段，其主要内容是通过全面的调查研究和必要的钻探、测量等工作，进行技术、经济论证，分析、判断建没项目的技术可行性和经济合理性，为确定拟建工程方案是否值得投资提供科学依据。

　　可行性研究视工程的规模一般分为两阶段，即初步可行性研究和工程可行性研究。对于小型不复杂的港口工程，亦可直接进行工程可行性研究。工程可行性研究审查批准后，可编报设计任务书。设计任务书批准后，可进行初步设计和现场施工前准备工作，即进入工程建设的第二阶段，设计和施工阶段。

　　初步可行性研究，是项目建议书和工程可行性研究之间的中间阶段。在此阶段，有必要对不同可比方案做出可能的粗略分析、比选，故在内容结构上应与工程可行性研究基本一致，仅在论证所依据的数据资料来源和精确程度不如后者。初步可行性研究更应着眼于投资的可能性。只有当项目在经济方面没有值得怀疑的地方时，才可以越过初步可行性研究阶段。

　　工程可行性研究的内容一般包括：工程项目的历史、港口现状的评价、预测运量发展建设的合理规模、建设条件和港址、工程项目方案、协作条件、施工条件及建设工期、企业组织管理和人员编制、项目对环境的影响、投资估算及投资效益分析、结论及建议。

10.3.4　发展趋势

　　现代港口已成为全球综合运输的核心，是现代物流供应链的重要节点。世界各国特别是发达国家的港口和政府主管部门，已经或正在对港口进行改革，以适应国际交通运输业新发展的需要，其中包括：重新制定港口发展战略、改革港口规划与管理的立法程序和体制、港口管理机构改革和重组以及确定港口融资和成本分析方案等。其中与现代港口建设有关的主要趋势有如下几个方面：

　　(1) 现代港口的大型化。

　　为适应现代运输技术的发展，尤其是船舶大型化对港口自然条件和设备要求的提高，加速了大型港口码头的建设，扩大了港口规模，是目前港口发展的显著特点。

　　(2) 现代港口的深水化。

　　船舶大型化趋势对现代港口航道和泊位水深提出了更高要求。随着船舶大型化，散货船大都在 15 万~20 万吨级，集装箱船则向超巴拿马型发展，进港航道水深不断加大。由于深水升敞式码头建造技术的广泛应用，已建设了许多 15 万~25 万吨级的矿石码头、30 万~50 万吨级的油轮码头、5 万~10 万吨级的集装箱码头，现代港正朝着深水化的方向发展。

　　(3) 现代港口的信息化、网络化

　　随着港口装卸运输向多样化、协调化、一体化方向发展，港口管理也采用各种先进设备和手段，使管理水平适应现代综合运输的需要，港口普遍采用先进的导航、助航设备和现代化的通信联络技术。电了计算机广泛应用于港口经营管理、数据交换、生产调度、监督控制和装卸操纵自动化等方面。

　　随着现代运输技术和经营方式对港口要求的不断提高，未来港口的竞争焦点，将集中在集装箱运输、国际多式联运及信息技术的开发利用上，而这些领域正好代表港口技术和现代化的整体水平。未来港口的发展必须建立在可持续发展的基础上，这样港口才能立于不败之地。

思　考　题

1. 铁路选线设计的主要工作有哪些内容?
2. 铁路路基设计一般考虑哪几方面问题?
3. 高速铁路有哪些技术要求?
4. 城市轻轨和地铁有哪些特点?
5. 简述机场的分类。
6. 简述机场系统的构成。
7. 机场规划是由哪几部分组成的?
8. 简述机场修建是如何选址的。
9. 简述港口的概念。
10. 港口是如何分类的? 不同类型港口都有哪些特点?
11. 港口总体规划需要考虑哪些方面内容?
12. 现代港口建设发展有何特点?

第 11 章　土木工程项目管理

本章主要对土木工程项目管理的内容加以介绍，包括基本建设及其程序、工程建设法规、工程项目招投标、工程项目管理和房地产开发等。

11.1　基本建设和基本建设程序

11.1.1　基本建设的概念

土木工程项目通常指基本建设项目。基本建设项目，简称建设项目(通常指工程建设项目)，是一项固定资产投资活动。基本建设是由一个个基本建设项目组成的。所谓基本建设项目，是指按照一个总体设计进行施工，由若干个单项工程组成，经济上实行统一核算，行政上实行统一管理的基本建设单位。例如一个水库、一个农场、一所学校、一个引水工程、一个工厂、一座水电站、一家医院等独立工程都是一个基本建设项目。

基本建设是国民经济各部门为扩大生产能力或新增工程效益而进行的增加固定资产的建设工作，它是将一定量的投资，在一定的约束条件下(时间、质量、资源)，经过科学的决策和实施，最终形成固定资产特定目标的一次性建设任务。它是通过对建筑产品的施工、拆迁或整修等活动形成固定资产的经济过程。

按照我国现行规定，凡利用国家预算内基建拨改贷、自筹资金、国内外基建信贷以及其他专项资金进行的以扩大生产能力或新增工程效益为目的的新建、扩建工程及有关工作，均属于基本建设。

基本建设包括以下几个方面的工作：

(1) 建筑安装工程，是基本建设的重要组成部分，是工程建设通过勘测、设计、施工等生产性活动创造的建筑产品，包含建筑工程和安装工程两个部分。建筑工程包括房屋等各种建筑物的修建、需安装设备的基础建造工作等。安装工程包括生产、动力、起重、运输、给排水、暖通、强弱电等需要安装的各种机电设备的装配、安装、试车等工作。

(2) 设备及器具的购置，是指由建设单位因建设项目的需要向制造行业采购或自制达到固定资产标准的机电设备、工具、器具及生产家具等工作。

(3) 其他基建工作，指不属于上述两项的基建工作，如勘测、设计、科学试验、淹没及迁移赔偿、水库清理等与基本建设相联系的建设管理、生产准备、科研、质量监督等工作。

通过基本建设，可以为发展国民经济奠定物质技术基础，为社会再生产的不断扩大创造必要的条件；通过基本建设，对现有企业进行技术更新和改造，可以利用先进的技术武装国民经济的各个部门，逐步实现国民经济的现代化；通过基本建设，提供了大量住宅、文化娱乐福利设施以及社会公用设施，一定程度上满足了人民群众日益增长的物质文化生活水平的需要。因此，国家进行有计划的基本建设，对于促进国民经济的稳步健康发展，提高人民物质文化生活水平，均具有非常重要的意义。

11.1.2　基本建设的分类

1. 按项目的性质分类

(1) 新建项目。它是指从无到有、新开始建设的项目，或对原有的规模较小的项目，扩大建设规模，其新增固定资产价值超过原有固定资产价值 3 倍以上的也算作新建项目。

(2) 扩建项目。它是指现有企事业、行政单位等为了扩大原有主要产品的生产能力或增加经济效益，在原有固定资产基础上，增建一些车间、生产线或分厂的项目。扩建具有投资少、工期短、收效快的优点。

(3) 改建项目。它是指现有企事业单位为了改进产品质量或改进产品方向，对原有固定资产进行整体性技术改造的项目。此外，为提高综合生产能力，增加一些附属辅助车间或非生产性工程，也属改建项目。改建多数情况下和改革工艺、新技术采用等技术、经济、管理改造相结合进行的，是挖掘生产潜力的一项重要措施。

(4) 恢复项目。它是指企事业单位对因重大自然灾害或战争而遭受全部或部分破坏的固定资产，按原来规模重新建设或在重建的同时进行扩建的项目。这类项目，不论是按原有规模恢复建设，还是在恢复中同时进行扩建的，都算恢复项目。但是，尚未建成投产或交付使用的项目，在遭灾被毁之后，仍继续按原设计重建的，则原建设性质不变；如按新设计重建，则根据新建设内容确定其建设性质。

(5) 迁建项目。它是指现有企事业单位因调整生产力布局、环境保护和安全生产以及其他特殊需要，将原有单位迁至异地重建的项目，不论其是否维持原来规模，均称为迁建项目。

2. 按项目建设的用途分类

(1) 生产性建设项目。它是指直接用于物质生产或满足物质生产需要的服务项目，包括工业、农业、林业、水利、气象、交通运输、邮电通讯、商业和物资供应设施建设、地质资源勘探建设等。

(2) 非生产性建设项目。它是指用于人们物质和文化生活需要的建设项目，包括住宅建设、文教卫生建设、公用事业设施建设、科学实验研究以及其他非生产性使用的建设项目。

3. 按照项目当前所处的建设阶段分类

(1) 筹建项目。它是指在计划年度内，只做准备，还未开工的项目。

(2) 在建项目。它是指正在施工中的项目。

(3) 投产项目。它是指全部竣工并已投产或交付使用的项目。

4. 按照项目的投资规模分类

按基本建设项目总规模和投资的多少不同，可分为大型项目、中型项目和小型项目三类。

《基本建设财务管理规定》财建〔2002〕394 号指出，基本建设项目竣工财务决算大中小型划分的标准为：经营性项目投资额在 5000 万元(含 5000 万元)以上，非经营性项目投资额在 3000 万元(含 3000 万元)以上的为大中型项目，其他项目为小型项目。

习惯上将大型和中型项目合称为大中型项目。一般是按产品的设计能力或全部投资额来划分。新建项目按项目的全部设计规模(能力)或所需投资(总概算)计算；扩建项目按扩建新增的设计能力或扩建所需投资(扩建总概算)计算，不包括扩建以前原有的生产能力。其中，新建项目的规模是指经批准的可行性研究报告中规定的近期建设的总规模，而不是指远景规划所设想的长远发展规模。明确分期设计、分期建设的，应按分期规模计算。更新改造项目安装投资额分为限额以上项目和限额以下项目两类。

5. 按照项目的资金来源分类

(1) 国家投资的建设项目。它是指由国家预算直接安排的建设工程项目。

(2) 银行信用筹资的工程项目。它是指通过银行信用方式进行贷款建设的项目。

(3) 自筹资金的建设项目。它是指各地区、各部门、各企事业单位按照财政制度提留、管理和自行分配用于固定资产再生产的资金进行建设的项目。一般又可分地方自筹项目和企业自筹项目。

(4) 引进外资的建设项目。它是指利用外资进行建设的项目。外资的来源有借用国外资金和吸引外国资本直接投资。

(5) 资金市场筹资的建设项目。它是指利用国家债券筹资和通过社会集资的建设项目。

11.1.3 基本建设项目的层次划分

对基本建设项目进行科学的层次划分，有利于实现对项目的分级管理。一般将基本建设项目划分为单项工程、单位工程、分部工程、分项工程四个层次。

1. 单项工程

单项工程是工程项目的组成部分，是指在一个工程项目中，具有独立的设计文件，建成后能够独立发挥生产能力或效益的工程。工业项目的单项工程，一般是指各个独立的生产车间、厂区办公楼、职工食堂、职工宿舍等；民用项目中，住宅小区中的每一栋住宅楼、商店、教学楼、图书馆、写字办公楼、剧院等各为一个单项工程。

2. 单位工程

单位工程是单项工程的组成部分，是指具有独立组织施工条件及单独作为计算成本对象，但建成后不能独立进行生产或发挥效益的工程。如土建工程(包括建筑物、构筑物)、电气安装工程(包括动力、照明等)、工业管道工程(包括蒸汽、压缩空气、煤气等)、暖卫工程(包括采暖、上下水等)、通风工程和电梯工程等。一个单位工程由多个分部工程构成。

3. 分部工程

分部工程是单位工程的组成部分，是按单位工程的结构部位，使用的材料、工种或设备种类和型号等的不同而划分的工程。如：建筑工程这个单位工程底下包括土(石)方工程、桩与地基基础工程、砌筑工程、混凝土及钢筋混凝土工程、厂库房大门特种门木结构工程、金属结构工程、屋面及防水工程等多个分部工程。

4. 分项工程

分项工程是分部工程的组成部分，一般是按照不同的施工方法、不同的材料及构件规格，将分部工程分解为一些简单的施工过程，它是建设工程中最基本的单位内容，即通常所指的各种实物工程量。如土方工程可以分为人工平整场地、人工挖土方、人工挖地槽地坑等分项工程。安装工程比较特殊，通常只能将分部分项工程合并成一个概念来表达工程实物量。

综上所述，一个基本建设项目是由若干个单项工程组成的，一个单项工程是由若干个单位工程组成的，一个单位工程又是由若干个分部工程组成的，一个分部工程是由若干个分项工程组成的。

11.1.4　基本建设程序

基本建设程序是指由行政性经济法规所规定的，基本建设项目在整个建设过程中各项工作必须遵循的阶段和先后顺序。

科学的基本建设程序是固定资产及生产能力建造和形成过程的规律性反映，是基本建设技术经济特点所决定的。国家通过制定有关经济法规，把整个基本建设过程划分为若干阶段，规定每一阶段工作的内容、原则以及审批权限，既是基本建设应遵循的法律准则，也是国家对基本建设进行管理的有效手段之一。

根据我国现行基本建设程序相应法规的规定，我国基本建设程序共分为五个阶段，每个阶段又各包含若干环节。各阶段、各环节的工作应按规定顺序进行。当然，基本建设项目的性质不同，规模有大有小，同阶段内各个环节的工作会有一些交叉，有些环节也可能被省略，在具体执行时，可根据本行业、本项目的特点，在遵守基本建设程序的大前提下，灵活安排各项工作。

1. 投资决策阶段

这一阶段主要是对基本建设项目投资的合理性进行考察并对基本建设项目进行选择。对投资者来说，这是进行战略决策。这个阶段包含投资机会分析、编报项目建议书、开展可行性研究、审批立项几个环节。

1) 投资机会分析

投资机会分析是投资主体对投资机会进行的分析和考察，认为机会合适，有良好的预期效益时，可对此项目进行下一步的行动，它是基本建设活动的起点。

2) 编报项目建议书

项目建议书是对拟建项目的设想。项目建议书的主要作用在于建设单位根据国民经济和社会发展的长远规划，结合矿藏、水文地质等自然地理条件和现有生产力布局状况，在广泛调查、收集资料、勘察地址、基本清楚项目建设的技术条件和经济条件后，通过项目建议书的形式，向国家和部门推荐项目。

项目建议书主要内容包括：建设的必要性和依据、拟建规模和建设初步思想、可行性的初步分析、投资估算和资金筹措、进展安排、经济和社会效益评估等。

项目建议书应对拟建项目的必要性、客观可行性和获利的可能性进行逐一论述。

3) 进行可行性研究

可行性研究是指项目建议书被批准后，对拟建项目在技术上是否可行，经济上是否合理等内容所进行的分析论证。可行性研究对项目所涉及的经济、社会、技术、环境问题进行深入调查研究，对各种建设方案和设计进行筛选和发掘并进一步进行比较和优化，对项目建成后的经济社会和环境效益进行科学预测和评价，提出该项目建设是否可行的综合性结论性意见。

可行性研究报告的内容主要包括三个方面的研究，即市场研究、技术研究和效益研究。具体内容包括：

(1) 总论。

(2) 产品的市场需求和拟建规模。

(3) 资源、原材料、燃料及公用设施情况。

(4) 建厂条件和厂址选择。

(5) 项目设计方案。

(6) 环境保护和劳动安全。

(7) 企业组织、劳动定员和人员培训。

(8) 项目施工计划和进度要求。

(9) 投资估算和资金筹措。

(10) 项目的经济评价。

(11) 综合评价与结论、建议。

工程项目在可行性研究通过后，应选择经济效益最好的方案，编制可行性研究报告。可行性研究报告经批准后，不得随意修改和变更。如果在建设规模、产品方案、主要协作关系等方面有变动以及突破投资控制限额，应经原批准单位同意并备案，经过批准的可行性研究报告，可作为初步设计的依据。

4) 审批立项

审批立项是有关部门对可行性研究报告的审查批准程序，审查通过后予以立项，正式进入工程项目的建设准备阶段。

大中型工程项目的可行性研究报告由各主管部门，各省、市、自治区或全国性专业公司负责预审，报国务院审批。小型项目的可行性研究报告，按隶属关系由各主管部门，各省、市、自治区或全国性专业公司审批。

2. 建设准备阶段

工程建设准备是为勘察、设计、施工创造条件所做的建设现场、建设队伍等方面的准备工作。这一阶段包括规划、获取土地使用权、拆迁、报建、工程发承包等主要环节。

1) 规划

在规划区内建设的工程，必须符合城市规划或村庄、集镇规划的要求。其工程选址和布局必须取得城市规划行政主管部门或村、镇规划主管部门的同意、批准。

在城市规划区内进行工程建设的，要依法先后领取城市规划行政主管部门核发的"选址意向书"、"建设用地规划许可证"、"建设工程规划许可证"，方能进行获取土地使用权、设计、施工等相关建设活动。

2) 获取土地使用权

我国的《土地管理法》规定：农村和城市郊区的土地(除法律规定属国家所有者外)属

于农民集体所有，其余的土地都归国家所有。工程建设用地都必须通过国家对土地使用权的出让或划拨而取得。

具体到每一块建设用地的土地使用权获取方式，主要有以下几种：

(1) 由国家出让或划拨。

(2) 转让。土地使用权出让后，土地使用权的受让人将土地使用权转移给其他土地使用者，包括出售、交换和赠与等形式(划拨的土地若要转让，要办理补地价手续)。

(3) 与当前的土地使用者或拥有者合作以获取可供开发的土地。

在集体所有的土地上进行工程建设的，必须先由国家征用农民土地，然后再将土地使用权出让或划拨给建设单位或个人。

通过国家出让获得土地使用权，应向国家支付出让金，并与土地管理部门签订书面出让合同，然后按合同规定的年限与要求进行工程建设。

通过国家划拨取得土地使用权，虽不向国家支付出让金，但在城市要承担拆迁费用，在农村和郊区要承担土地原使用者的补偿费和安置补助费，其标准由各省、自治区、直辖市自行规定。

3) 拆迁

在城市进行工程建设，一般要对建设用地上的原有房屋和附属物进行拆迁。

国务院颁发的《城市房屋拆迁管理条例》规定：任何单位和个人需要拆迁房屋的，都必须持国家规定的批准文件、拆迁计划和拆迁方案，向县级以上人民政府房屋拆迁主管部门提出申请，经批准并取得房屋拆迁许可证后，方可拆迁。拆迁人和被拆迁人应签订书面协议，被拆迁人必须服从城市建设的需要，在规定的搬迁期限内完成搬迁，拆迁人对被拆迁人(被拆房屋及附属物的所有人、代管人及国家授权的管理人)依法给予补偿，并对被拆迁房屋的使用人进行安置。

对违章建筑、超过批准期限的临时建筑，不予补偿和安置。

4) 项目报建

工程项目被批准立项后，建设单位或其代理机构必须持工程项目立项批准文件、银行出具的资信证明、建设用地的批准文件等资料，向当地建设行政主管部门或其授权机构进行报建。

工程项目报建的内容主要包括工程名称、建设地点、投资规模、资金投资额、工程规模、发包方式、计划开竣工日期和工程筹建情况等。凡未报建的工程项目，不得办理招标手续和发放施工许可证，设计、施工单位不得承接该项目的设计、施工任务。

5) 工程发包与承包

建设单位或其代理机构在上述准备工作完成后，须对拟建工程进行发包，以择优选定工程勘察设计单位和施工单位。工程发包与承包有招标和直接发包两种方式，为鼓励公平竞争，建立公正的竞争秩序，国家提倡招投标方式，并对许多工程强制进行招投标。

3. 建设实施阶段

1) 工程勘察设计

在工程选址、可行性研究、工程施工等各阶段，都必须进行必要的勘察。

设计是工程项目建设的重要环节，设计文件是制定建设计划、组织工程施工和控制建设投资的依据，它对实现投资者的意愿起关键作用。设计与勘察是密不可分的，设计必须在进行工程勘察，取得足够的地质、水文等基础资料之后才能进行。

2) 施工准备

施工准备包括施工单位在技术、物资方面的准备和建设单位取得开工许可两方面内容。

(1) 施工单位技术、物资方面的准备。工程施工涉及的因素很多，过程也十分复杂，所以施工单位在接到施工图后，必须做好细致的施工准备工作，以确保工程顺利建成。它包括熟悉、审查图纸，编制施工组织设计，向下属单位进行计划、技术、质量、安全、经济责任的交底，下达施工任务书，准备工程施工所需的设备、材料等活动。

(2) 取得开工许可。建设单位具备下列条件，方可按国家有关规定向工程所在地县级以上人民政府建设行政主管部门申领施工许可证。

① 已经办好该工程用地批准手续；

② 在城市规划区的工程，已取得规划许可证；

③ 需要拆迁的，拆迁进度满足施工要求；

④ 施工企业已确定；

⑤ 有满足施工需要的施工图纸和技术资料；

⑥ 有保证工程质量和安全的具体措施；

⑦ 建设资金已落实并满足有关法律、法规规定的其他条件。

未取得施工许可证的建设单位不得擅自组织开工。已取得施工许可证的，应自批准之日起三个月内组织开工，因故不能按期开工的，可向发证机关申请延期，延期以两次为限，每次不得超过三个月。既不按期开工又不申请延期或超过延期时限的，已批准的施工许可证自行作废。

3) 工程施工

在施工准备就绪，经政府有关部门批准后，即可开始施工。施工是设计意图的实现，也是整个投资意图的实现阶段。工程施工是施工队伍具体配置各种施工要素，将工程设计物化为建筑产品的过程，也是整个工程投入劳动量最大、所费时间最长的工作。工程施工应按照工程设计要求、施工合同条款以及施工组织设计，在保证工程质量、工期、成本、安全和环保等目标下进行。

4) 生产准备

工业项目在竣工前还需进行生产准备，生产准备是从施工到生产的桥梁。建设单位在加强施工管理的同时，也要着手做好生产准备工作，保证工程一旦竣工即可投入生产。

生产准备的主要内容如下所示：

(1) 招收和培训必要的生产人员。

(2) 落实生产用原材料、协作产品、燃料、水、电、气和其他协作配合条件。

(3) 组织工具、器具、备品、备件等的制造和购置。

(4) 筹建生产管理机构，制定管理制度，收集生产技术经济资料、产品样品等。

4. 竣工验收阶段

1) 工程竣工验收

工程项目按设计文件规定的内容和标准全部建成，并按规定将工程内外全部清理完毕后应组织竣工验收。

国家计委颁发的《建设工程竣工验收办法》规定：凡新建、扩建、改建的基本工程项目(工程)和技术改造项目，按批准的设计文件所规定的内容建成，符合验收标准的必须及时组织验收，办理固定资产移交手续。

竣工验收的依据是已批准的可行性研究报告、初步设计或扩大初步设计、施工图和设备技术说明书，以及现行施工技术验收的规范和主管部门(公司)有关审批、修改、调整的文件等。

工程验收合格后，方可交付使用。此时承发包双方应尽快办理固定资产移交和工程结算手续。

2) 工程保修

根据《建筑法》及《建设工程质量管理条例》等相关法规的规定，工程竣工验收交付使用后，在保修期内，承包单位要对工程中出现的质量缺陷承担保修与赔偿责任。

质量保修期从工程竣工验收合格之日算起。分单项竣工验收的工程，按单项工程分别计算质量保修期。当事人可以协商约定不同工程部位的保修期限，但不得低于法定标准。

5. 项目后评估阶段

工程项目后评估是工程竣工投产、生产运营一段时间后，对项目的立项决策、设计施工、竣工投产、生产运营等全过程进行系统评价的一种技术经济活动。它是工程建设管理的一项重要内容，也是工程建设程序的最后一个环节。它可使投资主体达到总结经验、吸取教训、改进工作、不断提高项目决策水平和投资效益的目的。

11.2　工程建设法规

11.2.1　工程建设法规概述

建设法规是指国家权利机关或其授权的行政机关制定的，由国家强制力保证实施的，旨在调整国家及其有关机构、企事业单位、社会团体、公民之间在建设活动中或建设行政管理活动中发生的各种社会关系的法律规范的统称。

1. 建设工程的法律法规

1) 建设工程法律

它是指由全国人民代表大会及其常务委员会通过的规范工程建设活动的法律规范，由国家主席签署主席令予以公布，如《中华人民共和国建筑法》、《中华人民共和国合同法》、《中华人民共和国政府采购法》、《中华人民共和国城市规划法》等。

2) 建设工程行政法规

它是指由国务院根据宪法和法律制定的规范工程建设活动的各项法规，由国务院总理签署国务院令予以公布，如《建设工程质量管理条例》、《建设工程勘察设计管理条例》、《建设工程安全生产管理条例》、《安全生产许可证条例》和《建设项目环境保护管理条例》等。

3) 建设工程部门规章

它是指住房与城乡建设部按照国务院规定的职权范围，独立或同国务院有关部门联合根据法律和国务院的行政法规、决定、命令，制定的规范工程建设活动的各项规章，由部长签署建设部令予以公布，如《工程监理企业资质管理规定》等。

4) 地方性法规

它是指省、自治区、直辖市以及省、自治区人民政府所在地的市和经国务院批准的较大市的人民代表大会及其常委会，在其法定权限内制定的法律规范性文件，如《黑龙江省建筑市场管理条例》、《内蒙古自治区建筑市场管理条例》、《北京市招标投标条例》、《深圳经济特区建设工程施工招标投标条例》等。地方性法规具有地方性，只在本辖区内有效。其效率低于法律和行政法规。

2. 建设法律关系的概念与构成要素

1) 建设法律关系的概念

建设法律关系是指由建设法律规范所确定和调整的一定社会关系之间的权利义务关系。法律的直接内容就是规定权利与义务，不同的权利和义务就形成了不同的法律关系。

2) 建设法律关系的构成要素

(1) 建设法律关系的主体，是指参加建设活动，受建设法律规范调整，在法律上享有权利、承担义务的人。建设法律关系的主体可以是自然人、法人和其他组织。

(2) 建设法律关系的客体，是指建设法律关系的主体享有权利和承担义务所共同指向的对象。一般客体可分为物、行为和非物质财富。

(3) 建设法律关系的内容，即建设权利和建设义务。

3) 建设活动中常见的法律责任

(1) 付款、拖欠工程进度款。

(2) 侵权责任。常见的侵权责任有勘察设计中的侵权、施工中的侵权。

(3) 行政责任。常见的行政责任有违反管理法规的责任、违反其他行政管理法规的行为。

11.2.2　建设工程监理法律制度

上世纪八十年代，正值我国经济体制改革全面推进之时，大规模的经济建设正在轰轰烈烈地进行，在这种大环境之下，引发了各方人士对工程建设管理实践问题和教训的反思和总结。通过对国外工程制度与管理方法进行的考察，认识到建设单位的工程项目管理是一项专门的学问需要一大批专门的机构和人才，建设单位的工程项目管理应走专业化、杜会化的道路。1984 年云南鲁布革引入隧道工程监理制的成功实行对我国传统的工程建设管理体制是一个很大的冲击，创造了工期、劳动生产率和工程质量的三项全国记录，在全国引起很大震动。同时也引起了广大建设工作者对工程建设管理体制改革的思考。

在广泛征求有关部门和专家意见的基础上，1988 年 7 月建设部印发了《关于开展建设监理工作的通知》，提出要建立具有中国特色的建设监理制度。1989 年 7 月建设部颁布了《建设监理试行规定》，这是我国建设监理工作的第一个规范性文件。同时，开展了监理培训工作，为监理工作的进一步推行做了组织上的准备。1992 年建设部又制定颁发了《工程建设监理单位资质管理试行办法》和《监理工程师资格考试及注册试行办法》。1992 年 9 月建设部、国家物价局联合印发了《关于发布工程建设监理费有关规定的通知》，这些法规为监理事业的健康发展起到了重要作用。

从 1988 年开始到 1992 年是建设监理的试点阶段。1993 年，在全国第五次建设监理工作会议上，建设部全面总结了监理试点的成功经验，并根据形势发展的需要和全国监理工作的现状，部署了结束试点、转向稳步发展阶段的各项工作。这个时期，我国的监理事业发展很快，队伍规模迅速扩大，实行监理的工程各方面效益显著。1995 年 10 月建设部、国家工商行政管理局印发了《工程建设监理合同》示范文本，同年 12 月建设部、国家计委印发了《工程建设监理的规定》。在此阶段，北京、上海、河北、浙江、湖南等省市政府或人大常委会也发布了本地区的监理方面的法律法规。在 1995 年 12 月召开的全国第六次监理工作会议上，建设部决定按照原定计划，从 1996 年开始，在全国全面推行建设工程监理制度。1997 年 11 月 1 日第八届全国人大常委会第二十八次会议通过了《中华人民共和国建筑法》，并决定自 1998 年 3 月 1 日起施行。《建筑法》第三条规定：国家推行建筑工程监理制度。这是我国第一次以法律的形式对工程监理作出规定，这对我国建设工程监理制度的推行和发展、对规范监理工作的行为，具有十分重要的意义。

2000 年 12 月，建设部与国家质量技术监督局联合发布了国家标准《建设工程监理规范》，为系统全面规范和发展监理工作又迈出了重要一步。而 2004 年 2 月 1 日起经由国务院颁布的《建设工程安全生产管理条例》施行后，又用立法的形式把安全纳入了监理的范围。建设工程监理单位作为工程建设安全管理的一个责任方，应依法承担相应的安全责任。

1．建设工程监理的概念

"工程监理"一词实际为一外来组合词语，其主要来源如下：一是对英文词语"Supervision of Construction"的直译的结果，二是直接照搬了《日本建筑师法》中"工程监理"的原词。1954 年制定的《日本建筑师法》中对"工程监理"定义如下：本法律中的工程监理是指工程监理人员按照设计图检查施工过程，确认工程是否按照设计图进行施工。这里的"监理"一词就是日文原词，与汉字的"监理"这个词写法完全相同。因此，建设监理中的"监理"虽然也有监督管理的意味，但与日常用语"监理"的含义并不完全吻合。

《建设工程监理规范》前言的说明，即"所谓建设工程监理，是指具有相应资质的监理单位受工程项目建设单位的委托，依据国家有关工程建设的法律、法规，经建设主管部门批准的工程项目建设文件，建设委托监理合同，对工程建设实施的专业化管理。实行建设工程监理制，目的在于提高工程建设的投资效益和社会效益。"

2．建设工程监理的范围

下列建设工程必须实行监理：

(1) 国家重点建设工程：依据《国家重点建设项目管理办法》所确定的对国民经济和社会发展有重大影响的骨干项目。

(2) 大中型公用事业工程：项目总投资额在 3000 万元以上的供水、供电、供气、供热等市政工程项目；科技、教育、文化等项目；体育、旅游、商业等项目；卫生、社会福利等项目；其他公用事业项目。

(3) 成片开发建设的住宅小区工程：建筑面积在 5 万平方米以上的住宅建设工程。利用外国政府或者国际组织贷款、援助资金的工程，包括使用世界银行、亚洲开发银行等国际组织贷款资金的项目。

(4) 国家规定必须实行监理的其他工程：项目总投资额在 3000 万元以上关系社会公共利益、公众安全的交通运输、水利建设、城市基础设施、生态环境保护、信息产业、能源等基础设施项目以及学校、影剧院、体育场馆项目。

11.2.3 建设工程合同法律制度

1. 建设工程合同法的概念

《合同法》第二百六十九条规定：建设工程合同就是承包人进行工程建设，发包人支付价款的合同。在建设工程合同中，发包人委托承包人进行建设工程的勘察、设计、施工，承包人接受委托并完成建设工程的勘察、设计、施工任务，发包人为此向承包人支付价款。由此可以看出，建设工程合同实质上就是一种承揽合同，或者说是一种特殊类型。

2. 建设工程的合同种类

建设工程合同根据承包内容的不同，可以分为建设工程勘察合同、建设工程设计合同与建设工程施工合同。

(1) 工程勘察合同，是指勘察人(承包人)根据发包人的委托，完成对建设工程项目的勘察工作，由发包人支付报酬的合同。

(2) 工程设计合同，是指设计人(承包人)根据发包人的委托，完成对建设工程项目的设计工作，由发包人支付报酬的合同。

(3) 工程施工合同，是指施工人(承包人)根据发包人的委托，完成建设工程项目的施工工作，发包人接受工作成果并支付报酬的合同。施工合同的内容包括工程范围、建设工期、中间交工工程的开工和竣工时间、工程质量、工程造价、技术资料交付时间、材料和设备供应责任、拨款和结算、竣工验收、质量保修范围和质量保证期、双方相互协作等条款。

3. 与建设工程合同相关的其他合同

除建设工程勘察、设计、施工合同之外，工程建设过程中还会涉及许多其他合同，如工程监理的委托合同、物资采购合同、货物运输合同、机械设备的租赁合同、保险合同等。

4. 建设工程合同的履行

1) 建设工程合同履行的原则

建设工程合同履行应遵循以下原则：

(1) 全面履行原则。当事人应按照合同约定全面履行自己的义务，即按合同约定的标的、数量、质量、价款或者报酬履行期限、地点和方式等全面履行各自的义务。

(2) 诚实信用原则。当事人应当遵循诚实信用原则，根据合同性质、目的和交易习惯履行通知、协助和保密等义务。

2) 建设工程合同履行的担保

合同履行的担保是一种法律制度，是合同当事人为全面履行合同及避免因对方违约而遭受损失而定的保证措施。合同履行的担保是通过鉴定担保合同或在合同中设立担保条款来实现的。建设工程合同的担保形式主要有保证、抵押和定金。

5. 建设工程合同违约责任

1) 违约责任的概念

违约责任是指当事人任何一方不履行合同义务或履行合同义务不符合约定而应当承担的法律责任。

2) 承担违约责任的原则

《合同法》规定的承担违约责任的原则是以补偿性为原则的。补偿性是指违约责任旨在弥补或者补偿因违约行为造成的损失。

3) 承担违约责任的方式

建设工程合同承担委员责任的方式主要有继续履行、采取补救措施、赔偿损失、支付违约金和定金罚责。

11.2.4　建设工程质量管理法律制度

建设工程质量直接关系到国民经济的发展和人民生命财产的安全，因此，必须加强对建设工程质量的规范，这是一个十分重要的问题。《建设工程质量管理条例》是《中华人民共和国建筑法》颁布实施后制定的第一部配套的行政法规。

《建设工程质量管理条例》调整的建设工程质量责任主体包括建设单位、勘察单位、设计单位、施工单位以及工程监理单位。建筑材料、建筑购配件、设备的生产和供应单位，则应当适用《中华人民共和国产品质量法》的有关规定。

1. 建设工程质量监督

建设工程质量监督是指由政府授权的专门机构对建设工程质量实施的监督。其主要依据是国家颁布的有关法律、法规、技术标准及设计文件。

2. 工程质量事故报告制度

工程质量事故报告制度是《建设工程质量管理条例》确立的一项重要制度。建设工程发生质量事故后，有关单位应当在 24 小时内向当地建设行政主管部门和其他有关部门报告。对重大质量事故，事故发生地的建设行政主管部门和其他有关部门应当按照事故类型和等级向当地人民政府和上级建设行政主管部门及其他有关部门报告。

《工程建设重大事故报告和调查程序规定》对重大事故的等级、重大事故的报告和现场保护、重大事故的调查等均有详细规定。事故发生后隐瞒不报、谎报，故意拖延报告期限，故意破坏现场，阻碍调查工作正常进行，无正当理由拒绝调查组查询或者拒绝提供与事故有关情况、资料，以及提供伪证的，由其所在单位或上级主管部门按照有关规定给予行政处分；构成犯罪的，由司法机关依法追究刑事责任。

3. 工程质量检举、控告、投诉制度

《中华人民共和国建筑法》、《建设工程质量管理条例》均明确，任何单位和个人对建设工程的质量事故、质量缺陷都有权检举、控告、投诉的权利。工程质量检举、控告、投诉制度是为了更好地发挥群众监督和社会舆论监督的作用,是保证建设工程质量的一项有效措施。《建设工程质量投诉处理暂行规定》对该项制度的实施作出了规定。

凡是新建、改建、扩建的各类建筑安装、市政、公用、装饰装修等建设工程,在保修期内和建设过程中发生的工程质量问题,均属工程质量投诉的范围。对超过保修期,在使用过程中发生的工程质量问题,由产权单位或有关部门处理。

11.2.5　建设工程安全生产法律制度

工程建设安全生产是指建筑生产过程中要避免人员、财产的损失及对环境的破坏。它包括建筑生产过程中的施工现场人身安全、财产设备安全、施工现场及附近的道路、管线和房屋的安全,施工现场和周围环境保护及工程建成后的使用安全等方面的内容。"管建设必须管安全"是工程建设管理的重要原则。建筑工程安全生产管理必须坚持"安全第一、预防为主"这一基本方针,建立健全安全生产责任制度和群防群治制度。《中华人民共和国建筑法》和《安全生产法》是制定《建设工程安全生产管理条例》的基本法律依据。

安全与生产是既相互促进,又相互制约的统一体,根据调查分析,生产过程中人的不安全行为是造成安全事故的最主要原因,也是最直接的原因。因此,建立完善的安全生产制度,加强对建筑生产活动的监督管理,是避免建筑生产事故,保护人身安全的最基本保证。

根据《建设工程安全生产管理条例》第二条规定:在中华人民共和国境内从事建筑工程的新建、改建、扩建和拆除等有关活动及实施对建设工程安全生产的监督管理,必须遵守该条例。这里所称的建设工程,是指"土木工程、建筑工程、线路管道工程和设备安装工程及装修工程"。其中:

(1) 土木工程主要包括铁路、公路、隧道、桥梁、堤坝、电站、码头、飞机场等工程。

(2) 建筑工程主要指房屋建筑工程,即有屋盖、梁柱、墙壁、基础以及能够形成内部空间,满足人们生产、生活、公共活动的工程实体,包括厂房、剧院、旅馆、商店、学校、医院和住宅等工程。

(3) 线路管道和设备安装工程主要包括电力、通信、石油、燃气、给水、排水、供热等管道系统和各类机械设备、装置的安装活动。

(4) 装修工程主要包括对建筑物内外进行美化、舒适化、增加使用功能为目的的工程建设活动。

1. 建设单位的安全责任

(1) 建设单位应当向施工单位提供施工现场及毗邻区域内供水、排水、供电、供气、供热、通信、广播电视等地下管线资料,气象和水文观测资料,相邻建筑物和构筑物、地下工程的有关资料,并保证资料的真实、准确、完整。

(2) 建设单位不得对勘察、设计、施工、工程监理等有关单位提出不符合建设工程安全生产法律、法规和强制性标准规定的要求,不得压缩合同约定的工期。

(3) 建设单位应当保证安全生产投入,在编制工程概算时,应当确定建设工程安全作业环境及安全施工措施所需费用。

(4) 建设单位不得明示或暗示施工单位购买、租赁、使用不符合安全施工要求的安全防护用具、机械设备、施工机具及配件、消防设施和器材等物资。

(5) 建设单位在申请领取施工许可证时，应当提供建设工程安全施工措施的资料。

(6) 建设单位应当将拆除工程发包给具有相应资质等级的施工单位。

2. 勘察、设计、工程监理及其他有关单位的安全责任

(1) 勘察单位应当按照法律、法规和工程建设强制性标准进行勘察，提供的勘察文件应当真实、准确，满足建设工程安全生产的需要；勘察单位在勘察作业时，应当严格按照操作规程，采取措施保证各类管线、设施和周边建筑物、构筑物的安全。

(2) 设计单位应当按照法律、法规和工程建设强制性标准进行设计，防止因设计不合理导致安全生产事故的发生；设计单位应当考虑施工安全操作和防护的需要，对涉及施工安全的重点部位和环节在设计文件中注明，并对防范安全生产事故提出指导性意见；采用新结构、新材料、新工艺的建设工程和特殊结构的建设工程，设计单位应当在设计中提出保障施工作业人员安全和预防生产安全事故的措施建议；设计单位和注册建筑师等注册执业人员应当对其设计负责。

(3) 工程监理单位应当审查施工组织设计中的安全技术措施或者专项施工方案是否符合工程建设强制性标准。工程监理单位在实施监理过程中，发现存在安全事故隐患的，应当要求施工单位整改；情况严重的，应当要求施工单位暂时停止施工，并及时报告建设单位。施工单位拒不整改或者不停止施工的，工程监理单位应当及时向有关主管部门报告。

3. 施工单位的安全责任

(1) 施工单位从事建设工程的新建、扩建、改建和拆除等活动，应当具备国家规定的注册资本、专业技术人员、技术装备和安全生产等条件，依法取得相应等级的资质证书，并在其资质等级许可的范围内承揽工程。

(2) 施工单位主要负责人依法对本单位的安全生产工作全面负责。项目负责人应当由取得相应执业资格的人员担任，对建设工程项目的安全施工负责。

(3) 施工单位对列入建设工程的安全作业环境及安全施工措施所需费用，应当用于施工安全防护用具及设施的采购和更新、安全施工措施的落实、安全生产条件的改善，不得挪作他用。

(4) 施工单位应当设立安全生产管理机构，配备专职安全生产管理人员。

(5) 建设工程实行施工总承包的，由总承包单位对施工现场的安全生产负总责。

(6) 垂直运输机械作业人员、安装拆卸工、爆破作业人员、起重信号工、登高架设作业人员等特种作业人员，必须按照国家有关规定经过专门的安全作业培训，并取得特种作业操作资格证书后，方可上岗作业。

(7) 施工单位应当在施工现场入口处、施工起重机械、临时用电设施、脚手架、出入通道口、楼梯口、电梯井口、孔洞口、桥梁口、隧道口、基坑边沿、爆破物及有害危险气体和液体存放处等危险部位，设置明显的安全警示标志。安全警示标志必须符合国家标准。

(8) 施工单位应当根据不同施工阶段和周围环境及季节、气候的变化，在施工现场采取相应的安全施工措施。

(9) 施工单位应当将施工现场的办公、生活区与作业区分开设置，并保持安全距离；办公、生活区的选址应当符合安全性要求。职工的膳食、饮水、休息场所等应当符合卫生标准。施工单位不得在尚未竣工的建筑物内设置员工集体宿舍。

(10) 施工单位对因建设工程施工可能造成损害的毗邻建筑物、构筑物和地下管线等，应当采取专项防护措施。

4．建设工程物资供应单位的安全责任

建设工程物资供应单位为建设工程提供机械设备和配件的单位，应当按照安全施工的要求配备齐全有效的保险、限位等安全设施和装置。出租的机械设备和施工工具及配件，应当具有生产(制造)许可证，产品合格证。出租单位应当对出租的机械设备和施工工具及配件的安全性能进行检测，在签订租赁协议时，应当出具检测合格证明。

起重机械和自升式架设设施应当由有相应资质的单位承担安全管理工作，负责编制拆装方案、制订安全施工措施、专业人员现场监督，安装单位自检，检测机构检测。

11.2.6 环境保护法律制度

环境是指影响人类社会生存和发展的各种天然的和经过人工改造的自然因素总体，包括大气、水、海洋、土地、矿藏、森林、草原、野生生物、自然古迹、人文遗迹、自然保护区、风景名胜区、城市和乡村等。

环境问题是指由于人类的活动或自然原因使环境条件发生不利于人类的变化，产生了影响人类的生产和生活、给人类带来灾害的问题。

环境保护是指为保证自然资源的合理开发利用、防止环境污染和生态环境破坏，以协调人类与环境的关系、保障经济、社会的持续发展为目的而采取的行政管理、经济、法律、科学技术以及宣传教育等各种措施和行动的总称。

1．环境保护法的概念

环境保护法是国家制定或认可的、由国家强制力保证其执行的，调整因保护和改善环境而产生的社会关系的各种法律规范的总称。它所调整的社会关系十分复杂，环境法的立法体系不仅包括大量的专门环境法规，而且包括宪法、民法、劳动法、经济法等法律部门中有关环境保护的规范，具有较强的综合性。

狭义的环境保护法是指 1989 年 12 月 26 日第七届全国人大常委会第十一次会议通过的《中华人民共和国环境保护法》(以下简称《环境保护法》)。而广义的环境保护法还包括与《环境保护法》配套的所有关于环境保护的法律法规、规章和规范性文件等。

2．建设施工中环境保护的具体规定

有关建设性项目环境保护的管理办法规定：建设单位和施工单位在施工过程中都要保护施工现场周边的环境，防止对自然环境造成不应有的破坏；防止和减轻粉尘、噪声、振动等污染对周围居住区的污染和危害。建设项目竣工后，施工单位应当修整和恢复在建设过程中受到破坏的环境。

1) 施工单位的环境管理

施工单位应当遵守国家有关环境保护的法律规定，采取措施控制施工现场的各种粉尘、废气、废水、固体废弃物以及噪声、振动对环境的污染和危害。应当采取以下防止环境污染的措施：

(1) 妥善处理泥浆水，未经过处理不得直接排入城市设施和河流。

(2) 除设有符合规定的装置外，不得在施工现场熔融沥青或者焚烧油毡、油漆以及其他会产生有毒有害烟尘和恶臭气体的物质。

(3) 使用密封式的圈筒或采取其他措施处理高空废弃物。

(4) 采取有效措施控制施工过程中的扬尘。

(5) 禁止将有毒有害废弃物用作土方回填。

(6) 对产生噪声、震动的施工机械应采取有效控制措施，减轻噪声扰民。

建设工程施工由于受技术、经济条件限制，对环境的污染不能控制在规定范围内的，建设单位应当会同施工单位事先报请当地人民政府建设行政主管部门和环境行政主管部门批准。

2) 建筑施工噪声污染和防治

(1) 建筑施工单位向周围生活环境排放噪声，应当符合国家规定的环境噪声施工场界排放标准。

(2) 凡在建筑施工中使用机械、设备，其排放噪声可能超过国家规定的环境噪声施工现场排放标准的，应当在工程开工十五日前向当地人民政府环境保护部门提出申请，说明工程项目名称、建筑者名称、建筑施工场所及施工期限、可能排放到建筑施工场界的环境噪声强度和所采用的噪声污染防治措施等。

(3) 排放建筑施工噪声超过国家规定的环境噪声施工场界排放标准、危害周围生活环境时，当地人民政府环境保护部门在报经县级以上人民政府批准后，可以限制其作业时间。

(4) 禁止夜间在居民区、文教区、疗养区进行产生噪声污染、影响居民休息的建筑施工作业，但抢修、抢险作业除外。生产工艺上必须连续作业的或者因特殊原因必须联系作业的，须经县级以上人民政府环境保护部门批准。

(5) 向周围生活环境排放建筑施工噪声超过国家规定的环境噪声施工场界排放标准的，确因经济、技术条件所限，不能通过治理噪声源消除环境噪声污染的的必须采取有效措施，把噪声污染减少到最低程度，并与受其污染的居民组织和有关单位协商，达成协议，经当地人民政府批准，采取其他保护受害人权益的措施。

3. 建设项目的"三同时"制度

所谓"三同时"制度，是指一切新建、改建和扩建的基本建设项目(包括小型建设项目)、技术改造的项目、区域开发建设项目等可能对环境造成损害的工程建设项目中防治污染的设施，必须与主体工程同时设计、同时施工、同时投产使用。

防治污染的设施必须经原审批环境影响报告书的环境保护行政主管部门验收合格后，该建设项目方可投入生产或者使用。

《环境影响评价法》第 26 条规定：建设项目建设过程中，建设单位应当同时实施环境影响报告书、环境影响报告表以及环境影响评价文件审批部门审批意见中提出的环境保护对策措施。

11.3　工程项目招标投标

11.3.1　工程项目发包与承包

工程承发包是指建筑企业(承包商)作为承包人(称乙方)，建设单位(业主)作为发包人(称甲方)，由甲方把建筑安装工程任务委托给乙方，且双方在平等互利的基础上签订工程合同，明确各自的经济责任、权利和义务，以保证工程任务在合同造价内按期按质按量地全面完成。

工程项目承发包的内容，就是整个建设过程各个阶段的全部工作，可以分为工程项目的项目建议书、可行性研究、勘察设计、材料及设备的采购供应、建筑安装工程施工、生产准备和竣工验收以及工程监理等阶段的工作。对一个承包单位来说，承包内容可以是建设过程的全部工作，也可以是某一阶段的全部或一部分工作。

建筑工程的发包是指建筑工程的建设单位(或业主单位)将建筑工程任务(勘察、设计、施工等)的全部或一部分通过招标或其他方式，交付给具有从事建筑活动的法定从业资格的单位完成，并按约定支付报酬的行为。建筑工程的发包单位通常为建筑工程的建设单位，即投资建设该项建筑工程的单位("业主")。建筑工程实行总承包的，总承包单位经建设单位同意，在法律规定的范围内对部分工程项目进行专业分包的，工程的总承包单位即成为专业分包工程的发包单位。

建筑工程的承包是建筑工程发包的对象，指具有从事建筑活动的法定从业资格的单位，通过投标或其他方式，承揽建筑工程任务，并按约定取得报酬的行为。建筑工程的承包单位，即承揽建筑工程的勘探、设计、施工、监理等业务的单位，包括对建筑工程实行总承包的单位和承包分包工程的单位。

建筑工程的发包单位与承包单位订立的合同，是指有关建筑工程的承包合同，即由承包方按期完成发包方交付的特定工程项目，发包方按期验收，并支付报酬的协议。

11.3.2　工程项目招标

招投标是市场竞争的一种方式，通常适用于大宗货物买卖。建设工程招标是指项目招标人发布公告或发出邀请函，对某一特定工程项目的建设地点、投资目的、任务数量、进度目标、质量标准等予以明示，提出一定的目标要求，并对自愿承包该项目者进行审查、评比和选定的过程。

1. 工程项目招标的范围

《中华人民共和国招标投标法》第三条规定：在中华人民共和国境内进行下列工程建设项目包括项目的勘察、设计、施工、监理以及与工程建设有关的重要设备、材料等的采购，必须进行招标：

(1) 大型基础设施、公用事业等关系社会公共利益、公共安全的项目；

(2) 全部或者部分使用国有资金投资或者国家融资的项目;

(3) 使用国际组织或者外国政府贷款、援助资金的项目。

2. 工程项目招标的方式

招标分为公开招标和邀请招标两种方式。

公开招标方式是指招标人以招标公告的方式邀请不特定的法人或者其他组织投标。实行公开招标最大的特点是招标人在公平竞争的基础上充分获得市场竞争的利益,有效减少在招投标过程中的舞弊现象,是最系统、最完整、最规范的招标方式,是国际上最常见的招标方式。其优点是最大限度地体现了招标的公平性、公正性和合理性。不过,公开招标也有时间长、工作量大、招标成本高等不足之处。

邀请招标方式又称有限招标,也称为选择性招标方式,是指招标人事先根据一定的标准,承包商以投标邀请书的方式邀请特定的法人或者其他组织投标。采用邀请招标方式,须向三个以上(包括三个)的潜在投标人发出投标邀请书。被邀请的承包商通常是经过资格预审或以往的业务中被证明是有经验的能胜任本项目的承包商。

邀请招标方式较公开招标方式节省招标成本和招标时间,正好弥补了公开招标方式的不足,是公开招标不可缺少的补充方式。由于该方式参与招标的承包商数量较少,范围有限,容易忽略或遗漏有些更好的承包商,同时也容易造成作弊现象。其主要适用于规模较少(即工作量不大,总管理费报价不高)的工程项目。

3. 工程项目招标的程序

《中国人民共和国招标投标法》第九条规定:招标项目按照国家有关规定需要履行项目审批手续的,应当先履行审批手续,取得批准。工程的操作方主要是发包方,招标程序可分为招标准备阶段、招标阶段、定标成交阶段。具体程序如图 11-1 所示。

图 11-1 工程施工招标一般程序

11.3.3 工程项目投标

工程项目投标是指项目投标人出于承包的意向,根据招投标文件的具体要求,报送投标文件供招标人选择的过程。根据《中华人民共和国招投标法》第二十五条规定:可以作为投标人参加投标的主体有法人、自然人(只限于科研项目)和其他组织。

工程项目投标包括从填写资格预审表开始,到正式投标文件交送业主为主的全部过程,是组建投标机构、按要求办理投标资格审查、购买招标文件、研究招标文件、调查投资环境、确定投资策略、制定施工方案、编制投标文件、报送投标书及保函的过程。工程施工投标程序如图 11-2 所示。

图 11-2　工程施工投标一般程序

11.3.4　工程项目开标、评标和定标

1. 开标

《中华人民共和国招投标法》规定：开标应当在招标文件确定的提交投标文件截止时间的同一时间公开进行；开标地点应当为招标文件中预先确定的地点。开标由招标人主持，邀请所有投标人参加。

开标应按下列程序进行：由招标人或其推选的代表检查投标文件的密封情况，也可由招标人委托的公证机构进行检查并公证。经确认无误后，由有关工作人员当众拆封，宣读投标人名称、投标价格和投标文件的其他内容。招标人在招标文件中要求的提交投标文件截止时间前，收到的所有投标文件，开标时都应当众予以拆封、宣读。

2. 评标

开标后进入评标阶段。评标由招标人依法组建的评标委员会负责，评标委员会按照招投标文件确定的标准和方法，对投标文件进行评审和比较，并对评标结果签字确认。实际中通常由招标方组织由项目法人、主要投资方、招标代理机构的代表以及有关技术、经济、法律等方面专家组成一个评标机构，对各投标人的招书的有效性、标书所提供的技术方案的科学性、合理性、可行性、技术力量状况和质量保证措施的有效性等作出技术评审，对工程报价及各项费用构成的合理性作出经济评审，在此基础上作出评标报告，提出几名推荐中标人的名单，供发包人从中选择。

3. 定标

定标又称决标，是指发包人从投标者中最终选定中标者作为工程承包人的活动。

招标单位应依据评标委员会的评标报告，并从其推荐的中标候选人中选定中标者。有时可以授权评标委员会直接定标。

在评标委员会提交评标报告后，招标单位应当在招标文件规定的时间内完成定标。定标后，招标单位须向中标单位发出《招标通知书》。

11.4　施工项目管理

11.4.1　施工项目管理概述

施工项目是指企业自工程施工投标开始到保修期满为止的全过程中完成的项目。施工项目管理是指企业运用系统的观点、理论和科学技术对施工项目进行的计划、组织、监督、控制、协调等全过程管理。

1. 施工项目管理目标

施工项目管理目标是指施工项目实施过程中预期达到的成果或效果。施工项目管理目标是多方位、多层次的，它是由许多个目标构成的一个完整的目标体系，是企业目标体现的重要组成部分。其主要内容有：施工项目进度目标、施工项目质量目标、施工项目成本目标、施工项目安全生产目标、文明施工与环境保护目标、其他管理目标(如施工生产、实现利润、工程款回收率目标等)。

2. 施工项目管理的主要内容

(1) 施工项目管理规划，是指为了保证施工项目目标的实施，对施工项目实现过程中的人力、财力、物力、技术和组织等在时间和空间上作出的全面而经济合理的安排。

(2) 施工项目的目标控制，是指项目管理人员在不断变化的动态环境中为保证计划目标的实现而采取的一系列检查和调整活动的过程。其目的就是高效的组织和协调人力、财力、物力及信息情报等资源，实现施工项目预定目标，生产和提供最理想的产品和服务。

(3) 施工项目的组织协调，是一门管理技能和艺术，也是实现项目目标必不可少的方法和手段。在项目实施过程中，项目经理需要处理和调整众多复杂的业务组织关系。

(4) 施工项目的合同管理，施工合同是工程建设的主要合同，是施工单位进行工程质量管理、进度管理、费用管理的主要依据。而施工合同管理主要是指对施工合同的依法订立过程和履行过程的管理，包括合同文本的选择、合同条件的协商于谈判，合同书的签署，合同履行、检查、变更和违约、纠纷的处理，总结评价等。

(5) 施工项目的信息管理，是指对有关施工项目的各类信息的收集、储存、加工整理、传递与使用等一系列工作的总称。

(6) 施工项目的文明施工与环境保护。加强文明施工管理，不仅能创造安全、整洁、文明、卫生的施工现场环境，而且能保证现场施工合理、有序的进行，提高劳动效率，降低工程成本，提高经济效益。

(7) 施工项目的生产要素管理。施工生产要素管理的最根本目的在于节约能源，即要实现生产要素的优化配置和组合，以尽可能少的资源投入创造尽可能多的产出成果。

11.4.2　施工项目成本管理

成本是项目施工过程中各种耗费的总和。施工项目成本管理是指在保证满足项目工期和质量等所有其他项目目标要求的前提下，对项目施工过程中所发生的费用，通过计划、组织、控制和协调等活动实现预定的成本目标，并尽可能的降低成本费用的一种科学的管理活动，它主要通过技术(如施工方案的制订比选)、经济(如核算)和管理(如施工组织管理、各项规章制度等)活动达到预定目标，实现盈利的目的。

1. 施工项目成本构成

施工企业工程成本按照项目成本性质划分，可分为项目直接成本和项目间接成本。

(1) 项目直接成本是指在该项目上消耗的人工、材料、机械台班数量以及外包费用支付额，包括直接人工费、直接材料费、直接设备费以及其他直接费用。

(2) 项目间接成本是指非直接在工程上消耗的一些费用，如在执行项目任务时发生的管理成本、保险费、融资成本等。

2. 施工项目成本管理内容

(1) 施工项目成本管理系统，是建筑施工企业项目管理系统中的一个子系统。这一系统的具体工作内容包括成本预测、成本计划、成本控制、成本核算和成本分析等。

(2) 施工项目成本管理程序，是指从成本估算开始，经过编制成本计划，采取降低成本的措施，进行成本控制，直到成本核算与分析为止的一系列管理工作步骤。

3. 成本控制措施

降低项目成本的方法有多种，综合起来可以采取组织措施、技术措施、经济措施、加强质量管理、控制返工率、加强合同管理等几个方面来控制成本。

11.4.3 施工项目技术管理

施工项目技术管理就是施工项目经理对所承包的施工项目的各项技术活动、技术工作以及技术相关的各种生产要素进行计划、实施、总结和评价的系统管理活动。

施工项目技术管理包括技术管理基础工作和技术管理基本工作两方面内容。技术管理基础工作包括：建立健全施工项目技术管理制度及建立完善技术责任制度；贯彻技术标准和技术规程；建立施工技术日志及工程技术档案；做好职工的技术教育和技术培训。技术管理基本工作包括：图样会审、编制施工组织技术及审批、技术交底、安全技术措施及环保措施、编制技术措施计划及贯彻执行、技术研发以及应用。

11.4.4 施工项目质量管理

工程项目质量包括建筑工程产品实体和服务这两类特殊产品的质量。它是国家现行的有关法律、法规、技术标准、设计文件及工程合同中对工程的安全、使用、经济、美观等特性的综合要求。由于工程项目是在工程合同的限制性下完成的，因而工程项目的质量受合同条件的影响大。

工程项目质量的形成是一个有序的系统工程，其质量包括工程项目决策质量、工程项目设计质量、工程项目施工质量和工程项目维护、保修服务质量。

一个建设项目是由分项工程、分部工程和单位工程所组成，而工程项目的建设是通过若干工序来完成的。所以，施工项目的质量控制是从工序质量到分项工程质量、分部工程质量、单位工程质量的系统控制过程。

影响施工项目质量的因素主要有五大方面，通常称为 4M1E，指人(Man)、材料(Material)、机械(Machine)、方法(Method)和环境(Environment)。事前对这五方面的因素严加控制，是保证施工项目质量的关键。

(1) 人的控制。人是指直接参与施工的组织者、指挥者和操作者。从人的技术水平、生理缺陷、心里行为、错误行为等方面来控制人的使用。

(2) 材料的控制。材料控制包括原材料、成品、半成品、构配件等的控制。

(3) 机械控制。机械控制包括施工机械设备、工具等的控制。

(4) 方法控制。方法控制包含施工方案、施工工艺、施工组织设计、施工技术措施等方面的控制。

(5) 环境控制。从工程技术环境、工程管理环境、劳动环境等诸多因素加以控制。

施工阶段是项目质量形成的阶段，也是施工质量控制的重点阶段。按顺序分为事前控制、事中控制和事后控制三个阶段。

11.4.5　施工项目安全管理

施工项目安全管理是指建筑施工企业按照国家有关安全生产法规和本企业的安全生产规章制度，以直接消除生产过程中出现人的不安全行为和物的不安全状态为目的的一种最基层的、具有终结性的安全管理活动。

施工项目安全管理是最低层次的安全管理活动，但又是组成企业安全管理活动的"细胞"，是其他高层次管理活动得以实施的保证，主要体现在以下几种措施：

(1) 强化安全。

(2) 落实安全生产责任制。

(3) 加强安全生产培训和教育，严守安全纪律。

(4) 完善安全防护措施，消除事故隐患。

(5) 坚持安全检查，消除事故隐患。

11.4.6　施工项目现场管理

《建设工程施工项目管理规范》定义的施工现场管理是指对施工现场内施工活动及空间所进行的管理。其目标是规范场容、绿色施工、文明施工、安全有序、整洁卫生、不扰民、不损害公众利益。

施工项目现场管理的任务是从签订工程承包合同之日起，以施工现场为管理对象，以成本、质量、工期、安全、环保等要求为目标，从事各项施工现场的组织管理工作，直到竣工验收交付使用为止。

施工项目现场管理的内容主要包括以下几部分：

(1) 施工现场平面布置与管理。合理组织施工用地及科学设计总平面图，即按照施工部署、施工方案、施工进度的要求，对施工现场的各类设施等作出的周密规划和布置。施工现场平面管理是根据施工进度的不同阶段在施工过程中对平面布置调节的调整和补充，是对施工总平面图全面落实的过程管理。

(2) 施工现场文明施工管理。它是指施工项目在现场的施工过程中，按照现代施工的客观要求，保持文明的施工环境和良好的施工秩序的管理活动。

(3) 施工现场质量检查管理。工程建设现场施工阶段是建筑产品质量形成的主要阶段，必须严格按照企业质量体系的要求运作，在施工全过程中进行施工质量的检查与管理。

(4) 施工现场的合同管理。它是指施工全过程中的合同管理，主要是总承包与业主之间的施工合同管理和总承包与分承包之间的合同管理。

(5) 正确实施施工现场管理与调度。

11.5　房地产开发

11.5.1　房地产开发概述

1．房地产与房地产业

一般认为房地产是指房产和地产的总称，是可开发的土地、建筑物及固着在土地、建筑物上不可分离的部分及其附带的各种权益。房地产由于其自身的特点即位置的固定性和不可移动性，又被称为不动产。

房地产业是指从事土地和房地产开发、经营、管理和服务的行业。

2．房地产的特性

房地产有以下一些特殊属性：

(1) 位置的固定性和不可移动性。房地产最重要的特性在于不可移动，位置固定。

(2) 使用的长期耐久性。

(3) 异质性。房地产的异质性又称为单一性，或产品的单件性，即不存在相同的房地产，任何一宗房地产都是唯一的。

(4) 保值增值性。

(5) 受环境影响性。

(6) 价值高以及其他经济属性。

3．房地产开发的概念

房地产开发是指在依法取得土地使用权的土地上按照城市规划要求进行基础设施、房屋建设的行为。因此取得土地使用权是房地产开发的前提，而房地产开发也并非仅限于房屋建设或者商品房屋的开发，而是包括土地开发和房屋开发在内的开发经营活动。房地产开发与城市规划紧密相关，是城市建设规划的有机组成部分。

4．房地产开发与房地产开发经营的区别

房地产开发与房地产开发经营是有区别的。房地产开发是指依据《中华人民共和国城市房地产管理法》的规定在取得土地使用权的土地上进行基础设施、房屋建设的行为。这是《中华人民共和国城市房地产管理法》第二条第三款明确定义的。

而房地产开发经营是指房地产开发企业在城市规划区内土地上进行基础设施建设、房屋建设并转让房地产开发项目或者销售、出租商品房的行为。这是国务院《城市房地产开发经营管理条例》第二条明确定义的。

因此，房地产开发和房地产开发经营是有区别的。两者对主体的资质要求是不同的，前者不一定要求具有房地产开发经营资格，而后者就要求具有房地产开发经营资格。最高人民法院在《民事案件案由规定》中把合资、合作开发房地产合同纠纷归属于房地产开发经营合同纠纷，所以合资、合作开发经营房地产合同中对主体的资格是有要求的，至少要求一方当事人具有房地产开发资格。但实践中经常有把具有房屋预租性质的自建房(非商品

房)合建合同纠纷当作房地产开发经营合同纠纷，而要求自建房合建合同的一方当事人具有房地产开发经营资格，这就是因为没有把房地产开发与房地产开发经营区别开来的缘故。由于合资、合作房地产开发经营合同是属于房地产经营性质的合同关系，必然涉及到转让房地产开发项目或销售、出租商品房的行为。

11.5.2 房地产开发项目的可行性研究

房地产开发项目可行性研究是在具体项目投资决策之前，分析、计算和评价投资项目的技术方案、开发方案、经营方案的经济效果，研究项目的必要性和可能性，进行开发方案选择与投资方案决策的科学分析方法。

1. 可行性研究工作的阶段划分

可行性研究工作根据程序和工作研究的深度可分为投资机会研究阶段、初步可行性研究阶段、详细可行性研究阶段、项目评估和决策阶段四个阶段。

1) 投资机会研究阶段

投资机会研究阶段的主要任务是提出工程项目投资方向建议，即在一个确定的地区和部门内，根据自然资源、市场需求、国家产业政策和国际贸易情况，通过调查、预测和分析研究，选择工程项目，寻找投资的有利机会。机会研究要解决两个方面的问题：一是社会是否需要；二是有没有可以开展项目的基本条件。

这一阶段的工作比较粗略，一般是根据条件和背景相类似的工程项目来估算投资额和生产成本，初步分析建设投资效果，提供一个或一个以上可能进行建设的投资项目或投资方案。该阶段投资估算的精确度大约控制在±30%以内，大中型项目的机会研究所需时间大约在 1~3 个月，所需要费用约占投资总额的 0.2%~1%。如果投资者对该项目感兴趣，则可再进行下一步的可行性研究工作。

2) 初步可行性研究阶段

在项目建议书被国家计划部门批准后，对于投资规模大、技术工艺又比较复杂的大型骨干项目，需要先进行初步可行性研究。初步可行性研究作为投资机会研究和详细可行性研究的中间性或过渡性研究阶段，主要目的有：确定是否进行详细的可行性研究；确定哪些关键问题需要进行辅助性专题研究。

初步可行性研究的内容和结构与详细可行性研究基本相同，主要区别是所获取资料的详尽程度不同、研究深度不同。对建设投资和生产成本的估算精度一般要求控制在±20%以内，研究时间大约为 4~6 个月，所需费用占投资总额的 0.25%~1.25%。

3) 详细可行性研究阶段

详细可行性研究又称技术经济可行性研究，是可行性研究的主要阶段，是工程项目投资决策的基础。它为项目决策提供技术、经济、社会、商业等方面的评价依据，为项目的具体实施提供科学依据。这一阶段的主要目标有：

(1) 提出项目建设方案；

(2) 进行效益分析和最终方案选择；

(3) 确定项目投资的最终可行性和选择依据标准。

这一阶段的内容比较详尽，所花费的时间和精力都比较大。而且本阶段还为下一步工程设计提供基础资料和决策依据。因此，在此阶段，建设投资和生产成本计算精度控制在 ±10%以内；大型项目研究所花费的时间为 8～12 个月，所需费用约占投资总额的 0.2%～1%；中小型项目研究所花费的时间为 4～6 个月，所需费用约占投资总额的 1%～3%。

4) 项目评估和决策阶段

项目评估和决策是由投资决策部门组织和授权有关咨询公司或有关专家，代表项目业主和出资人对工程项目可行性研究报告进行全面的审核和再评价。其主要任务是对拟建项目的可行性研究报告提出评价意见，最终决策项目投资是否可行，确定最佳投资方案。

由于基础资料的占有程度、研究深度与可靠程度要求不同，可行性研究的各个工作阶段的研究性质、工作目标、工作要求、工作时间与费用各不相同。一般来说，各阶段的研究内容由浅入深，项目投资和成本估算的精度要求由粗到细，研究工作量由小到大，研究目标和作用逐步提高，因此，工作时间和费用也逐渐增加。

2. 可行性研究的主要内容

可行性研究的主要内容包括：项目概况，开发项目用地的现场调查及动迁安置，市场分析和建设规模的确定，规划设计影响，资源供给，环境影响和环境保护，项目开发组织机构、管理费用的研究及开发建设计划，项目经济及社会效益分析，结论及建议。

3. 房地产投资项目可行性研究的主要步骤

(1) 筹划。筹划是可行性研究开始前的准备工作，也是关键环节。主要包括提出项目开发设想，委托研究单位或组建研究机构，筹集研究经费。承担研究课题的部门要摸清项目研究的意图，项目提出的背景，研究项目的界限、范围、内容和要求，收集该研究课题的主要依据材料，制订研究计划。

(2) 调查。主要从市场调查和资源调查两方面进行。市场调查应查明和预测市场的供给和需求量、价格、竞争能力等，以便确定项目的经济规模和项目构成。资源调查包括建设地点调查、开发项目用地现状、交通运输条件、外围基础设施、环境保护等方面的调查，为下一步规划方案设计、技术经济分析提供准确的资料。

(3) 方案的选择和优化。在收集到的资料和数据的基础上，建立若干可供选择的方案，进行反复比较和论证，会同相关部门采用技术经济分析的方法，评选出合理方案。

(4) 财务评价与不确定性分析。对经上述分析后所确定的最佳方案，在估算项目投资、成本、价格、收入等基础上，对方案进行详细的财务评价和不确定性分析。研究论证项目在经济上的合理性和盈利能力。由相关部门提出资金筹措建议和项目实施总进度计划。

(5) 编写可行性研究报告并提交。经上述分析与评价，即可编写详细的可行性研究报告，推荐一个以上可行方案和实施计划，并提出结论性意见、措施和建议。

11.5.3 房地产开发项目的准备

房地产开发项目实施前需要一定的准备工作，主要包括以下几个方面：

(1) 房地产开发项目的报建、规划申请与审批、开工申请与审批。

(2) 房地产开发项目规划设计。房地产开发项目规划设计是为了实现一定时期内城市发展的目标和各项建设而预先进行的综合部署和具体安排行动步骤，并不断付诸实施的过程。

(3) 房地产开发项目融资。房地产开发项目融资是整个社会融资系统中的一个重要组成部分，是房地产投资者为保证投资项目的顺利实施而进行的融通资金的活动。其实质是充分发挥房地产的财产功能，为房地产投资融通资金，以达到尽快开发、提高投资效益的目的。

(4) 房地产开发项目招投标。

11.5.4　房地产开发项目的管理

房地产开发项目管理主要是在项目施工建设过程中对各项具体工程所进行的计划、指挥、检查、调整和控制，以及在工程建设过程中与社会各相关部门的联络、协调等工作。房地产开发项目管理就是把项目策划和工程设计图样付诸实施，取得投资效益的重要管理阶段。

房地产开发项目的管理主要包括项目的成本管理、工程管理、质量管理、进度管理、合同管理、工程技术管理、施工安全管理以及市政配套协调管理等内容。其中成本管理、质量管理、进度管理是三大核心。

房地产开发项目管理的有关工作内容主要包括以下几个阶段：

(1) 取得开发建设用地；

(2) 开发建设的法定手续审批阶段；

(3) 合同文件的准备阶段；

(4) 选择承包商阶段；

(5) 现场监督、施工阶段；

(6) 项目竣工验收阶段。

1. 房地产开发项目成本管理

房地产开发项目成本管理是指在投资决策阶段、设计阶段、开发项目发包阶段和建设实施阶段，把开发项目的投资控制在批准的投资限额以内，随时纠正发生的偏差，确保开发项目投资管理目标的实现，力求在开发项目中合理使用人力、物力、财力，以获得良好的经济效益、社会效益和环境效益。

房地产开发项目成本构成主要包括开发成本(包括土地费用、基础设施费、建筑安装费等)和销售成本(包括销售代理、广告宣传等)。

房地产开发项目成本管理的主要内容包括策划、设计阶段的成本管理，发包、施工阶段的成本管理和项目销售阶段的成本管理。

2. 房地产开发项目质量管理

房地产开发项目质量管理的主要内容包括施工前的准备阶段及施工过程中的质量管理。质量管理的主要途径是审核有关技术文件、报告或报表(进行全面监督、检查与控制的重要途径)，现场质量监督、现场质量检验。

施工阶段质量监督控制手段主要有以下几种：

(1) 旁站监督。在施工过程中派工程技术人员在现场观察、监督与检查施工过程，注意并及时发现质量事故的苗头、影响质量的不利因素、潜在的质量隐患以及出现的质量问题等，以便及时控制。对于隐蔽工程的施工，旁站监督尤为重要。

(2) 测量。施工前甲方技术人员应对施工放线等进行检查控制，不合格者不得施工；发现偏差及时纠正；中间验收时，对几何尺寸等不合格者，应指令施工单位处理。

(3) 实验。实验数据是判断和确定各种材料和工程部位内在品质的主要依据。

(4) 固定质量监控工作程序。规定双方必须遵守的质量监控工作程序，并按该程序进行工作，是进行质量监控的必要手段和依据。

(5) 指令文件。指令文件是运用甲方指令控制权的具体形式，是表达开发商对施工承包单位提出指示和要求的书面文件，用于向施工单位指出施工中存在的问题，提请施工单位注意，以及向施工单位提出要求或指示其做什么或不要做什么等。

(6) 利用支付手段。这是国际上较为通用的一种重要的控制手段，是开发商的支付控制权。而支付控制权就是指对施工承包单位支付任何工程款项，均需由开发商批准。

3. 房地产开发项目进度管理

房地产开发项目进度管理是指对开发项目各建设阶段的工程内容、工程程序、持续时间和衔接关系编制计划，并将该计划付诸实施，且在实施过程中经常检查实际进度是否按计划要求进行，对出现的偏差分析原因，采取补救措施或调整、修改原计划，直至项目竣工、交付使用。

影响房地产开发项目的因素较多，主要有以下几方面：

(1) 材料、设备的供应情况。

(2) 设计变更及修改会增加工作量，延缓工程进度。

(3) 劳动力的安排情况。要恰当安排工人，防止工人过多或过少。

(4) 气象条件。天气不好时安排室内施工与装修，天气情况好时，加快室外施工进度。

(5) 其他因素。如资金、经济危机等。

房地产开发项目进度管理的主要方法是筹划、控制和协调，其管理措施主要包括组织措施、技术措施、合同措施、经济措施和信息管理措施等。

思 考 题

1. 什么是基本建设和基本建设程序？
2. 举例说明基本建设层次划分的过程。
3. 什么是建设法规？建设法规中建设法律关系的构成要素有哪些？
4. 什么是建设工程监理？必须实行建设工程监理的范围有哪些？
5. 建设工程的主要合同种类有哪些？
6. 简述工程质量事故报告制度。
7. 简述建设单位在安全生产中主要承担的安全责任。
8. 简述施工单位在安全生产中主要承担的安全责任。
9. 简述建设项目环境保护制度中的"三同时"制度。
10. 什么是房地产？
11. 房地产开发项目的可行性研究的主要内容是什么？
12. 房地产开发项目管理的核心内容是什么？

13. 何谓工程项目招标、投标？
14. 工程项目招标、投标的程序分别是什么？
15. 工程项目招标有哪些方式？分别是什么？
16. 简述施工项目管理的主要内容。
17. 什么是施工管理的主要内容？
18. 什么是施工项目成本管理？
19. 施工项目技术管理的基本工作包括哪些内容？
20. 影响施工项目质量的因素主要有哪五大方面？
21. 简述施工项目现场管理的概念及内容。

参 考 文 献

[1]　李伟. 建筑材料[M]. 北京：清华大学出版社，2013.

[2]　余丽武. 土木工程材料[M]. 南京：东南大学出版社，2011.

[3]　湖南大学，天津大学，同济大学，等. 土木工程材料[M]. 北京：中国建筑出版社，2002.

[4]　雷达，等. 土木工程概论[M]. 北京：科学出版社，2011.

[5]　王增长. 建筑给水排水工程[M]. 北京：中国建筑工业出版社出版，2005.

[6]　李祥平，闫增峰. 《建筑设备》[M]. 北京：中国建筑工业出版社，2008.

[7]　张海贵. 现代建筑施工项目管理[M]. 北京：金盾出版社，2006.

[8]　陈群. 工程项目管理[M]. 大连：东北财经大学出版社，2008.

[9]　任建喜. 土木工程概论[M]. 北京：机械工业出版社，2011.

[10]　戚瑞双. 房地产法律法规[M]. 上海：上海财经大学出版社，2008.

[11]　徐广舒. 建设法规[M]. 北京：机械工业出版社，2008.

[12]　陈林杰. 房地产经营与管理[M]. 北京：机械工业出版社，2007.

[13]　尚梅. 工程估价与造价管理[M]. 北京：化学工业出版社，2008.

[14]　陈学军. 土木工程概论. 2版[M]. 北京：机械工业出版社，2013.

[15]　采暖通风与空气调节设计规范(GB 50019-2003)[S]. 北京：中国计划出版社，2003.

[16]　贺平，孙刚. 供热工程[M]. 北京：中国建筑工业出版社，2001.

[17]　陈宏振. 采暖系统安装[M]. 北京：中国建筑工业出版社，2008.

[18]　李善化，康慧，等. 实用集中供热手册[M]. 北京：中国电力出版社，2006.

[19]　马最良，姚杨. 民用建筑空调设计[M]. 北京：化学工业出版社，2003.

[20]　陆亚俊. 暖通空调[M]. 北京：中国建筑工业出版社，2002.

[21]　丁大钧，蒋永生. 土木工程概论[M]. 北京：中国建筑工业出版社，2005.

[22]　叶志明，江见鲸. 土木工程概论[M]. 北京：高等教育出版社，2005.

[23]　张魁英. 建筑工程[M]. 北京：中国建筑工业出版社，2007.

[24]　范立础. 桥梁工程(上)[M]. 北京：人民交通出版社，2003.

[25]　顾安邦. 桥梁工程(下)[M]. 北京：人民交通出版社，2003.

[26]　李仲奎，马吉明. 水利水电工程[M]. 北京：科学出版社出版，2004.

[27]　同济大学，等. 建筑学[M]. 北京：中国建筑工业出版社，2005.

[28]　张建荣，张贵寿，等. 建筑结构选型[M]. 北京：中国建筑工业出版社，2007.

[29]　朱永全，宋玉香. 隧道工程[M]. 北京：中国铁道出版社，2007.

[30]　张凤祥，等. 盾构隧道[M]. 北京：人民交通出版社，2000.

[31]　姚瑾英. 建筑施工技术[M]. 北京：中国建筑工业出版社，2007.

[32]　刘宗仁. 建筑施工技术[M]. 北京：高等教育出版社，2003.

[33]　齐宝库. 工程项目管理[M]. 大连：大连理工出版社，2007.

[34]　华南工学院，浙江大学，湖南大学. 基础工程[M]. 2版. 北京：中国建筑工业出版社，

2008.

[35] 陈希哲. 土力学地基基础[M]. 4 版. 北京：清华大学出版社，2004.

[36] 杨小平. 土力学及地基基础[M]，武汉：武汉工业大学出版社，2000.

[37] 建筑地基处理技术规范(JGJ 79-2002)[S]. 北京：中国建筑工业出版社，2002.

[38] 建筑桩基技术规范(JGJ94-2008)[S]. 北京：中国建筑工业出版社，2008.

[39] 建筑地基基础设计规范(GB 50007-2002)[S]. 北京：中国建筑工业出版社，2002.

[40] 彭立敏，刘小兵. 隧道工程[M]. 长沙：中南大学出版社，2009.

[41] 陈秋男，张永兴. 隧道工程[M]. 北京：机械工业出版社，2007.

[42] 李小青. 隧道工程技术[M]. 北京：中国建筑工业出版社，2011.

[43] 王毅才. 隧道工程[M]. 北京：人民交通出版社，2000.

[44] 周爱国. 隧道工程现场施工技术[M]. 北京：人民交通出版社，2004.

[45] 中华人民共和国行业标准. 铁路隧道施工规范(TB10204-2002)[S]. 北京：中国铁道出版社，2002.

[46] 中华人民共和国行业标准. 铁路隧道设计规范(TB10003-2001)[S]. 北京：中国铁道出版社，2001.

[47] 中华人民共和国行业标准. 公路隧道设计规范(JTG D70-2004) [S]. 北京：人民交通出版社，2004.

[48] 中华人民共和国行业标准.公路工程技术标准(JTGB01-2003)[S]. 北京：人民交通出版社，2004.

[49] 邵旭东. 桥梁工程[M]. 武汉：武汉理工大学出版社，2003.

[50] 强士中. 桥梁工程[M]. 北京：高等教育出版社，2004.

[51] 公路桥涵设计通用规范(JTG D60—2004)[S]. 北京：人民交通出版社，2004.

[52] 公路钢筋混凝土及预应力混凝土桥涵设计规范(JTG D62—2004)[S]. 北京：人民交通出版社，2004.

[53] 公路桥涵施工规范(JTJ041—2000)[S]. 北京：人民交通出版社，2000.

[54] 张晓东. 铁道工程[M]. 北京：中国铁道出版社，2012.

[55] 易思蓉. 铁道工程[M]. 北京：中国铁道出版社，2009.

[56] 吴念祖. 机场飞行区工程管理[M]. 上海：上海科学技术出版社，2013.

[57] 姚祖康. 机场规划与设计[M]. 上海：同济大学出版社，1994.

[58] 严恺. 海岸工程[M]. 北京：海洋出版社，2002.

[59] 李炎保，蒋学炼. 港口航道工程导论[M]. 北京：人民交通出版社，2010.